21 世纪全国高等院校环境系列实用规划教材

环境政策与分析

主　编　丁文广
副主编　汪　霞　张智渊

北京大学出版社
PEKING UNIVERSITY PRESS

内 容 简 介

本书是面向 21 世纪全国高等院校环境系列实用规划教材，是全国高等院校环境科学的专业基础课教材。本书将环境政策系统作为整体研究对象，详细阐述了环境政策工具、环境政策决策体制与制定、环境政策执行、环境政策评估、环境政策监控、环境政策终结、环境政策公共治理等各个环节，并结合大量的实证研究和案例分析，针对我国现行环境政策体系存在的问题提出了相关结论、对策和建议。

本书不仅可作为全国高等院校环境科学专业的教科书，适合相关专业的研究人员、教师和学生参考，而且对宏观决策具有很好的参考意义，适合环境管理者、公共和环境政策决策者、制定者和研究者及 NGO 从业者参考。

图书在版编目(CIP)数据

环境政策与分析/丁文广主编. —北京：北京大学出版社，2008.8
(21 世纪全国高等院校环境系列实用规划教材)
ISBN 978-7-301-14136-6

Ⅰ. 环… Ⅱ. 丁… Ⅲ. 环境政策—分析—中国—高等学校—教材 Ⅳ. X-012

中国版本图书馆 CIP 数据核字(2008)第 118769 号

书　　　名：	环境政策与分析
著作责任者：	丁文广　主编
策划编辑：	张　玮
责任编辑：	张　玮
标准书号：	ISBN 978-7-301-14136-6/X · 0028
出　版　者：	北京大学出版社
地　　　址：	北京市海淀区成府路 205 号　100871
网　　　址：	http://www.pup.cn　http://www.pup6.com
电　　　话：	邮购部 62752015　发行部 62750672　编辑部 62750667　出版部 62754962
电子邮箱：	pup_6@163.com
印　刷　者：	河北滦县鑫华书刊印刷厂
发　行　者：	北京大学出版社
经　销　者：	新华书店
	787 毫米×1092 毫米　16 开本　14.25 印张　315 千字
	2008 年 8 月第 1 版　　2008 年 8 月第 1 次印刷
定　　　价：	24.00 元

未经许可，不得以任何方式复制或抄袭本书之部分或全部内容。
版权所有，侵权必究　　举报电话：010-62752024
电子邮箱：fd@pup.pku.edu.cn

21世纪全国高等院校环境系列实用规划教材编写指导委员会

主　　　任：张远航(北京大学)
常务副主任：邵　敏(北京大学)
副　主　任：(按姓名拼音排序)
　　　　　　董德明(吉林大学)
　　　　　　段昌群(云南大学)
　　　　　　韩宝平(中国矿业大学)
　　　　　　胡洪营(清华大学)
　　　　　　李光浩(大连民族学院)
　　　　　　全　燮(大连理工大学)
　　　　　　曾光明(湖南大学)
委　　　员：(按姓名拼音排序)
　　　　　　陈孟林(广西师范大学)
　　　　　　程　刚(西安工程大学)
　　　　　　冯启言(中国矿业大学)
　　　　　　李润东(沈阳航空工业学院)
　　　　　　李小明(山东大学)
　　　　　　李　晔(武汉理工大学)
　　　　　　林　海(北京科技大学)
　　　　　　潘伟斌(华南理工大学)
　　　　　　彭书传(合肥工业大学)
　　　　　　邵　红(沈阳化工学院)
　　　　　　沈珍瑶(北京师范大学)
　　　　　　孙德智(北京林业大学)
　　　　　　王成端(西南科技大学)
　　　　　　夏北成(中山大学)
　　　　　　杨　军(北京航天航空大学)
　　　　　　赵　毅(华北电力大学)
　　　　　　郑西来(中国海洋大学)
　　　　　　周敬宣(华中科技大学)
　　　　　　朱灵峰(华北水利水电学院)
　　　　　　庄惠生(东华大学)

21世纪全国高等院校水利水电类创新精品规划教材
编写指导委员会

顾　问：傅旭东（武汉大学）
　　　　吴持恭，祁庆和，朱伯芳（清华大学）
编　主　任：（按姓名笔画排列）
　　　　李宗坤（吉林大学）
　　　　张应龙（大连大学）
　　　　林　皋（中国海洋大学）
　　　　周志芳（河海大学）
　　　　岳永涛（大连民族学院）
　　　　金　峰（大连理工大学）
　　　　曹邦兴（河南大学）
委　员：（按姓名笔画排列）
　　　　叶盛林（长春理工大学）
　　　　冯　平（西南交通大学）
　　　　许自春（中南国家大学）
　　　　李润生（安徽理工大学）
　　　　李小珂（山东大学）
　　　　李　强（浙江工业大学）
　　　　汪　涛（西北农林大学）
　　　　张忠良（西南理工大学）
　　　　张继生（合肥工业大学）
　　　　陈　毛（天津化工学院）
　　　　吴学鹏（北京水利大学）
　　　　周海生（北京林业大学）
　　　　罗福海（吕梁学院－长春大学）
　　　　　　　　（中山大学）
　　　　姚　子（北京航空航天大学）
　　　　郭　明（沈阳师范大学）
　　　　郭四来（中国农业大学）
　　　　郭海坚（长安大学）
　　　　赵凤林（北京大学特聘教授）
　　　　　　　　（清华大学）

丛 书 序

当今社会随着经济的高速发展，人民生活质量的普遍提高，人类在生产、生活的各个方面都在不断影响和改变着周围的环境，同时日益突出的环境问题也逐渐受到人类的重视。环境学科以人类—环境系统为其特定的研究对象，主要研究环境在人类活动强烈干预下所发生的变化和为了保持这个系统的稳定性所应采取的对策与措施。环境问题已经成为一个不可忽视的、必须要面对和解决的重大难题。多年来，党和国家领导人多次在不同场合提到了环境问题的重要性，同时对发展环境教育给予了极大的关注。为推进可持续发展战略的实施，我国的环境工作在管理思想和管理制度方面也都发生了深刻的变化，不仅拓宽了环境学科的研究领域急需的综合性学科，也使其成为科学技术领域最年轻、最活跃、最具影响的学科之一。

环境学科是一门新兴的学科，并且还处在蓬勃发展之中，许多社会科学、自然科学和工程科学的部门已经积极地加入到了环境学科的研究当中，它们相互渗透、相互交叉，从而使环境学科变得更加宽广和多样化。为了更好地向社会展示环境学科的研究成果，进一步推进环境学科的发展，北京大学出版社于2007年6月在北京召开了《21世纪全国高等院校环境系列实用规划教材》研讨会，会上国内几十所高校的环境专家学者经过充分讨论，研究落实了适合于环境类专业教学的各教材名称及其编写大纲，并遴选了各教材的编写组成员。

本系列教材的特点在于：按照高等学校环境科学与环境工程专业对本科教学的基本要求，参考教育部高等学校环境科学与工程教学指导委员会研究制定的课程体系和知识体系，面向就业，定位于应用型人才的培养。

为贯彻应用型本科教育由"重视规模发展"转向"注重提高教学质量"的工作思路，适应当前我国高等院校应用型教育教学改革和教材建设的迫切需要，培养以就业市场为导向的具备职业化特征的高等技术应用型人才，本系列教材突出体现教育思想和教育观念的转变，依据教学内容、教学方法和教学手段的现状和趋势进行了精心策划，系统、全面地研究普通高校教学改革、教材建设的需求，优先开发其中教学急需、改革方案明确、适用范围较广的教材。

环境问题已经成为人类最为关注的焦点，每位致力于环境保护的人士都在为环境保护尽自己最大的努力，同时还有更多的人加入到这个队伍中来，为人类能有一个良好的居住环境而共同努力。参与本系列教材编写的每一位专家学者都希望把自己多年积累的知识和经验通过书本传授给更多的有志于为人类——环境系统的协调和持续发展出一份力的同仁。

在本系列教材即将出版之际，我们要感谢参加本系列教材编写和审稿的各位老师所付出的辛勤劳动。我们希望本系列教材能为环境学科的师生提供尽可能好的教学、研究用书，我们也希望各位读者提出宝贵意见，以使编者与时俱进，使教材得到不断的改进和完善。

《21世纪全国高等院校环境系列实用规划教材》
编写指导委员会
2008年3月

前　言

根据《关于积极推进"高等学校面向21世纪教学内容和课程体系改革计划"实施工作的若干意见》的要求，为适应高等学校环境科学类本科专业及非环境科学专业学生学习有关环境政策知识的需要，我们在总结多年的教学研究与实践的基础上，编写了《环境政策与分析》一书，供高等院校环境科学专业和非环境科学专业使用。

《环境政策与分析》是一门新兴学科，本教材针对近年来环境政策学科迅速发展而教材建设相对滞后这一现状，在吸收已有教材优点的基础上，进行了较为大胆的创新与完善。为使本教材更加具有实用性，我们在每一章内容中附有大量案例，而其中许多案例来源于我们自身参加的实践活动。

本教材的编写目的是使学生了解和掌握环境政策与分析的基本理论、基本知识和基本技能，提高环境意识；熟悉环境政策决策体制与制定、环境政策执行、环境政策评估、环境政策监控、环境政策终结、环境政策公共治理及各个环节相互之间的联系，提高运用环境政策进行环境管理的能力，以维护和促进我国资源节约型和环境友好型社会的有效建立及可持续发展。

本教材的编写由环境政策学、环境社会学、环境法学等多学科背景的师生完成，凝聚了各位编者的心血，从最初编写思路的形成到最终定稿，自始至终体现了团队合作精神。此外，兰州大学资源环境学院2004级、2005级和2006级的部分研究生也参加了某些章节的研究和准备工作，参与各专题研究和讨论的人员分别是：第1章：胡莉莉；第2章：丁文广；第3章：秦静、刘剑；第4章：韩涛、胡莉莉；第5章：雷青、胡莉莉；第6章：于娟；第7章：于娟；第8章：汪霞；第9章：胡小军、胡莉莉、刘剑。

本教材由丁文广任主编，汪霞、张智渊任副主编。本书在编写过程中，得到了兰州大学伍光和教授的精心指导，并由丁文广副教授和伍光和教授最终统稿。

本书贯彻了《21世纪全国高等院校环境系列实用规划教材》研讨会的精神，得到北京大学出版社的大力支持。在此，谨对所有为本书的出版作出贡献的人士表达最诚挚的感谢！并敬请读者对书中所出现的疏漏和不足，提出批评指正！

编　者

2008年5月

目 录

第1章　环境政策与科学发展观 1
　1.1　科学发展观 1
　　　1.1.1　科学发展观提出的背景及内涵 1
　　　1.1.2　科学发展观与可持续发展观的辩证关系 3
　　　1.1.3　中国的可持续发展战略 6
　　　1.1.4　环境友好型社会是科学发展观的延伸 7
　1.2　环境政策与科学发展观的内容 10
　　　1.2.1　重视可持续发展的环境政策 ... 10
　　　1.2.2　重视以人为本的环境政策 12
　　　1.2.3　重视公平的环境政策 13
　思考题 18

第2章　环境政策系统 19
　2.1　环境政策的内容与功能 19
　　　2.1.1　环境政策的概念 19
　　　2.1.2　环境政策的功能 20
　　　2.1.3　环境政策的特性 22
　　　2.1.4　环境政策的分类 29
　2.2　环境政策系统的内容 30
　　　2.2.1　环境问题 31
　　　2.2.2　环境政策利益相关者 32
　　　2.2.3　环境政策决策体制 33
　　　2.2.4　环境政策工具 34
　　　2.2.5　环境政策影响因素 35
　　　2.2.6　环境政策系统的运行 38
　思考题 39

第3章　环境政策工具 40
　3.1　环境政策工具概述 40
　　　3.1.1　环境政策工具的含义 40
　　　3.1.2　环境政策工具的演变 41
　　　3.1.3　环境政策工具的选择 45

　3.2　环境政策工具的分类及比较 46
　　　3.2.1　政府工具 46
　　　3.2.2　技术工具 51
　　　3.2.3　市场化工具 57
　　　3.2.4　社会化工具 64
　　　3.2.5　综合化工具 74
　思考题 75

第4章　环境政策决策体制和制定 76
　4.1　环境政策决策体制 76
　　　4.1.1　环境政策决策体制的概念 ... 76
　　　4.1.2　环境政策决策体制的作用 ... 76
　　　4.1.3　环境政策决策体制的结构 ... 77
　　　4.1.4　中国的环境政策决策体制 ... 79
　4.2　环境政策决策模式 87
　　　4.2.1　理性决策模式 87
　　　4.2.2　感性决策模式 89
　　　4.2.3　综合决策模式 92
　4.3　环境政策制定的程序 94
　　　4.3.1　环境政策问题的确认 95
　　　4.3.2　环境政策议程的确立 98
　　　4.3.3　环境政策方案的确定 101
　　　4.3.4　环境政策方案的合法化 ... 106
　思考题 109

第5章　环境政策执行 110
　5.1　环境政策执行概述 110
　　　5.1.1　环境政策执行的概念 110
　　　5.1.2　环境政策执行周期及过程 ... 111
　　　5.1.3　环境政策执行影响因素 ... 113
　　　5.1.4　环境政策执行的地位和作用 120
　5.2　环境政策执行模式 121
　　　5.2.1　多元参与的环境政策执行模式 121

5.2.2 以社区为本的环境政策执行模式 125
5.3 我国环境政策执行的思考 137
思考题 137

第6章 环境政策评估 138
6.1 环境政策评估概述 138
    6.1.1 环境政策评估的概念 138
    6.1.2 环境政策评估的作用 139
6.2 环境政策评估过程与方法 140
    6.2.1 环境政策评估过程 141
    6.2.2 环境政策评估模式 144
    6.2.3 环境政策评估模式及方法的选择原则 167
6.3 对目前我国环境政策评估的思考 168
    6.3.1 环境政策评估存在的问题 168
    6.3.2 完善环境政策评估的思考 168
思考题 169

第7章 环境政策监控 170
7.1 环境政策监控概述 170
7.2 环境政策监督概述 171
7.3 环境政策控制概述 174
7.4 我国环境政策监控的思考 176
思考题 177

第8章 环境政策终结 178
8.1 环境政策终结的概念与意义 178
    8.1.1 环境政策终结的概念 178
    8.1.2 环境政策终结的意义 179
8.2 环境政策终结的类型与原因 179
    8.2.1 环境政策终结的类型 179
    8.2.2 环境政策终结的原因 180
8.3 环境政策终结的障碍及可行性分析 181
    8.3.1 环境政策终结的障碍 181
    8.3.2 环境政策终结的可行性因素分析 182
8.4 环境政策终结的策略 184
思考题 186

第9章 环境政策发展及环境公共治理 187
9.1 环境政策回顾与展望 187
    9.1.1 国际环境政策的发展趋势和特点 187
    9.1.2 我国环境政策的发展历程 194
    9.1.3 我国环境政策的未来走向 197
9.2 公共治理模式下的环境政策及环境善治 203
    9.2.1 治理的兴起及其原因 203
    9.2.2 治理的基本含义 204
    9.2.3 公共治理模式下环境政策的特点及发展趋势 205
    9.2.4 环境善治与我国环境治理结构体系的构建 207
思考题 213

参考文献 214

第1章 环境政策与科学发展观

本章教学要求

1. 科学发展观的概念和内涵;
2. 可持续发展观的概念和内涵;
3. 环境政策与科学发展观、可持续发展观之间的关系。

科学发展观的提出和建立,是我国环境管理走向科学化、民主化、法制化的指导思想,是良性的环境政策过程的理论基础。因此,在深入研究环境政策系统运行机制之前,必须充分认识和理解环境政策与科学发展观的联系,才能使环境政策系统向更加理性的轨道迈进。

1.1 科学发展观

党的十六届三中全会明确提出了"坚持以人为本,树立全面、协调、可持续的发展观,促进经济和人的全面发展",这是党和国家统筹兼顾,从全局出发做出的战略性选择。随后,党的十七大报告首次提出"建设生态文明"新理念,并将其作为全面建设小康社会新的更高的要求,提出要"基本形成节约能源资源和保护生态环境的产业结构、增长方式、消费模式",这是对科学发展观的升华。全面、深刻理解科学发展观,对于促进社会—经济—环境系统的协调发展,有着积极的指导作用和现实意义。

1.1.1 科学发展观提出的背景及内涵

1. 科学发展观提出的背景

中国是一个典型的发展中国家。建国初期,在传统农业生产方式为主的经济结构条件下发展重工业,造成了大规模的资源浪费、生态破坏和严重的环境污染,并且目前还处于有史以来人口基数最大、增长速度最快的阶段,因此如果继续坚持这种发展模式,单纯注重经济上数量的增长,忽视发展质量的改善,势必给生态环境带来更大的压力,甚至危及中华民族的生存。因此,早在2003年底出台的《中共中央关于完善社会主义市场经济体制若干问题的决定》中,就已明确"社会经济发展的战略目标不是单纯追求GDP的增长,而是在经济发展的基础上增进全体人民的福利",这说明中央早已意识到经济发展只是手段,目标应该是增进全体人民的福利。党中央在我国基本实现小康的背景下提出可持续的科学发展观,是既得民心又有可操作性的[1]。

---

[1] 国务院发展研究中心社会发展部. 新华文摘, 2005(5).

1) 环境问题

生态破坏、环境污染、资源贫乏和人口膨胀四大世界性问题，在我国这样一个人口众多、资源相对贫乏、生产技术落后、工业化程度不高的发展中国家，表现得更为明显和紧迫。尽管我国环境管理和保护工作取得了积极进展，但仍然没有达到遏止环境恶化的趋势。

生态环境恶化已成为我国最严重的环境问题之一，其主要表现是植被破坏，进而导致水土流失、土地沙漠化、生物多样性锐减和自然灾害加剧。首先，人们对森林在生态环境中的重要作用缺乏认识，将森林仅作为生产木材的场所，导致对森林的滥伐和破坏，消耗量大于生长量；再加上森林火灾，全国每年减少森林资源约 1 亿 m^3。其次，目前，有 87 万 km^2 的草原有不同程度的退化，占我国草原总面积的 1/5，且仍以每年数百万平方千米的速度继续退化。而植被破坏的直接后果是水土流失。我国目前水土流失面积达 150 万 km^2，约占国土面积的 1/6，每年流失的泥沙达 50 亿 t，损失的肥力相当于我国化肥的年产量。水土流失不仅导致了土地资源的丧失，而且还伴随有频繁的洪涝灾害。如 1998 年的长江、松花江洪水就是水土流失造成的；我国干旱、半干旱地区沙漠化面积不断扩大，以每年 0.67 万 km^2 的速度递增；另外，虽然我国动植物资源非常丰富，但现已灭绝或濒临灭绝的动物物种已达 200 多种；濒危植物物种达 389 种。

环境污染是我国另一个突出问题。污染物排放量超过环境承载能力，流经城市的河段普遍受到污染，城市空气污染严重，酸雨危害的范围扩大和程度加剧，持久性有机污染物的危害开始显现，土壤污染面积扩大，近岸海域污染加剧，核与辐射环境安全存在隐患。

发达国家近一个世纪的工业化过程中阶段性的环境问题，在我国改革开放的 20 多年来集中出现，呈现结构型、复合型、压缩型的特点。环境污染和生态破坏造成了巨大损失，危及公众健康，影响环境安全和社会稳定。而未来虽然我国人口增长速度减缓，但仍将持续较长时期，经济总量也将持续增长，资源、能源消耗必然也呈现持续增长的态势，因此环境保护面临的压力将会越来越大。

2) 经济发展问题

改革开放以来，高污染、高能耗、高投入、低产出的粗放扩张型经济增长模式占主导地位，这种重经济、轻环保、"先污染，后治理"的传统发展模式使得我国工业化导致的环境问题日益凸现和严重。以牺牲环境利益为代价，只追求经济量的增长而忽视质的提高，这是传统发展观指导下的粗放型经济增长方式的本质特征之一。

相关数据显示[2]，1985 年至 2000 年的 15 年是我国经济高速增长期，GDP 年均增长率为 8.7%，但若考虑资源损失和生态成本，这期间的"真实"国民财富就大打折扣。这意味着，现实的部分经济绩效是由生态成本延期支付换来的，GDP 数字里有相当一部分是靠牺牲资源与环境为代价获得的。另外，有数据表明[3]，我国 70%的江河污染严重，部分矿产资源面临枯竭；2003 年煤炭消费约为 17 亿 t，钢铁消费达到了 26 亿 t，水泥消费约为 8 亿 t，石油消费达到 25 亿 t，这几项消费分别占世界总消费的 30%、35%、55%和 8%，除了在石油消费和电力消费方面仅次于美国，其他很多产品，如化肥、煤炭、方便面的消费量都已位居世界第一。然而，我国的自然资源禀赋与需求存在很大差距。以石油为例，我国今后石油生产最多能维持在每年 1.5 亿 t 左右，而未来的需求却是 3～4 亿 t；但是我国单位能耗

---

[2] 朱惠琼，胡世明. 科学发展观的解析[J]. 闽江学院学报，2005，25(3)：71.

[3] 仲大军. 什么是科学发展观[J]. 科技导报，2004(3)：8～11.

所产生的 GDP 却只有发达国家的 1/10 左右。如果按照发达国家的能耗水平来使用中国目前消耗的能源，所产生的 GDP 至少是目前的 8~9 倍。

传统发展模式虽然可能造就局部和一时的增长与繁荣，却往往带来严重的资源浪费、环境污染和生态破坏，既不利于维护人民群众的环境权益，又会影响到区域之间、城乡之间的公平与协调发展。因此，单纯追求经济增长导致的不良后果催化了科学发展观的形成[4]。

科学发展观的提出，为我国由以环境破坏换取经济增长方式转变为以保护环境优化增长方式提供了可能。因此，科学发展观是我国社会、经济、环境、人口协调发展的必然要求，是我国改革发展处于关键时期的指导思想。

2. 科学发展观的内涵

胡锦涛同志在 2005 年中央人口资源环境工作座谈会上，清晰地阐述了科学发展观的内涵：坚持以人为本，就是要以实现人的全面发展为目标，从人民群众的根本利益出发谋发展、促发展，不断满足人民群众日益增长的物质文化需要，切实保障人民群众的经济、政治和文化权益，让发展的成果惠及全体人民；全面发展，就是要以经济建设为中心，全面推进经济、政治、文化建设，实现经济发展和社会全面进步；协调发展，就是要统筹城乡发展、统筹区域发展、统筹经济社会发展、统筹人与自然和谐发展、统筹国内发展和对外开放，推进生产力和生产关系、经济基础和上层建筑相协调，推进经济、政治、文化建设的各个环节、各个方面相协调；可持续发展，就是要促进人与自然的和谐，实现经济发展和人口、资源、环境相协调，坚持走生产发展、生活富裕、生态良好的文明发展道路，保证一代接一代地永续发展。

科学发展观的本质和核心是以人为本，在考虑社会-经济-环境协调发展时要以人们的需求和全面发展为主要的出发点，在保护环境和物质生产的同时使人的力量得以发展，使人的生活更加富裕和幸福。以人为本，强调人在自然界中主体作用的发挥，但这也对人性提出了更高的要求。也就是说，要对工业革命时期的人性进行改造，不断完善，以消解工业文明与当代现实中的人与自然关系的伦理冲突，对人与自然的关系合理定位[5]。从环境保护的观点来看，马克思把以劳动为中介的人的自然与外部自然的联系、人的身体与"人的无机身体"的联系理解为"自然界同自身的联系"，人和自然的联系之所以成了自然与自然的联系，是因为"人是自然界的一部分"[6]。因此，人们在改造自然的同时，应考虑环境的承载力，合理开发自然，不断改善和保护自然，使自然为人类服务的同时，自身也能实现良性的循环发展。

因此，科学发展观既反映了古人"天人合一"的思想，也充分揭示了可持续发展的思想，内涵丰富，但核心是重视环境保护与发展的可持续[7]。

1.1.2 科学发展观与可持续发展观的辩证关系

科学发展观是可持续发展观在发展战略上的延伸和深化，而可持续发展观是科学发展观中最主要的内容，是树立和落实科学发展观的关键和基础。两者之间既有区别又有联系，

---

[4] 仲大军. 什么是科学发展观[J]. 科技导报, 2004(3): 8~11.
[5] 蔡永海. 以人为本与生命多样化——漫谈环境与自然生态哲学[M]. 哈尔滨: 黑龙江人民出版社, 2002: 313~317.
[6] [日]岩佐茂. 环境的思想[M]. 北京: 中央编译出版社, 1997: 116~117.
[7] 李红. 科学发展观思想的历史探源[J]. 青海环境, 2006, 16(1): 39.

在发展理念上需要进一步认识和剖析。

1. 可持续发展观的提出

发展是人类社会永恒的主题，可持续发展是国际社会深刻反思传统发展模式后，为实现全球和平、稳定与繁荣而做出的共同选择。工业化以来的大量事实证明，传统的发展模式不仅带来了世界人口激增、粮食短缺、能源危机、环境污染等问题，还引起了社会不公平、不稳定、不和谐，危及人类的生存和发展。因此，从20世纪60年代起，在世界范围内展开了对环境问题的关注，对发展道路的反思和探索[8]。可持续发展观正是在这样的历史条件下提出的，它作为一种全新的发展理念已得到世界各国的认同。

1987年《我们共同的未来》的出版，第一次阐述了可持续发展的概念，明确提出了可持续发展的确切定义，即"满足当代人的需求又不损害子孙后代需求的发展"。报告指出[9]，人类有能力使发展持续下去，也能保证使之满足当代人的需要又不损害子孙后代需求的发展；可持续的发展概念中包含着制约的因素，但不是绝对的制约，而是由目前的技术水平和环境资源方面的社会组织能力的制约以及生物圈承受人类活动影响的能力的制约；人们能够对技术和社会组织进行管理和改善，以开辟通向经济发展新时代的道路。1992年6月在巴西里约热内卢召开的联合国环境与发展大会上，通过了《里约热内卢环境与发展宣言》、《21世纪议程》等著名纲领性文件。在《里约热内卢环境与发展宣言》中，提到了"人类处于可持续发展的中心，他们应享有以同自然相和谐的方式、过健康而富有成果的生活的权利"；"为了实现可持续发展，环境保护工作应是发展进程整体的一个组成部分，不能脱离它来考虑这一进程"等关于人与自然和谐发展，促进人类社会可持续发展的基本原则。其中"为了公平地满足今后世世代代环境与发展的需要，必须求取发展的权利"的原则，突出反映了可持续发展是要兼顾当代人与后代人的利益，做到合理开发和利用现有资源，为后代人的资源开发利用提供相等的机会，即当代人不能以牺牲后代人的发展为代价。而大会通过的《21世纪议程》，也是人们对可持续发展理论认识进一步深化的结果，将经济、社会、资源与环境视为密不可分的整体。因此，可持续发展实质上是一个涉及经济、社会、文化、技术及自然环境的综合概念，不局限于当代人与后代需求的诠释，更包含了国家主权、国际公平、自然资源、生态承受力、环境和发展相结合的内容[10]。

可持续发展以自然资源的可持续利用为出发点，以创建良好的生态环境为基础，以经济可持续发展为前提，以谋求社会的全面发展为目标，即包括自然资源与生态环境的可持续发展、经济的可持续发展和社会的可持续发展三个方面。可持续发展是当今发展观的核心，是全世界不同经济发展水平、不同文化背景、不同意识形态和不同制度的国家和地区达成的共识，是至今最具有普遍可接受性的发展观。

可持续发展观是一个宏观的发展观概念，每个国家和地区对它的理解程度和实践会因其利益和文化的不同表现出差异。我国正处于经济快速发展和产业结构转型时期，受经济实力和科技水平的限制，不能实行像美国等发达国家现行的高投资、高技术解决问题的模式，也不可能像发达国家那样主张环境保护优先。可持续发展观的提出，使得我国开始由传统发展模式到用环境优化经济增长的方式的转变，同样可以达到经济建设和环境保护

[8,9] 甘师俊. 可持续发展——跨世纪的选择[M]. 广州：广东科技出版社，1997：11.
[10] 毛之锋. 人类文明与可持续发展[M]. 北京：新华出版社，2004：111.

协调发展的目的,用可持续发展观指导社会经济发展是我国所能作出的必然选择也是唯一选择。

2. 从可持续发展观到科学发展观的转变

可持续发展观的最终目标是谋求人类社会的全面发展,"可持续性"是可持续发展观的核心内容,亦是新发展观的本质表现。但可持续发展观是在世界范围内发达国家和发展中国家、南北国家进行磋商,就发展问题相互妥协的产物。因为可持续发展观是在发达国家完成工业化任务后才提出的,他们强调可持续发展中的"可持续";而以我国为代表的发展中国家,正处于以经济建设为中心的工业化时期,则强调可持续发展中的"发展",因为经济的可持续发展是可持续发展的基础,人口、资源、能源是可持续发展的动力,对于如何协调二者的关系,实现人类社会的全面发展,可持续发展观只涉及宏观层面的象征意义,并未深入微观层面的实践意义,可操作性和实践性不强,这需要各国和地区在可持续发展的基础上根据自身经济发展水平、体制、背景、文化的具体情况制定相应的可持续发展战略,提出相应的可操作性强的发展理念。

科学发展观正是基于我国的具体国情,为实现全面建设小康社会的发展目标而提出的,是我国发展理念上的飞跃。科学发展观强调"自然、经济、社会"复杂关系的整体协调,以人为本,一方面努力把握人与自然之间关系的平衡,另一方面努力实现人与人之间关系的和谐。科学发展观不但涵盖了可持续发展的思想,将其作为自身的一个重要组成部分,更注重从国家的角度解决发展中面临的一系列矛盾和问题,更具有可操作性和实践意义[11]。

以人为本的科学发展观是可持续发展战略的新发展[12]。科学发展观突出强调了"以人为本"发展理念,这是对可持续发展观中"人类处于可持续发展的中心,他们应享有以同自然相和谐的方式、过健康而富有成果的生活的权利"的更明确的阐述。人是发展的主体,在维持和协调社会、经济、环境良性循环系统方面起着积极主动的作用。因此,在发展时要始终把公众的利益放在第一位,从他们的需求出发实现其根本利益,最终促进人的全面发展。

"五个统筹"的提出,使得科学发展观的理论体系更加完整和完善。科学发展观所要纠正的是我国现代化建设中片面追求经济发展而忽视社会和人的发展的倾向,片面追求经济发展的高速度而忽视资源、生态和效率的倾向,以及忽视城乡经济、区域经济协调发展的倾向,强调速度和结构、质量和效益相统一;强调人口、资源、环境相协调;强调物质文明、政治文明、精神文明协调发展[13]。因此,它是全面促进我国社会—经济—环境协调发展的科学的发展观。

总之,科学发展观是对可持续发展观内容的延伸和具体阐述,拓宽了可持续发展观的视角;可持续发展是科学发展观的重要内容,两者是相辅相成的,离开可持续发展观谈科学发展观,犹如无本之木,而无科学发展观作为基础的可持续发展观,犹如空中楼阁。

---

[11] 魏欣. 论科学发展观与可持续发展[J]. 社会科学论坛, 2005(6): 135.
[12] 邱焕玲. 以人为本的科学发展观是可持续发展战略的新发展[J]. 山东经济, 2006, 134(3): 17.
[13] 国务院发展研究中心社会发展部. 新华文摘, 2005(5).

1.1.3 中国的可持续发展战略

自 1992 年联合国环境与发展大会后，世界各国结合本国实际相继出台了适合本国发展的可持续发展战略，并付诸行动。中国政府率先制定的《中国 21 世纪议程——21 世纪人口、环境与发展白皮书》，是全球第一部国家级的"21 世纪议程"，确立了中国 21 世纪可持续发展的总体战略框架和各个领域的主要目标，标志着我国开始正式建立可持续发展战略，用以指导和促进我国经济增长和生态环境保护的双重目标的实现。中国的可持续发展战略是建立在两个基础上的：一是转变传统的经济增长方式，二是深化和扩展环境保护战略，并在此基础上建立起真正把环境保护纳入社会发展中的国家和地区战略。《中国 21 世纪议程》提出了中国可持续发展的目标和模式，但可持续发展的实现需要一个长期的过程。

自实施可持续发展战略以来，我国在可持续发展的各个领域都取得了突出的成就。具体表现在[14]：经济发展水平得到不断提升，经济发展模式正由粗放型向资源节约型转变；人口增长过快的势头得到遏制，人民的生活水平和生活质量有较大幅度的提高；科技教育事业得到了迅速发展；国家用于生态建设、环境治理的投入明显增加；能源消费结构逐步优化；重点江河水域的水污染综合治理力度得到加强，大气污染防治有所突破，资源综合利用水平明显提高；通过开展退耕还林、还湖、还草工作，生态环境的恢复与重建取得成效。各部门、各地方已将可持续发展思想纳入了各类规划和计划之中，全民可持续发展意识有了明显的提高，与可持续发展相关的法律法规相继出台并不断完善和落实。

我国实施可持续发展战略的指导思想是：坚持以人为本，以人与自然和谐为主线，以经济发展为核心，以提高人民群众生活质量为根本出发点，以科技和体制创新为突破口，坚持不懈地全面推进经济社会与人口、资源和生态环境的协调，不断提高我国的综合国力和竞争力，为实现第三步战略目标奠定坚实的基础。这与科学发展观的精神实质是相一致的。《2006中国可持续发展战略报告》重点指出，建设资源节约型、环境友好型社会（简称节约型社会）是中国社会经济可持续发展的核心任务。目的是提高资源利用效率、减少污染物排放和促进可持续发展，通过运用综合措施，使资源从生产到消费的各个环节都能合理配置与高效、综合、循环利用，使不可再生资源、能源得到有效保护和替代，使污染物生产量最小化，并进行废弃物无害化处理，实现发展与环境的双赢及人与自然的和谐发展，同时不忽略人与人之间的和谐发展。建设节约型社会是对可持续发展三大支柱——经济、社会、环境的全面支撑，是可持续发展理论同中国现实国情相结合的具体体现和客观要求。

另外，中国的可持续发展战略从不同层面提出了具体实施规划，包括人口、卫生与社会保障、城镇化与人居环境、区域发展与消除贫困、农业与农村发展、工业可持续发展、生态环境建设与保护、能源开发与利用、土地资源管理与保护、森林资源的管理与保护、草原资源管理与保护、海洋资源的管理与保护、固体废物管理、化学品无害环境管理、大气保护、防灾减灾、发展科学技术和教育、信息化建设、地方 21 世纪议程实施和公众参与可持续发展等[15]。因此，中国可持续发展战略凸显了环境、社会与经济协调发展的内涵，将人与自然的和谐作为可持续发展的重要范畴。

---

[14] 全国推进可持续发展战略领导小组办公室. 中国 21 世纪初可持续发展行动纲要[M]. 北京：中国环境科学出版社，2004：1~2.
[15]《中华人民共和国可持续发展国家报告》. 北京：中国环境出版社，2002，8：2~4.

总之,科学发展观对实施可持续发展战略提出了更高、更新的要求,较之以前的可持续发展观更加突出了发展理念中的"以人为本",社会经济的"全面发展"。构建资源节约型、环境友好型社会的重点也突出了对资源的可持续开发和利用。同世界上其他国家一样,我国在制定和实施可持续发展战略过程中也面临着"如何实现促进经济增长和保护生态环境的双重目标"的问题,存在着制约我国可持续发展的矛盾及问题,但随着经济全球化的不断发展,各国之间的合作与交流日益紧密,可持续发展战略要根据时代发展要求进行相应改进和完善,并立足本国国情,积极借鉴其他国家实施可持续发展战略的经验和教训,这样,我国的可持续发展之路才会走得越来越平坦。

1.1.4 环境友好型社会是科学发展观的延伸

经济社会发展与资源环境的矛盾日益尖锐,环境问题已成了制约我国经济发展的主要因素。"十一五"是我国经济社会发展的重要战略机遇时期,也是我国经济发展与环境矛盾最为突出的时期。到 2020 年,在基本完成工业化、加快推进城市化过程中,污染控制和生态保护的任务将更加艰巨,还要面临许多新的环境问题,污染物构成日趋复杂,工业污染仍然突出,面源污染和生活污染比重上升,环境突发事故与隐患增多,由环境问题引发的社会冲突将上升和爆发[16]。因此,建设环境友好型社会是我国当前阶段协调经济发展与环境保护的必然要求,是科学发展观的延伸。

2005 年 10 月召开的党的十六届五中全会明确提出了建设资源节约型、环境友好型社会,以促进经济发展与人口、资源、环境协调发展的战略任务,并将其作为"十一五"规划建议的一个重要原则。其中,《中共中央关于制定"十一五"规划的建议》对环境友好型社会的阐述如下:必须加快转变经济增长方式;我国土地、淡水、能源、矿产资源和环境状况对经济发展已构成严重制约;要把节约资源作为基本国策,发展循环经济,保护生态环境,加快建设资源节约型、环境友好型社会,以促进经济发展与人口、资源环境相协调;推进国民经济和社会信息化,切实走新型工业化道路,坚持节约发展、清洁发展、安全发展,实现可持续发展;发展循环经济,是建设资源节约型、环境友好型社会和实现可持续发展的重要途径;坚持开发节约并重、节约优先,按照减量化、再利用、资源化的原则,大力推进节能节水节地节材,加强资源综合利用,完善再生资源回收利用体系,全面推行清洁生产,逐渐转变为低投入、低消耗、低排放和高效率的节约型增长方式。2007 年 10 月召开的中共十七大进一步强调建设资源节约型、环境友好型社会的重要性,并对建设资源节约型、环境友好型社会专门做出工作部署,提出必须把建设资源节约型、环境友好型社会放在工业化、现代化发展战略的突出位置,落实到每个单位、每个家庭。要完善有利于节约能源资源和保护生态环境的法律和政策,加快形成可持续发展体制机制。落实节能减排工作责任制。开发和推广节约、替代、循环利用的先进适用技术,发展清洁能源和可再生能源,保护土地和水资源,建设科学合理的能源资源利用体系,提高能源资源利用效率。同时,提出要在"全社会牢固树立生态文明观念",生态文明观念对于建设资源节约型、环境友好型社会具有积极的作用。

建设资源和环境友好型社会:首先,要发展循环经济,提高资源利用率,减少资源消耗,减少废物排放,对废物进行资源化处理,减轻对环境的压力。其次,节能减排作为科

---

[16] 世界环境. 2005(6).

学发展观实践活动的重要切入点，有利于以环境优化增长能力的提升、经济增长方式向环境友好方向的转变、解决影响和危害人民群众健康安全的环境污染等问题，是可持续发展的动力。随着国务院有关节约能源、减少污染物排放各项政策措施逐步发挥作用，全国单位国内生产总值（GDP）能耗从 2006 年至今呈现加速下降的趋势。同时，我国环保和生态建设力度加大[17]。但资源节约型社会注重于人类经济活动中的资源利用，未考虑人与自然的互动；注重从技术层面节能、节水、节电、节地等，强调数量上的效益，对于提升人们幸福生活理念、环境文化价值等质量问题并未过多涉及，也未涉及以遵循自然规律为核心、倡导环境文化和生态文明、追求经济社会协调发展的高级层面。

而环境友好型社会更关注生产和消费活动对自然生态的影响，强调人类必须将其生产和生活强度规范在生态环境承载能力范围之内，综合运用技术、经济、管理等多种措施，以降低经济社会的环境影响。从资源节约型社会到环境友好型社会是从一个"量变"到"质变"飞跃的过程，两者相辅相成，建设环境友好型社会必须以资源节约型社会的实现为前提和基础，建设资源节约型社会必须以环境友好型社会的实现作为最终目标。

环境友好型社会是以环境承载能力为基础，以人与自然和谐为目标，以遵循自然规律为核心，倡导环境文化和生态文明，追求经济、社会、环境协调发展的社会体系。它由环境友好型技术、环境友好型产品、环境友好型企业、环境友好型产业、环境友好型学校、环境友好型社区等组成。主要包括有利于环境的生产和消费方式，无污染或低污染的技术、工艺和产品，对环境和人体健康无不利影响的各种开发建设活动，符合生态条件的生产力布局，少污染与低损耗的产业结构，持续发展的绿色产业，人人关爱环境的社会风尚和文化氛围[18]。

环境友好型社会重视多元文化的作用。我国少数民族众多，多聚居在生物多样性丰富的地区，有崇尚保护自然环境和生物多样性的传统文化。例如，大多数中国少数民族保留着"风水林"（占卜林）。很多少数民族宗教受到"动物为上"论点的影响，崇拜山脉、河流、森林、动物等。因此，多元文化包含的关于环境友好思想的伦理价值观应得到大力宣传和提倡，培育全社会环境友好的文化氛围，使环境友好型社会的理念成为全社会的共识和深入人心的价值观。

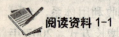
阅读资料 1-1

节能减排压力与动力同在

关于节能减排，无论是电视或是报刊，各种各样的文章、报道铺天盖地。有关节能减排的研讨会、高峰会、座谈会不计其数。

仅从中央政府来说，在这半年里就出台了多项重大举措：如 2007 年 3 月的政府工作报告就对环保提出了明确目标；2007 年 4 月 25 日，温家宝总理主持召开了国务院常务会议，专门就节能减排工作进行了部署。此次会议还决定成立国务院节能减排工作领导小组，由温总理任组长，曾培炎副总理任副组长。

---

[17] 江国成.节能减排初见成效 环保和生态建设力度加大[EB/OL]. 新华网. http://www.cn-solar.net/news/200710/20071011141124420.html. 2007-10-11.

[18] 世界环境. 2005(6): 17.

4月27日,国务院召开了"全国节能减排电视电话会议",6月3日,国务院印发了节能减排综合性工作方案的通知,6月4日,我国第一部应对气候变化的国家方案正式发布。这个长达58页的方案是我国第一部应对气候变化的全面的政策性文件,更是节能减排在气候变化领域的具体"实践"。

从地区和全球范围看,能源和气候变化问题亦成为"地球人"关注的焦点。从2007年2月1日法国巴黎的埃菲尔铁塔、意大利罗马圆形剧场遗址和希腊雅典议会大厦等欧洲标志性建筑的集体熄灯行动,就向世人展示了欧洲对全球变暖的关注。此举也引起了全球各大城市的积极"追随"。

2007年4月,博鳌亚洲论坛"一反常态"地把节能、环保等可持续发展问题纳入讨论范围,成为该论坛的新亮点。

5月,由绿色和平和欧洲可再生能源委员会发布的《能源革命——中国可持续能源展望》报告指出,中国如果大力发展可再生能源与提高能效,将可以在经济持续增长的同时减少碳排放,减缓气候变化可能对中国及全世界带来的灾难性影响。

而在刚刚结束(6月6日至8日)的G8峰会上,气候变化更是占据"鳌头"。令人喜出望外的是,与会前各国猜测相反,八国集团就应对气候变化问题达成妥协,同意"认真考虑"德国等方面提出的关于到2050年全球温室气体排放量比1990年降低50%的建议……

应该说,目前不论是从全球的大环境,还是从中国国家决策层,抑或是各行各业的实践看,节能减排都得到了贯彻落实。据了解,国家已确定千家企业作为节能减排工作的重点,"十一五"期间将节能1亿t标准煤,今年实现节能2000万t。

到目前为止,可以说节能减排的工作还只是刚刚起步,还需要我们大家的不懈努力和认真践行。正如温总理所说:"节能减排既是一项现实紧迫的工作,又是一项长期艰巨的任务。实现节能减排的目标任务和政策措施,关键在于加强领导,狠抓落实。不抓落实,再完善的方案也是一纸空文,再明确的目标也难以实现,再好的政策也难以发挥作用。"

(资料来源:邹晶.世界环境,2007(3))

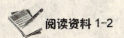
阅读资料1-2

宁夏:环境友好企业免征三年所得税

为全面贯彻落实第六次全国环保大会精神,顺利完成"十一五"环保规划确定的各项任务指标,宁夏回族自治区党委、政府日前决定,制定出台鼓励环保型产品开发和环境污染治理的激励政策,建立健全加大环保投入的机制,拟通过经济手段解决环保投入不足和"违法成本低,守法成本高"等影响环保工作的突出问题。

宁夏自治区党委、政府决定,对国家和自治区人民政府命名的环境友好企业、循环经济试点示范企业,可申请税务部门审核,给予3年免征所得税优惠;对列入国家资源综合利用产品目录的资源综合利用型企业,可申请税务部门审核,给予5年免征所得税优惠。上述企业免税期满后,可享受国家西部开发15%所得税优惠。对为消除污染搬迁另建的工业企业,可申请税务部门审核,给予3年免征所得税优惠;对符合国家产业政策,并稳定达标排放的企业,其污染治理设施经环保部门验收合格,也可享受3年免征所得税优惠,第四年至第五年减半征收所得税;对重点水污染企业及铁合金、电石、水泥等工业粉尘排放强度较大的高载能行业污染治理设施的用电,执行平谷电价。对污染治理设施建设运营的用地、用电、设备折旧等实行扶持,企业治理污染所需设备投资的40%可从企业当年新增企业所得税中抵免。对严重违反环保法规、造成重大环境污染的企业，其各类评优、评先实行一票否决。

自治区党委、政府要求，各级政府要将环保投入列入财政支出的重要内容并逐年增加，确保环保投入比例高于经济增长水平。要拓宽环保资金渠道，加强自治区与开发银行在环保方面的金融合作，采取建立基金的方式，以1∶5的带出，增加商业银行对环保的授信贷款，并通过联合经营或BOT等多种融资形式，扩大社会化环保投资份额。环保专项资金也要对环保新技术、新工艺推广示范项目给予重点支持。各市每年要拿出环保专项资金的5%～10%专门用于环境科研，建立省级环境科研重点实验室和工程技术中心，创新环境科技人才的奖励制度。进一步扩大环保国际合作与交流，积极引进国外资金、先进技术和管理经验。

（资料来源：傅莉莉，李更虎.中国环境报，2006-10-11）

综上所述，环境友好型社会将科学发展观延伸到了社会、经济、政治、文化、法律和技术等社会生活的方方面面。制定环境友好型的环境政策是落实科学发展观的重要举措之一，同时也将环境政策与科学发展观联系得更为紧密。

1.2　环境政策与科学发展观的内容

环境政策的出台是为解决环境问题，两者有着必然的联系。环境政策效果的好坏不仅取决于其制定原则、执行效果、评估及政策反馈等方面，更取决于环境政策是否有符合国情的战略指导思想。科学发展观把环境保护置于国民经济生活中更高的战略地位，为我国环境问题的有效解决提供了政策保障。环境政策的目标是解决环境问题，因此制定以科学发展观思想为指导的环境政策，不仅是我国目前环境保护工作的需要，也是正确处理我国发展与资源矛盾的手段，是促进人与自然和谐、构建和谐社会的要求。

1.2.1　重视可持续发展的环境政策

可持续发展战略是一个宏观的范畴，其目标的实现必须依赖于各项政策，尤其是环境政策的有效制定和实施，而环境政策是实现可持续发展战略的核心问题，即促进资源与环境相协调的一种手段。

案例1-1

国家环境保护模范城市——张家港

张家港市是全国首家环境保护模范城市，市委、市政府首先把环境保护纳入了国民经济和社会事业发展的总体规划。在国民经济"八五"、"九五"计划和2010年远景目标中均明确了环境保护目标和指标：在城乡规划、文明城市创建、城乡一体化试点工作中，环境建设和环境保护均被列为重要的内容。依照"三同时"原则，加强区域开发和工业小区建设的环保规划工作。实施建设项目环境保护"第一审批制度"，且范围由原来的纯工业项目向非工业项目扩展。做到"凡是未经环保部门预审的项目，有关部门不予立项、不予设计，不准开工建设"。在重大项目建设的前期阶段，严格按照程序进行环境影响评价，为项目的开发、建设以及污染防治提供了决策依据。对"三同时"项目，严格实行全过程监督，严格把好项目验收关，做到污染防治设施不通过竣工验收，主体工程不得投产。在对污染排放浓度控制的同时，始终坚持"以新带老"、"抓新促老"的原则，实行污染物排放总量控制，严格控制排污增量。对新上项目，不但规定其排污总量指标，而且明确其排放的污染增加量必须小于老污染的削减量，做到增产不增污。对污染治理设施的运行，加强监督检查。对超标排污的企业，根据国家有关法律法规，运用经济杠杆，实行加倍收取排污费的办法，迫使企业自觉建好、管好、用好污染防治设施，从而有效地提高了设施的运转率和污染治理率。

市委、市政府还及时转发了该市环保部门递交的"关于加强环境保护工作的意见"，明确了环境保护"三个一"，即环境保护党政"一把手"必须亲自抓、总负责，建设项目环保第一审批权，评先创优环保一票否决制的政策措施。环保部门对上述"三个一"的具体实施制定了一系列配套的规定，增强了可行性和可操作性。"三个一"的出台并实施，进一步确立了环境保护在经济建设和社会各项事业发展中的重要地位，注入了新的活力。此外，还积极探索和建立与社会主义市场经济相适应的环境保护政策体系、法律体系和管理体系，开展环境保护政策试点工作，为国家在市场经济体制下制定分类指导的环境政策和相关的环境法律法规提供基础材料和实践依据。在加快经济建设和各项社会事业发展的同时，把环境保护作为促进长远发展、持续发展的战略任务来抓，坚持协调发展、全面发展的思路，在研究和确定发展战略、近期计划、长远规划及采取重大决策时，注重协调人口、资源、环境与发展之间的关系。着力于综合决策、调整产业结构、合理城乡布局、优化产业结构。以争创环境保护为全国先进城市为动力，立足于优化投资环境，促进现代化建设，认真贯彻执行环境保护法律、法规，落实环境保护各项措施。不但减少了环境污染，改善了环境质量，还出现了经济快速增长，各项社会事业蓬勃发展，环境保护协调同步提高的良好势头。

（资料来源：国家环保总局．可持续发展的典范——国家环境保护模范城市领导谈环境保护[M]．北京：中国环境科学出版社，1998，3-20）

环境保护模范城市评比活动的促进作用

创建国家环境保护模范城市(以下简称创模)活动开展8年来，已有56个城市和4个城区被授予国家环境保护模范城市称号，在山东和江苏两省形成了威海模范城市群、苏州模范城市群和常州模范城市群。截至2005年11月，全国已正式申报、开展创建工作的有104个城市和7个城区。一些城市在创模的过程中实现了经济快速发展、环境清洁优美、生态良性循环。2003年37个创模成功的城市总面积仅占全国城市总面积的3.3%，数量仅占全国城市数量的5.6%，但GDP约占全国城市GDP的20%。通过创模，治理了污染，调整了经济结构，促进了城市产业结构的合理布局，实现了绿色GDP的增长。为保持环保模范城市的品牌效应，国家环保总局从2003年开始探索新的管理手段，进一步完善创模考核指标体系，充分体现资源节约型、环境友好型社会的理念，建立城乡一体的创模机制，逐步将创模的理念、管理机制和手段由城区扩展至城乡结合部乃至所辖区、县、村，促进城乡环境保护工作的协调发展。"十五"以来，我国逐步形成了生态省—生态市—生态县—环境优美乡镇—文明生态村的系列生态创建体系。这个体系的特点是从基层抓起，自下而上搞创建，特别是重点攻克农村地区。

（资料来源：中国环境，2006-3-6）

【案例分析】从案例1-1和案例1-2可以看出，中国环境政策管理体制在很大程度上依赖于行政区的党政机关的重视程度。如果环境保护受到重视，则环境政策能够得到有效制定及执行，否则经济发展与环境保护之间的矛盾会加剧，最终以牺牲环境、公众健康及后代人的生存基础为高昂代价换取GDP的增长。党政机关的作为决定着环境政策的效果。

1.2.2 重视以人为本的环境政策

以人为本的基本内涵是强调在经济社会中要始终以人为中心，以现实的每一个人的发展为宗旨，把增进全社会和每个人的利益作为评价和衡量我国制度、规范和政策措施正确与否的标准，充分尊重和实现人的价值，最大限度地满足人的需求，不断促进人的全面发展[19]。环境政策作为实现环境保护目标的主要手段，其实质也是为了促进人的发展，因此它的制定必须以人的需求为出发点，贯穿以人为本的思想。

但以人为本不同于盲目夸大"人"的主体性地位的传统人类中心论，忽视自然界的一切事物，割断人与自然的联系，把自然作为人类改造的对象。例如，工业文明阶段，人类在自然中的主体性地位得到了最充分的发挥，改造自然的力度前所未有的增强，但却造成了人与自然关系的恶化。马克思认为"人直接地是自然存在物。人作为自然存在物，而且作为有生命的自然存在物，一方面具有自然力、生命力，是能动的自然存在物，这些力量作为天赋和才能、作为欲望存在于人身上；另一方面，人作为自然的、肉体的、感性的、对象性的存在物，和动植物一样，是受动的、受制约的和受限制的存在物，也就是说，他的欲望的对象是作为不依赖于他的对象而存在于他之外的"[20]。这意味着，人虽然可以按照自己的价值标准有目的地改造自然，但只能在遵循自然规律的前提下改造自然。因此，以人为本，寻找人与自然协调发展的理论和实践途径，是人类走出生存危机的必然选择，它的真正意义在于看到人与自然的双重关系，澄清人的主体性地位的作用[21]，是当代人对人与自然关系的重新思考，是对自身认识、价值和能力的重新审视，是人类自由主体地位发生转变的体现。

而环境政策所针对的环境问题与人们的生活息息相关，开始更多地、也更密切地围绕人们生活展开。例如，国家环保总局已着手制定环境健康损害补偿机制的法律框架，并拟推动在现有法律中增加与环境健康相关的条款[22]。随着近年来环境问题引发的群体性事件的增多，经国家环保总局批准，中国环境科学学会于2006年11月正式成立"环境损害鉴

---

[19] 冯伟福. 论科学发展观的人本思想[J]. 南方论刊，2005(1): 33.
[20] [日]岩佐茂. 环境的思想[M]. 北京: 中央编译出版社，1997: 116~117.
[21] 蔡永海. 以人为本与生命多样化——漫谈环境与自然生态哲学[M]. 哈尔滨: 黑龙江人民出版社，2002: 313~317.
[22] 邹建荣. 环保总局着手制定环境健康损害补偿法律框架[EB/OL]. 法制日报，http://news.xinhuanet.com/environment/2006-08/22/content_4991414.htm，2006-08-22.

定评估中心"，承担并开展环境损害鉴定评估工作。同时它还承担了国家环保总局委托的《环境影响评价技术导则——人体健康影响》编制工作，开展了广东省韶关典型区域环境健康调查，以及环境污染引起人体健康损害事故的预防、预警和应急体系的研究等工作[23]。总之，在以人为本的科学发展观思想的指导下，环境政策将更多地朝着体现国家政策对"民生"的人文关怀及社会经济生活的关注方向迈进。

1.2.3 重视公平的环境政策

党的十六届五中全会在强调加强社会主义和谐社会建设的同时，还提出要"更加注重社会公平，使全体人民共享改革发展成果"。把促进社会公平作为落实科学发展观、构建和谐社会的重要任务和根本要求。社会公平不仅包括资源利用及分配的公平、发展权利的公平、教育机会的公平，还包括各项政策的公平，尤其是环境政策的公平性。当代中国的自然环境与社会环境的突出结合点是发展中的城乡间和东西部之间的代内、代际的环境不公，其实质是社会不公。环境不公与社会不公互为依存、交互作用，越来越受到人们的重视[24]。可持续发展观的提出源于环境保护，因此，实现环境公平可以促进实现社会公平。

20世纪80年代以前很少有学者或环境保护团体对环境公平问题进行系统研究和给予足够重视。直到1982年，在美国的北卡罗来纳州沃伦县，爆发了一次以黑人为主体的针对该县被选定为含剧毒多氯联苯的24.480m^3泥土的填埋场而进行的全国性抗议活动，表达了黑人和其他少数民族对环境公平的要求。随后，围绕着环境公平运动的事件逐一展开（详见表1-1）。20世纪90年代，随着环境公平运动的高涨以及相关研究成果的公布，环境公平问题不仅被美国政府所接受和认同，也引起了美国环境非政府组织和公众的广泛关注以及多种族的支持。同时，环境公平也引起了国际社会的重视，使得环境公平理念得以传播，很快成为世界范围内流行的概念。

表1-1 环境公平运动的主要事件[25]

时间	事件
1982	针对在北卡罗来纳州沃伦县处理多氯联苯的计划，举行了全国性的抗议活动
1983	美国审计总署的调查证实，将商业性有害废弃物处理设施选定在南部与种族有关
1987	基督教联合会种族公平委员会提供进一步的证据，证明种族与有害废物处理设施选址有关
1990	密歇根大学召集会议使得关心环境公平问题的学者、社会活动家和美国环保官员聚集一堂
1992	美国国家环保局收集到证据，表明少数民族和低收入阶层承受了不成比例的环境费用
1994	克林顿总统签署第12898号政令，处理环境公平问题

目前，不同的学者以不同的标准对环境公平进行了分类，例如中国人民大学副教授洪大用[26]，将环境公平问题划分为国际、地区和群体三个层次，其中的群体层次包含了代内各群体之间以及代际群体之间的公平问题。

---

[23] 张黎. 环境损害鉴定评估中心成立[EB/OL]. 中国环境报, http://www.zhb.gov.cn/hjyw/200612/t20061214_97353.htm. 2006-12-14.

[24] 朱玉坤. 发展中环境不公问题的比较研究[J]. 青海环境, 2003, 13(4): 145.

[25] [美]伦纳德·奥托兰. 环境管理与影响评价[M]. 北京: 化学工业出版社, 2004: 9.

[26] 洪大用. 当代中国环境公平问题的三种表现[J]. 江苏社会科学, 2001(3): 39.

1. 国际层次

在世界经济快速发展和全球化大背景下，少数发达国家工业化进程中，以世界上较少的人口占用和消耗了世界上较多的资源，极大地破坏了环境；随后却凭借着自己雄厚的经济技术实力，大力强调环境保护，并以此来限制发展中国家对资源的开采和利用，要求它们分担更多的环境负担，把应承担的环境义务推卸到发展中国家的身上。同时，发达国家在享受环境保护所带来的富裕文明生活的同时，又通过"生态殖民"方式把那些高污染、高能耗已淘汰的落后设备及企业迁移到发展中国家。发展中国家为了发展又不得不接受这些从发达国家"转嫁"过来的高科技垃圾。我国作为世界上最大的发展中国家也受到了生态殖民主义的侵害。2002年2月25日，美国两个环保组织——"巴塞尔行动网络"（BAN）和"硅谷防止有害物质联盟"（SVTC）发表了题为《输出危害：流向亚洲的高科技垃圾》的报告，披露了美国正在向包括中国在内的许多亚洲国家转移高科技垃圾，这种转嫁生态危机的做法在当地造成了难以逆转的生态灾难。报告中描述了我国沿海一些乡镇企业正是通过冶炼和回收"洋垃圾"来作为生财之道的[27]。这表明，我国正遭受着国际环境不公的待遇，需要从环境政策的角度来审视并积极应对国际环境不公对我国生态安全的影响。

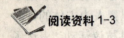
阅读资料 1-3

环保总局首席科学家：全球电子垃圾七成进中国

国家环保总局首席科学家、环境与经济政策研究中心学术委员会主任胡涛和该中心吴玉萍博士日前在接受《北京晨报》记者专访时说，全世界数量惊人的电子垃圾中约70%进入中国。"中国现在已经成为世界最大的电子垃圾倾倒场。"

吴玉萍表示，电子垃圾中含有铅、镉、锂等700多种物质，其中50%对人体有害。在回收过程中如果处理不当，将严重污染环境。在进入中国的电子洋垃圾中，相当大的比例是最"毒"的成分。

《北京晨报》9日报道，中国环境与发展国际合作委员会日前发布了《中国经济发展的外部环境影响——国际法分析》报告。胡涛在报告中指出，中国电子垃圾集散处理地有广东贵屿镇、龙塘镇、大沥镇、浙江台州地区、河北黄骅市、湖南、江西等地，尤以广东和浙江最为严重。

据介绍，在技术上，美国等西方国家完全有能力处理电子垃圾，不过由于监管严格，处理成本相当高昂，因此在商家"利益至上"的驱动下，他们选择了少花钱的办法——把这个烫手的山芋甩给发展中国家。

对于中国国内的"进口商"来说，不但不用花钱购买电子垃圾，而且对方还付给自己100元，经过处理后，有些器件、重金属还能再卖点钱，这就是两头赚钱。正是在这样的小额利益驱使下，加上中国国内低下的环境标准和法律执行力，让中外商人"里应外合"把洋垃圾鼓捣进了中国。

吴玉萍说，中国自己的电子废弃物高峰再有10年到15年就会出现，因为随着人口增加、消费水平增加，中国人也有能力淘汰电子产品了，届时，我们自己会形成高峰，如果

---

[27] 李培超，王超. 环境正义刍论[J]. 吉首大学学报(社会科学版)，2005, 26(2): 30.

国外再倾销一部分，给环境带来的压力将会更大。

（资料来源：新华网，2007-01-09）

2. 地区层次

在我国明显地表现为区域不公平和城乡不公平。区域不公平突出表现在东西部地区间，西部地区作为资源丰富的地区一直在为东部的发展建设作出几乎是无偿的贡献，再加上国家对东部地区的政策优惠和资金支持，致使东西部地区经济发展失调，资源受益、环境保护负担不公平问题以及补偿政策欠缺问题日益突出。由于缺乏东部地区对环境保护的资金投入以及应有的补偿，西部地区为了当地的发展只得以破坏生态环境和掠取自然资源为代价，同时仍要应对国家限制发展、保护环境的要求，而保护的环境效益却主要被东部地区无偿享用，因此西部地区总是处于发展冲动和发展能力不足的冲突中，加剧了贫困。

城乡不公平集中表现为城市高污染、高能耗产业向农村的转移。但国家把污染防治的重点放在了城市，注重提高城市的环境质量和环保设施建设，而农村环保设施建设却是空白；工业污染物转移，加剧了农村的污染，最严重的是导致了耕地资源的污染，出现了地力衰竭、农业环境污染的状况，本身就处于弱势地位的农民被动地成为环境污染最大的受害群体，部分人沦为"环境难民"。这样，尽管农村一直为城市源源不断地提供原料以满足其日益增长的物质需求，但城市产生的环境破坏和环境污染的恶果却主要由农民承担。相对于农民，城市居民有能力、机会、金钱去影响政府环境政策的制定及实施，例如现在政府提倡的公众参与重点还是在城市，而城市边缘及农村社区几乎没有对政府的环境政策产生重要影响的可能。

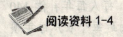
阅读资料 1-4

城市垃圾报废农民家园，自此没有好日子过

"城里的垃圾只要几天不清理，城里人就开始闹。但城里的垃圾拉到农村一倒了之，农民天天守着垃圾堆一过就是好几年，却必须忍受。难道我们农民就不是人吗？" 7月流火，已经离开家乡在重庆市区打工的綦江县古南镇共同村的一村民打电话给记者，强烈要求记者到他的家乡去看看破坏他们家园的垃圾场。

农民：自从这个渣场搬来以后，我们就没有好日子过了

汽车离开重庆綦江县城，在漫天尘土的山路上盘了10来公里后，突然出现一个几百米深的山沟，沟的两旁绿树成荫，而山沟正逐渐被城里的生活垃圾覆盖。在一片葱绿中突然冒出一大片白花花的垃圾，加上阳光的照射，十分刺目。

这个名叫新盛德胜渣场的露天垃圾场就是綦江县城生活垃圾的倾倒处，迄今为止已经有4个年头了。刚一下车，一股恶臭即扑面而来。一辆大巴车正好经过，跑乡村的公共汽车一般都没有空调，尽管天气酷热，但车上的人都忙不迭地关车窗，还有不少人捂住了鼻子。闻讯而来的村民立即把记者团团围住，每个人都神情激动，说话语速也很快，一开始几乎听不清楚他们在说什么。

"自从这个渣场搬来以后，我们就没有好日子过了。"一村妇说，"很多人生病，肚子痛、头痛,有些人得了几种病。中午我们煮的豇豆稀饭,要是忘了盖上,苍蝇、蚊子密密麻麻地铺一层,就像打牙祭一样。"

"我们原来养蚕,现在根本养不了。蚊子太多了,人都受不了,何况啷个(当地方言)那么娇气的东西。"另一个农妇插进话来。

"从这个渣场搬来以后,我们至少堵过5次环卫车。最长的一次有7天。"一名30多岁的男子说,"电视台也来拍了,但最后没有播出来。"

时间最长的一次围堵发生在2004年9月。这次围堵造成400吨垃圾堆滞在綦江县城,居民叫苦不迭。据当时的媒体报道,这个垃圾场是德胜村村支书黄天富于2002年7月1日与县里达成协议引进的。当时村里很多人反对,但是黄天富向他们承诺,对运来的垃圾采取填埋式处理,倒一层垃圾盖一层土,不会污染环境。为调动村民们的积极性,黄天富还说,引进了垃圾场,县里每年都会给村里一定的处理费。有了这笔钱,村里第一年可以为村民免5元农业税,第二年免10元,以后就全部取消。但垃圾场进来后,不但运来的垃圾全是直接倾倒,从没盖过土,每年四五十元的农业税也分毫未少,还是由村民自己如数上缴。然而,时任德胜村村支书的黄天富也有苦说不出。他称,政府给的钱根本不够开支。第一年政府拨了6万元,基本上都用到修路和购买消毒药这两项上,3个工人每人每月500元的工资都没发全;第二年政府多拨了两万元,才勉强够开支,哪里有多余的钱给村民发补偿金?至于向村民们承诺的免税费,也因没有余钱而无从谈起。

生活受到影响的还不只是德胜村的村民,与之相邻的古南镇共同村部分村民的生活也受到了不同程度的影响。于是,村民多次组织起来围堵城里来的环卫车。

经过一次次的抗争,农民们所得到的补偿是:居住地距离垃圾场500米至800米以内的,每人每年补偿120元;居住地距离垃圾场300米至500米以内的,每人每年补偿140元;居住地距离垃圾场300米以内的,每人每年补偿160元。此外,附近每个农户每年领取两瓶杀蚊蝇的药水。但一位村民说:"根本不够用,一瓶药水打几天就没了。蚊子还是多得不得了,像捅了马蜂窝一样。"

共同村的老支书恳切地对记者说:"以前有关部门说我们要搬迁,但是现在又说不搬了,还是根据建设部的什么文件,文件号也不告诉我们,我们也没地方查。我们就是想搞清楚到底什么样的情况是属于要搬走的?请救救我们这些农民吧!"

环卫干部:你可以到别的地方去看看,我们这里是处理得最好的

记者与农民们交谈的过程中,綦江县生活垃圾处置公司总经理陈某恰好途经此地。他说:"这个垃圾场以前由镇里和村里管,2004年我们才接管,蚊子少多了,臭气也少多了。"话音未落,立即被周围农民的反驳声打断了:"少多了?你住这里看看!"

据了解,2002年,由于綦江到万盛的高速公路指挥部占用了原来的垃圾场,綦江县政府将离城较近的新盛镇德胜村设为新的垃圾场所在地。该村村委经商讨决定担负垃圾场的管理责任,其形式是村委自主办理、自我经营,市政局采取费用包干形式,一次性付给租金。

陈某说:"2004年11月我们接管前,这个垃圾场臭气比较大,蚊子多,对周边农户的生活有影响。后来,县政府专门成立了县生活垃圾处理指挥部。我们接管后,好多了,臭气的辐射面比较小。我们每天有4名工人负责消毒,一年发两次药给老百姓,还给老百姓一定的补偿。现在,光日常管理费用就在十一二万元左右,加上给老百姓补偿,一年要

20多万元。"

"你可以到其他地方去看看,我们这里是处理得最好的,臭气也是最小的。"陈某说,"一个投资5000余万元的垃圾处理场马上就要动工修建,是经国家发改委批准、国债基金支持的重点项目,2007年投入使用。垃圾处理场建成后,现在堆积的10万立方米垃圾也要进行重新填埋。"

至于哪些农民在搬迁范围之内,陈某说,上级有关专家考察确定的搬迁方案是:红线范围以内的农户需要搬迁。所谓红线范围,指的是当初垃圾场征用的32亩地加上后来新征的243亩地范围内。

环保专家:环境污染正成为农民最大的负担

如果真的能如綦江县生活垃圾处置公司总经理陈某所说,被垃圾困扰了4年之久的德胜村和共同村的村民或许可以松一口气了。

但是,农民的环境保卫战却并非个别现象,而是在全国各地都有发生。

全国政协委员、重庆市环保局副局长陈万志近日在重庆的40多场讲座中反复提到,环境不公,正在加剧社会不公。环境污染对农民造成的直接损失和间接损失,特别是对农民健康的损害,已成为农民最大的负担。中国城市的环境,从某种程度上说,是以牺牲农村的环境为代价的。城镇以下,大多没有垃圾填埋场,垃圾围镇、垃圾围村。重庆因为三峡库区地处水源保护区,国家国债基金投入建设污水处理厂和垃圾填埋场,比东部一些地区还要稍好些。中国污染防治投资几乎全部投到工业和城市,而全国农村还有3亿多人喝不上干净的水,1.5亿亩耕地遭到污染,每年1.2亿吨的农村垃圾露天堆放,农村的环保设施几乎为零。城市环境的改善是以牺牲农村环境为代价的。通过截污,城区的水质改善了,农村的水质却恶化了;通过退二进三,企业搬迁,城区的空气质量改善了,近郊的污染却加重了;通过简单填埋生活垃圾,城区的面貌改善了,城乡结合部的垃圾二次污染却加重了。减轻农民负担并不只是减少他们的税费,也要减少环境对他们的损害,尤其是对农民健康的损害。

(资料来源:朱丽亚.《中国青年报》,2006-7-12)

阅读资料1-4在一定程度上揭示出,与城市政治、经济、文化中心隔离的社区,最容易出现环境不公问题,而且伴随着生计和潜在的社会问题。因为一部分人,哪怕是大多数人的利益而损害另一部分人,哪怕是少数人的利益,却不给予应有的补偿,都会导致环境不公。

3. 群体层次

首先,从代内群体层次来看,目前中国社会各阶层之间收入差距日益扩大。改革开放20多年来,我国基尼系数从20世纪80年代的0.2~0.3,提高到现在的0.4~0.5,2000年已超出了国际公认的0.40的警戒线。我国已从收入比较平等的国家,成为收入不平等程度比较严重的国家[28]。群体不公还表现在环境损益的不公,因为在环境恶化面前,最有经济能力的那部分人,在选择居住地时具有最大的自由选择权,他们有能力选择离开恶劣的环境,而大多数人不得不留下承受环境恶化的危害。前者外迁伴随的财富外流导致本地区经

---

[28] 吴家庆. 促进社会公平:构建和谐社会的本质要求[J]. 湖湘论坛, 2006, 106(1): 5.

济水平下滑，承担后果的又是留守的底层人群。而且在生态环境脆弱地区长期遭受经济和资源上的剥夺时，更容易出现生态退化现象。同时，富人占有较多环境资源和收益，人均资源消耗量大、人均排放的污染物多，但却不愿意承担应尽的环境义务，因此社会弱势群体往往成了环境污染最直接和最大受害者。其次，从代际群体层次来看，长期以来急功近利的经济发展模式和消费行为，造成有限的资源过度开发利用，导致资源枯竭和生态环境恶化，以至威胁到了后代人的生存基础，造成了严重的代际不公平。

综上所述，要实现可持续发展必须以环境公平为前提，将环境公平贯穿于可持续发展战略中。

公共政策的本质是政府对社会公共利益在社会成员之间的协调。协调过程中，能否实现利益和资源在社会利益主体之间得到公平、合理、有效的协调和配置，关键在于公共政策能否主张公平[29]。由于环境政策属于公共政策的一部分，所以重视公平的环境政策可以有效地促进社会主义和谐社会的建设。从环境公平的立场出发制定环境政策，才能更好地适应国际经济发展的新趋势和全球化的战略要求，从而更好地促进我国的可持续发展。

思 考 题

1. 可持续发展观指导下的发展模式中经济发展与环境保护的关系是怎样的？这种发展模式与传统的发展模式有何区别？
2. 环境政策在可持续发展战略中的角色和作用是什么？

---

[29] 胡穗. 公共政策公平：构建和谐社会的推进器[J]. 湖湘论坛，2006(1)：6.

第 2 章　环境政策系统

> **本章教学要求**
> 1. 掌握环境政策的概念、功能及特性;
> 2. 掌握环境政策系统的构成要素。

环境政策系统是了解环境政策过程(决策、制定、执行、评估、监控和终结)的基础。在深入学习环境政策系统的内容之前,应首先准确把握环境政策的概念、功能、特性及构成环境政策系统的各要素。

2.1　环境政策的内容与功能

2.1.1　环境政策的概念

环境政策体现了国家对环境保护的态度、目标和措施,已成为各国最重要的社会公共政策之一。不同学者从不同角度对环境政策进行定义。广义的环境政策是指国家为保护环境所采取的一系列控制、管理、调节措施的总和,包括环境法律法规,它代表了一定时期内国家权力系统或决策者在环境保护方面的意志、取向和能力。而狭义的环境政策是与环境法律法规相平行的一个概念,指在环境法律法规以外的有关政策安排[1]。袁明鹏认为,环境政策是指国家或地方政府在特定时期为保护环境所规定的行为准则,它是一系列环境保护法律、法令、条例、规定、计划、管理办法与措施等的总称[2]。齐佳音等认为,广义的环境政策是指不以改善环境质量为直接政策目标但却具有环境含义,一般是由政府其他综合经济管理部门或产业管理部门制定实施的政策[3]。许多以调节经济系统运行、提高经济效率为直接政策目标的经济政策,如能源政策、财政政策、产业政策,以及对清洁生产项目或提高能源使用效率项目所实行的差别贷款利率或贴息政策等均属于广义的环境政策。狭义的环境政策是指以改善环境质量为直接目标,一般由环境保护行政主管部门亲自制定和执行的政策。左玉辉认为,环境政策是指政府为解决一定历史时期的环境问题,落实环境保护事业的发展战略,并达到预定的环境目标而制定的行动指导原则[4]。兰德尔·贝克在《欧盟和美国的环境法和政策》一书中认为,在美国,环境政策可以从两个层级上进行探讨,第一级可以称之为普通级、理论级或基本级[5],在这一层级,环境政策是指有关处理社会影响的对象(如自然)和影响社会的各种现象(如传染病、地方病和热带风暴)之间的相互关系的社会决定和社会战略(Policy refers to the decision and strategies of society as it copes with the

---

[1] 夏光. 环境政策创新[M]. 北京:中国环境科学出版社. 2001:55~56.
[2] 袁明鹏. 可持续发展环境政策及其评价研究[D]. 武汉:武汉理工大学,2003:41.
[3] 齐佳音,李怀祖,陆新元. 环境管理政策的选择分析[J]. 中国人口·资源与环境[J]. 2002(6):60~62.
[4] 左玉辉,环境社会学[M]. 北京:高等教育出版社. 2003:332.
[5] [美]RaRdall Baker, Environmental Law and Policy in the European Union and the United States[M]. Pracger Publishers,1997:97.

interrelations between that which society affects(such as nature)and all that affects society (such as contagious or endemic disease and tropical storms)); 第二级或操作级是指反映在立法和大多文献之中普遍使用的环境观念和可实施的环境解说(Policy refers to the perception or operational definition of environment in popular usage reflected in legislation and popular literature)[6]。罗伯特·N·史蒂文斯认为，几乎所有的环境政策都明确或隐含地由两个部分构成：确切的总体目标(一般性的或特殊性的目标，如空气质量等级或一种排放水平的最高限度)以及实现目标的手段[7]。李康认为，环境政策是可持续发展战略和环境保护战略的延伸和具体化，是诱导、约束、协调环境政策调控对象的观念和行为的准则，是实现可持续发展战略目标的定向管理手段[8]。

通过对比国内外不同的学者对环境政策的解读，可以得出结论：环境政策是公共政策学的一个组成部分，是国家机关、政治团体及环境决策机构为了达到环境管理与环境保护的目标，在一定时期制定的规范公众、企业与团体行为与观念的一系列准则和依据。

2.1.2 环境政策的功能

环境政策的核心是规范公众对待自然环境的行为与态度，正确处理人与自然的关系，解决生态环境保护与经济发展之间的矛盾。"政策的基本功能包括：导向功能、控制功能、协调功能和象征功能"[9]。而环境政策是公共政策的一部分，虽然因"环境"标识具有不同于其他公共政策的特殊性，但其基本功能仍然具有公共政策的共性。环境政策具有如下三个功能。

1. 环境政策的控制功能

环境政策的控制功能是根据环境政策的目标规范公众对待自然环境的行为与态度，将人与自然的关系控制在可持续发展的程度内，包括允许公众做什么、什么时候做、在哪里做、为什么要做、谁来做、如何做，即事件的"六问原则"，目的是通过规范公众行为实现环境政策的最终目标，尽可能减少生态环境保护与经济发展之间的矛盾。因此，控制功能既包括对公众行为的规范，又包括对公众意识和理念的引导。

2. 环境政策的协调功能

环境政策的执行与实施离不开其他经济政策、社会政策的支持与配套，离不开国家政府部门、社会团体及公众的支持。因此，环境政策必须具备协调功能，以便在制定和执行过程中能够协调不同团体、不同民族的利益及公众与政治团体之间的关系，保证环境政策的顺利执行。

3. 环境政策的影响功能

制定环境政策的一个主要目的是试图通过政策影响公众行为、态度及意识。环境政策的影响力取决于政府环境管理部门、社会团体、公众个体对环境政策的理解程度与支持力度。

---

[6] 蔡守秋. 欧盟环境政策法律研究[M]. 武汉：武汉大学出版社，2002：41.
[7] [美]保罗·R·伯特尼，罗伯特·N·史蒂文斯. 环境保护的公共政策[M]. 上海：上海人民出版社，2004：41.
[8] 李康. 环境政策学[M]. 北京：清华大学出版社，1999：44.
[9] 陈振明. 政策科学——公共政策分析导论(第二版)[M]. 北京：中国人民大学出版社，2003：52.

案例 2-1

美国大坝政策：环境影响与政策趋势

政策和行为所带来的利益是否大于它们所带来的代价，这个问题看起来简单实际上却很复杂。毋庸置疑，大坝有很多好处，比如，防洪就一直被认为是大坝一个很重要的作用和机制。同时，灌溉和水力发电也是美国建大坝的重要原因。三个因素综合在一起，也就是为了经济发展的需要。

正是基于以上的考虑，美国在过去几十年里，建了上千个大坝，这些大坝带来的好处大家都知道了，但是建大坝也是需要付出代价的。最近，在经过科学考察之后，对建大坝提出了质疑：建大坝究竟是利大还是弊大？第一，防洪的有效性问题。一般认为，大坝可以控制一些小的灾难和洪水，但对一些大的洪水的有效性值得怀疑。而建大坝的真正原因，是要用大坝来控制大河流的大洪水。第二，对生态破坏的问题。原来他们一直以为，建大坝只会影响大坝周围的生态环境。但是现行的科学调查表明，它还可能会影响到居民区以及流域附近的生态和地质。第三，移民的问题。第四，对水文的影响，如大坝对水流的影响。而在20世纪的五六十年代，我们主要看到了大坝带来的好处，在近三十年我们才开始考虑建大坝所带来的利益是否大于建它所付出的代价。但是，这个问题不是那么简单就能回答出来的，现在我们从建大坝的历程和水政策的变化来看建大坝的利弊。

美国建大坝的历程经历了以下三个非常明显的阶段。

第一阶段：1910—1935年，这个时期建坝主要由复垦部负责，规模较小，蓄水量也较小且都建在私人的土地上，主要目的是灌溉和水电。

当时，时值美国西部大开发，建大坝主要是为农场灌溉和发电，比如1931年开始建1936年竣工，位于亚利桑那州的西北部胡佛水坝(Hoover Dam)，建成后对工农业发展起着巨大的作用。

20世纪30年代所建的大坝对美国人民是很重要的，人们相信这些大坝可以做任何事情，比如把不毛之地变成沃土。人们把建大坝当成一种荣誉，认为建大坝的人是英雄。

第二阶段：1935—1950年，由工程兵负责建坝，主要目的是防洪。

这种目的的变化源于1927年美国密西西比河的大洪水，在这次洪水中，死的人并不多，但很多地方被淹没。这次洪水给美国人造成了很恐怖的印象，人们担心对将来还可能发生的洪水无能为力，所以要求政府去做一些事情——防洪，这就有了1936年防洪法案的出台。美国政府开始建很大的坝来防洪，不再仅仅为灌溉和发电，至此，美国政府投身于洪水控制。

第三阶段：1950—1980年，这是美国建坝的高峰期，在短短三十年里建了超过18000个大坝。在这个阶段，防洪大坝由工程兵负责，灌溉和发电用的大坝主要由农业部负责。自1954年以后在美国建了成千上万的中型坝，数量惊人。这些大坝一般是多功能的，既可以防洪又可以灌溉和发电，同时也可以对荒漠进行灌溉，比如，中央亚利桑那项目(Central Arizona Project)，就是通过一个引水工程将大坝的水引入荒漠，这样，就可以在荒漠上种植庄稼了。

这些都被美国人认为是好事，于是，无论是在农场上建大坝还是在荒漠中建中型坝，他们都主要考虑经济成本，而不考虑其他方面的代价。

至此，美国就有了7万多个水坝，只要超过2000平方千米的流域就会修坝，未修大坝的河流已经很少了。由于大多数坝都是很小的，所以大部分的蓄水量只由少数几个大坝来完成。

由于1950—1980年建坝太多，20世纪80年代后大坝对水系统的影响就显现出来。科学研究就开始考察建大坝的代价问题，有些问题现在就比较清楚了。大坝主要在以下三个方面影响河流系统：水文、沉积和生态。1999年，地质学家提出这样一个观点，认为应用以下三个尺度来考虑建大坝付出的代价：(1) 大坝的密度；(2) 大坝蓄水量和流域水量(包括地下水和地表水)的比率；(3) 大坝蓄水量和年平均径流量的比率。

美国水坝在东南沿海建的较多，但实际它们都是一些较小的坝，所以它们对水系统的影响就不像大坝影响那么大。蓄水量较大的坝主要集中在美国西南，在一个较小的盆地里就可能有很大的河流。在得克萨斯州落基山荒漠地区修建的大坝主要用来蓄水，将水调往别处或用来发电供别处使用，在这种情况下，代价由本地承担，但却不是由本地受益。

修建大坝会带来的负面影响：(1) 改变水流的变化，尤其是下游水流；(2) 割断生物的栖息地。在美国西部，这是一个很大的问题。三文鱼是美国西部盛产的鱼种，但是大坝建成以后，使三文鱼无法回游上游，而三文鱼必须回游到上游较浅的水域才能产卵受精，所以，大坝的建成使很多的三文鱼种类消失。人们不得不采取措施来改变这种状态，比如，哥伦比亚河流上的大坝，在建成几十年后做了一些楼梯，以让鱼回游到上游。

从1980年以后就进入了下一个时期，用几个词来形容这个时代，就是拆除大坝或炸坝的时代。从1999年开始，有185个大坝被拆，这种进程仍然在加速。原因在于为大坝付出的代价太高，如生态方面的、自然环境方面的代价，而这些方面的代价都导致维持大坝的经济成本加高。在拆坝进程中，科学站在了最前沿，为拆坝提供了很多依据。同时，美国公众也在考虑，我们过去是不是做错了什么。

依美国现在的国内政策，不会再修大坝，而可能会有正在运行的大坝消失。尽管目前美国国内的政策尚未改变，但人们的环保意识已经有了很大的提高。我们可以看出，对于大坝，人们的意识和行为，在100年间发生了多大的变化。

(资料来源：美国富布莱特学者Dr. Michael 于2006年11月16日《环境法论坛》上的学术讲座，http://www.ep.net.cn)

【案例分析】该材料说明，当美国认为建设大坝能够带来巨大的利益时，便鼓励政府和私营部门大规模建设大坝，即美国政府的大坝建设政策发挥了政策的导向功能；而当美国政府认识到建设大坝会带来一系列负面影响的时候，于20世纪80年代开始炸坝，恢复河流的自然生态功能。

2.1.3 环境政策的特性

1. 环境政策的参与性

参与(Participation)是指参加某项活动，包括竞争、讨论或会议。《辞源》对"参与"的注解显示，参与的概念可以追溯到古代，汉·刘向《说苑·修文》："诸侯四匹乘与，大夫曰参与"，可见参与不是一个新概念，也不是一种新形式，古代的联合狩猎，氏族部落的商议制度等都是不同形式的参与。今天西方发达国家对参与的形式和内容不断完善，方法日趋成熟，在社会、经济、政治与环境保护的各个方面都强调公众的参与，并将公众参与视为民主化必不可少的内容[10]。

"公共参与是公众通过自己的政治行为影响和改变政治过程的活动，同时也是一种由合法性制度赋予和规范的权利[11]"。参与环境决策是公众参与环境事务的核心，只有赋予公众在决策过程中的参与权，才能发挥公众参与的作用，促进环境的保护[12]。"环境公众参与制度是公众及其代表根据国家环境法律赋予的权利和义务参与环境保护的制度，是政府或环境行政主管部门依靠公众的智慧和力量，制定环境政策、法律、法规，确定开发建设项目的环境可行性，监督环境法律的实施，调处环境事故，保护生态环境的制度。环境公众参与制度需要各级政府及有关部门的环境决策行为、环境经济行为及环境管理部门的监管工作，听取公众意见，取得公众认可及提倡公众自我保护环境，防治环境污染的制度[13]"。而"实践证明，公众参与是否有效，取决于公众的知情权、表达权、诉权和结社权能否得以保障；推动环保公众参与，不仅要转变观念，提高认识，更要做好人力和财力的准备，支付相关成本，要经历从无到有，从少到多，从无序到有序的发展过程[14]"。我们认为，环境政策中的公众参与是指公众根据国家宪法和环境法律制度履行公民权利的一种过程，是公众参与环境政策的制定、执行、评价、终结等整个环境政策过程的行为。因此，环境政策的公众参与不仅包括政治参与，而且包括环境经济与环境行为方面的广泛参与。不同的环境政策或同一环境政策覆盖的不同区域，不同调适对象的教育水平和文化背景，公众参与的程度、范围、形式也存在差异，其中参与的方式包括被动性参与、诱惑性参与、适应性参与、主动性参与和自主性参与等。《中国21世纪议程》指出："切实保障为有法律理由的个人、团体和组织，提供可靠的参与渠道，保护自身的合法权益和社会公共利益。"因此，公众参与的主体应该是指公民个体、企业、公司、合法的社会团体、政府官员与专家学者，既包括男性公民的参与，又包括妇女和儿童的参与及不同种族与文化背景的公民的参与。

目前，大部分环境政策的制定、执行与评价都属于专家与政府官员主导的精英决策，公众参与明显不足。这种"少数派"主导"多数派"的管理体系无法体现公众的呼声，结果可能缺乏理性和公正。传播学家诺利·纽曼的"沉默的螺旋"理论认为，公众在接受一个公众议题时一般会判断：自己的意见是否与大多数人站在一边(准统计感观功能)？如果他们觉得自己站在少数派一边，他们倾向保持沉默；如果他们觉得与舆论主导相去渐远，就越会保持沉默。这会使优势意见越来越占优，少数派越来越沉默[15]。因此，环境政策中的公众参与不是某些人的参与，也不是某些强势群体的参与，而是能代表多数人利益的一定数量群体的参与。公众参与的不同层次见表2-1。

---

[10] 丁文广,雷青,胡小军. 论环境政策中的公众参与[J]. 中国人口.资源与环境, 2006, 16(2): 425~428.
[11] 张厚安,徐勇,项继权. 中国农村村级治理[M]. 武汉: 华中师范大学出版社, 2000.
[12] 徐文君. 环境事务中公众参与的核心: 公众参与决策[J]. 中国环境资源法学网, 2004.
[13] 赵杰. 环境公众参与制度研究[A]. 见: 年中国法学会环境资源法学研究会年会论文集(电子期刊)[C]. 青岛, 2003.
[14] 贾峰. 卷首语[J]. 世界环境, 2005(5).
[15] 肖锋. 我反对[J]. 读者, 2004(17): 40~41.

表 2-1　公众参与的不同层次[16]

参与的形式	定义	公众的控制程度	媒体、专家及官员对公众的控制程度
自主性参与	公众自己决定要参与环境政策,并知道做什么,如何做		
主动性参与	专家、官员等决策者与公众共同分析环境政策问题,共同决策		
适应性参与	专家、官员等决策者接受公众关于环境政策的意见,但如何做由专家、官员决策		
诱惑性参与	专家、官员决定做什么,怎样做,同时用奖、惩方法鼓励公众参与		
被动性参与	专家、官员通过媒体等方法告诉公众应该做什么,怎样做		

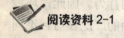阅读资料 2-1

建绿色北京,迎绿色奥运

以申办奥运为契机,呼唤更广泛的公众环境意识和参与,宣传绿色北京的城市新形象,树立绿色北京的理念,迎接绿色奥运的到来。民间环保组织"绿色北京"与清华大学环境科学与工程系博士生班联合发起"建绿色北京,迎绿色奥运"活动,并在"绿色北京"网站开设"建绿色北京,迎绿色奥运"专题。2001 年 7 月 8 日,"绿色北京"环保志愿者通过网络,将"建绿色北京、迎绿色奥运"的出谋划策专集通过"绿色北京"环保网站公布,为绿色北京、绿色奥运出谋划策。天恒可持续发展研究所、绿色北京、地球村联合启动绿色电力项目,推动可再生环保能源的应用,减少火电污染,希望绿色电力能够点燃我们的体育场馆,点燃 2008 年的绿色奥运。"绿色北京"志愿者及网友行动起来,绿化北京荒山,开展"建绿色北京、迎绿色奥运"植树活动。清华大学绿色协会、绿色北京、竹书文化在清华大学多功能厅举行"绿色北京携手陈琳——歌声呼唤绿色奥运"活动,绿色使者歌手陈琳带头在清华大学学生和绿色北京志愿者制作的"建绿色北京、迎绿色奥运"的旗帜上签字。绿色北京与清华大学环境科学与工程系博士生班联合发起"建绿色北京,迎绿色奥运"活动,并开始向全社会征集文字、摄影、美术作品。这一系列活动无不体现着公众对环境政策的参与性。

(资料来源:中国环保网,http://www.ep.net.cn)

阅读资料 2-1 反映了公众在"建绿色北京,迎绿色奥运"的参与精神,说明公众的主动参与能够推动一项环境政策的出台。目前,我国已经明确提出了 2008 年在北京举办的奥运会要充分体现"绿色奥运"精神。

---

[16] 丁文广,雷青,胡小军. 论环境政策中的公众参与[J]. 中国人口. 资源与环境, 2006, 16(2): 425~428.

2. 环境政策的科学性

环境政策的制定应符合可持续发展的战略目标与规划，应尊重不同区域不同民族的传统与文化，要随着外部客观条件的改变进行及时的调整与完善，要在具体实施过程中根据客观条件的改变体现出灵活性[17]，要因地制宜，对症下药。决策的科学化与民主化要紧密结合，否则容易造成决策过程的"扭曲"。

远在隋朝，已经考虑到政策制定的科学性问题。公元584年，隋文帝下诏在西北推广屯田，命上大将军贺娄子干"勒民为堡"、"营田积谷"。贺娄子干考虑到屯田并不适合西北地区的农业生产，便谏言道："陇西、河右，土旷民稀，边境未宁，不可广为田种。比见屯田之所，获少费多，虚役人功，卒逢践暴。屯田疏远者，请皆废省。但陇右之民以畜牧为事，若更屯聚，弥不自安。只可严谨斥候，岂容集人聚畜。"谏言中他明确提出了屯田政策不宜在西北推广，西北地区的农业生产应以畜牧业为主。随后，隋文帝接受了他的进谏，河西走廊的屯田政策暂告一个段落，客观上保护了当地脆弱的生态环境。这是古代制定政策的科学性的典型范例之一。

而现代的某些环境政策过程缺乏科学性，制定、执行过程中往往没有考虑到各个地区的自然地理条件及生态环境承载力，导致政策长期失灵。例如，从20世纪50年代到80年代初，甘肃省石羊河流域在本应该适度发展畜牧业的地区片面地强调"以粮为纲"政策，各地为了完成国家规定的粮食产量指标，想方设法扩大耕地面积，毁林开荒现象十分普遍，结果粮食安全战略目标没有达到，反而使得森林、草原和水资源遭到很大破坏。20世纪90年代，在经济利益的驱动下，该流域大力发展粮食生产，建设商品粮基地，中轻度盐渍化土地和固定半固定沙地也被开垦为耕地，引起水资源超载，造成土地大面积沙化。

3. 环境政策的稳定性与连续性

环境政策的稳定性，是指在可持续发展是人类的唯一选择并需要当代人和后代人坚持不懈地为之奋斗的条件下，基本的政策框架、主要和长效的政策内容将会延续相当长的时期，在此时间跨度中不会有实质性改变[18]。环境政策的稳定性和连续性是保证环境政策能够有效执行并实现环境政策目标的基石，但实际上，我国的许多环境政策由于受其他公共政策的影响或制约而缺乏稳定性和连续性，甚至还导致环境政策扭曲或无法执行。建国至今，某些公共政策的出台及执行对生态环境造成了极大的负面影响，也使部分环境政策受到了明显的影响，举例如下。

第一阶段(1950—1961年)：恢复生产，包括"大跃进"时期"土法炼钢"政策导致大量林木被毁以及三年自然灾害；

第二阶段(1962—1982年)：1960～1970年"以粮为纲"政策和人民公社制度导致大面积垦荒，直至1978年开始的改革开放；

第三阶段(1983—1989年)：种草种树、"反弹琵琶"的生态建设政策得以实施，局部地区生态开始恢复；

第四阶段(1990—1998年)：市场经济体制确立，强调经济建设，忽视生态保护，森林、草地破坏严重；

---

[17] 陈庆云. 公共政策分析[M]. 北京：中国经济出版社，1996.
[18] 李康. 环境政策学[M]. 北京：清华大学出版社，1999：47.

第五阶段(1999年以后)：退耕还林(草)政策开始实施，到2005年又开始大幅度缩减。

从上述几个发展阶段可以看出，中国的生态环境政策长期受制于经济发展政策，在一定程度上以牺牲生态环境为代价促进经济发展，导致生态环境政策的波动和反弹性极强。

4. 环境政策的相关性

环境政策的存在不是孤立的，他的出台与实施与其他政策有着密切的关系，经济政策、社会政策、民族政策等社会经济政策与环境政策的相互交叉决定了环境政策与其他政策的相关性与依赖性。与环境政策相关的其他政策要互相衔接、不能冲突，否则，环境政策的实施将成为纸上谈兵。

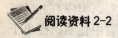
阅读资料2-2

环境政策的相关性

人类很早就注意到环境对政治的影响。但传统的政治地理学只研究人、国家或领土等环境要素之间的关系。到了近代，国家和领土的概念已上升为环境系统。环境系统是没有国界的，诸如森林毁灭、温室效应、淡水短缺、臭氧层破坏、水土流失、沙漠化、海洋污染等环境危机的爆发，使各国领导人开始认识到人类现在所面临的全球性环境危机，并开始对国家的政治行为包括对外关系行为加以调整，国际组织和其他政治团体也正在使用其权力对生态系统进行控制。如尽管温室气体排放属于一国内部事务，但到1999年为止已有包括中国在内的40个国家加入了《联合国气候变化框架公约：京都议定书》，"只要承认生态学是探求生物与环境之间相互关系的科学，承认政治是研究如何运用权力和权威对社会进行挖掘的科学，就不难体会到政治学和生态学之间的关系。没有哪种政治不会影响到生态系统作用的过程"。

很长一段时期，我国在发展对外贸易上，由于资金和经验不足，管理不力，以及决策上的某些失误，在追求经济发展时没有充分注意保护生态环境，一度造成盲目开发出口产品而引起生态环境的破坏，以及进口有害废弃物而造成重大环境损失等情况。例如，1982年至1993年我国出口发菜799吨，创汇3126万美元，表面上似乎经济效益很高，但其对生态环境的破坏却是触目惊心的。

据报道，由于盲目采挖发菜，二连浩特周围200多km^2的土地已经沙化或严重沙化。又如，广东沿海的一些乡镇企业盲目进口大量有色金属废渣、旧汽车蓄电池等有毒废弃物，其再生过程已对当地的生态环境造成很大的污染。

(资料来源：印卫东. WTO机制下的中国对外贸易与环境护[EB/OL].http: //www.wtolaw.gov.cn/display)

5. 环境政策的国际性与区域性

《可持续发展世界首脑会议实施计划》指出，全球化不仅给可持续发展提供了机遇，同时也带来了挑战[19]。全球化正在为贸易、投资、资本流动以及包括信息技术在内的技术进步、世界经济的增长、发展和全世界生活水平的改善提供新的机遇，但是严峻的挑战依

---

[19] 国家环境保护总局国际合作司，国家环境保护总局政策研究中心. 联合国环境与可持续发展系列大会重要文件选编[M]. 北京：中国环境科学出版社，2004：36.

然存在，包括严重的金融危机、环境危机、贫困、排外和社会不公等。发展中国家和经济转型国家在应对全球化的挑战和机遇过程中，遇到了特殊的困难，尤其是在保持经济发展的同时还需进行生态环境的保护方面。全球化应具有充分的包容性且是公平的，亟需制定国家和国际层面的环境政策和措施，而且这些环境政策应在发展中国家和经济转型国家充分和有效的参与下制定和实施，以帮助这些国家有效应对这些挑战。由此可见，全球化、市场化和信息化会对国际和一国的环境政策产生重大影响。因此，环境政策具有国际性与区域性特征，而国际性或区域性的环境政策特征的主要表现形式之一是缔结或签署国际环境公约，参加国际环境组织的对话或重大活动。例如，截至 2005 年 7 月，我国已经缔结或签署国际环境公约达 51 项，包括《生物多样性公约》、《维也纳公约》、《斯德哥尔摩公约》、《鹿特丹公约》、《核安全公约》、《巴塞尔公约》、《联合国气候变化框架公约》、《蒙特利尔议定书》、《生物安全议定书》和《京都议定书》等环境公约。

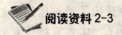
阅读资料 2-3

WTO 相关环境政策对我国贸易的影响

据外经贸部公布，影响我国产品出口的主要是以下环境标准：陶瓷产品含铅量、皮革中五氧苯酚残留量、为保护臭氧层对使用受控物质的产品(如冰箱、空调、泡沫塑料及制品的限制)以及发胶等，这将冲击我国 50 亿美元的出口贸易。同时，我国一些食品的出口也因农药残留量和其他有害物质超标问题而受到严重影响，如不采取措施，中国的食品出口竞争力会严重受挫，食品出口将面临危机。据悉，日本、韩国对进口的水产品的细菌指标已开始逐批化验，河豚也逐条检验，我国一些地区出口日本、韩国的虾仁、鱿鱼，均曾因细菌超标而被退货。此外，为保护野生动物和保护生态平衡，按照我国《野生动物保护法》和《生物多样化国际化公约》，我国原先用来出口创汇的许多产品如穿山甲、果子狸等已不允许捕杀和出口。

这就要求我们制定环境政策时要牺牲暂时的经济利益而保证生态环境不受或少受损害。比如，严格的环境标准增加了环境治理设施的成本，从而使得产品成本提高，竞争力下降；"关停并转"一些小企业的环保法令会使企业利益、地方经济受到损失；同样在对外贸易方面环境政策的执行也会在某种程度上影响经济效益。反观之，一国也可以通过调整环境政策以利于国际贸易。例如在我国和其他一些发展中国家，由于环境标准低于发达国家的水平，出口产品成本低，我们的环境政策制定常常受到外部的巨大压力甚至攻击，因而有必要适当而又适时地提高环境标准；而在发达国家，由于经济发展水平远高于其他国家，较高的环境标准使它们可以通过环境政策对国际贸易设置环境壁垒，用限制贸易的做法给其他国家施加压力甚至造成损害。可见，国际贸易对于环境政策的调整有重要影响。

(资料来源：印卫东.WTO 机制下的中国对外贸易与环境保护[EB/OL].http://www.wtolaw.gov.cn/display)

6. 环境政策的演变性

环境政策在制定、执行、评估等过程中，有一个渐进的反馈和完善过程，需要对政策不断进行修改，以调整政策的可操作性，为实现政策目标服务。某些环境政策还要适应不断变化的国际环境。

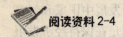
阅读资料 2-4

中国环境政策的演变

联合国的两次人类环境会议对中国的环境政策有相当大的推动。斯德哥尔摩会议之后，中国于 1973 年成立了国务院环境保护领导小组及办公室，并在全国推动工业"三废"(废水、废气、废渣)的治理。1979 年颁发了《中华人民共和国环境保护法(试行)》。1980 年代起形成"预防为主、防治结合"、"谁污染谁治理"、"强化环境管理" 3 项政策和"环境影响评价"、"三同时"、"排污收费"、"目标责任"、"城市环境综合整治"、"限期治理"、"集中控制"、"排污登记与许可证"等 8 项制度。20 世纪 90 年代初，中国工业污染防治开始了三个转变(从"末端治理"向全过程控制转变、从单纯浓度控制向浓度与总量控制相结合转变、从分散治理向分散与集中治理相结合转变)，并开始了清洁生产的试点。在里约会议两个月后，中国在《环境与发展十大对策》中，明确了"实施可持续发展战略"，并于 1994 年公布了《中国 21 世纪议程》，这是全球第一部国家级的《21 世纪议程》。1996 年，全国人大审议通过了 2000 年和 2010 年的环境保护目标；同年，国务院发布了《关于环境保护若干问题的决定》。1998 年，新的国家环境保护总局成立，职权有所加强。

中国已制定了《中华人民共和国环境保护法》等 6 部法律和《中华人民共和国森林法》等 9 部资源法律；修改后的《中华人民共和国刑法》增加了"破坏环境与资源罪"的规定；国务院发布了《自然保护区条例》等 28 件行政法规，国家环保总局制定了 375 项环境标准；各省、市、区颁布了 900 余件地方性环境法规，初步形成了中国环境法体系。通过连续五年的全国环境执法检查，查处了一批违法案件。同时，省、市、县级环境行政管理机构不断得到加强，全国环保系统工作人员达 10 万人。

(资料来源：中国环保网. http://www.ep.net.cn)

7. 环境政策的灵活性

环境政策的灵活性指各地区在执行国家制定的宏观环境政策时，应根据其区域自然地理特征、传统文化和具体情况，采取比较务实而灵活的方法，对宏观政策进行细化或指标化，力求实现政策目标。例如，西部 12 个省(自治区、直辖市)制定的退耕还林政策实施细则就是一种灵活性的表现。

综上所述，环境政策具有一系列特性，这些特性使得环境政策发挥自身功能、协调人与自然之间的关系、规范公众、团体、私营部门的环境行为。然而，环境政策在实施过程中，其目标与实际绩效可能存在差异，甚至受其他公共政策、管理体制、部门壁垒等的影响，会出现"环境政策失灵"和"政策幻影"[20]现象。例如，正在西部 12 个省(区、市)实施的退耕还林政策，国家的决策在基层不能得到灵活调整，导致政策大起大落现象的发生，造成部分退耕农户的利益严重受损，进而导致退耕还林的目标在许多地区不能实现。因此，需要对环境政策的执行策略及时进行调整与完善，以达到环境政策的预期目标。

---

[20] 政策幻影："基层"的真实情况可能正好与上级政府"看到的"相反，高层政府的官员正在看海市蜃楼.

2.1.4 环境政策的分类

环境政策的分类原则不同，分类方法、分类结果也就不同。有学者将环境政策按纵向原则和横向原则进行了分类[21]。纵向的环境政策包括总政策、各个部分或领域的基本政策、各个部分或领域的具体政策，并由这三大层次的政策构成环境政策体系的整体。横向的环境政策分为环境经济政策、环境保护技术政策和环境管理政策(含环境社会政策)。

我们赞同李康的环境政策分类原则，但同时认为横向的环境政策包括国内环境政策和国际环境政策。国内环境政策主要由各种环境法律、标准和条例等组成，国际环境政策由国际环境公约及多边环境协议构成。

对我国而言，纵向环境政策具体包括国家宪法(1982年)、基本法(如环境保护法，1979年出台，1989年修改)、专门法(如大气污染防治和控制法、水污染防治和控制法、固体废弃物防治和控制法、噪声污染防治和控制法、海洋环境保护法、刑事法等)、法规和地方法规及现场标准等。横向环境政策又可以分为环境法律、环境行政法规和法规性文件、部门环境规章及相关文件、环境司法解释及相关文件等。环境政策的横向分类框架如图2.1所示。

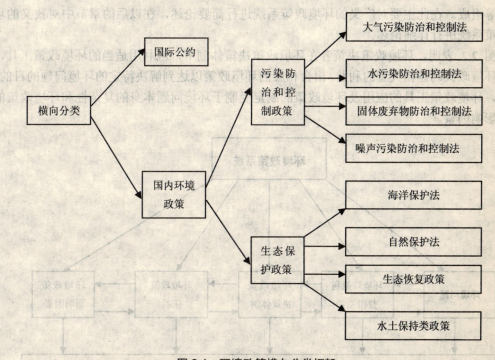

图2.1 环境政策横向分类框架

国际环境公约是解决世界性环境问题的国际性法律文件。积极参与国际环境公约的制定并遵循国际环境公约，有利于维护中国的环境权益，促进中国与国际机构在解决重大环境问题方面进行对话与协作。截至2005年7月，我国已经缔结或签署国际环境公约达51项[22]。

---

[21] 李康. 环境政策学[M]. 北京：清华大学出版社，1999：49.
[22] 姜文来. 积极应对"中国环境威胁论"[EB/OL]. http://env.people.com.cn.

我国在参与联合国的两次人类环境会议之后，加快了环境政策的制定和立法速度，到目前为止，已制定了《中华人民共和国环境保护法》等 6 部法律和《中华人民共和国森林法》等 9 部资源法律；修改后的《中华人民共和国刑法》增加了"破坏环境与资源罪"的规定；国务院发布了《自然保护区条例》等 28 件行政法规，国家环保局制定了 375 项环境标准；各省、市、区颁布了 900 余件地方性环境法规，初步形成了中国环境法体系[23]。

2.2 环境政策系统的内容

政策系统作为公共政策运行的载体和政策过程展开的基础，是由政策主体、政策客体及其与政策环境相互作用而构成的社会政治系统[24]。环境政策系统符合公共政策的基本理论，因此，广义的环境政策系统是由环境问题、环境政策利益相关者、环境政策决策体制、环境政策工具、环境政策影响因素和环境政策过程(决策、制定、执行、评估、监控和终结)等构成的一个有机整体。狭义的环境政策系统由环境政策决策亚系统、环境政策制定亚系统、环境政策执行亚系统、环境政策评估亚系统、环境政策监控亚系统和环境政策终结亚系统等组成。在此主要对广义的环境政策系统进行简要论述，在以后的章节中对狭义的环境政策系统进行详细论述。

图 2.2 表明，环境政策决策者在环境政策决策体制下，应利用适当的环境政策工具，考虑环境政策利益相关者的利益，出台相应的环境政策以达到解决特定的环境问题的目的。然而，环境政策工具的应用及环境政策的制定受制于环境问题本身的复杂性和环境政策的诸多影响因素。

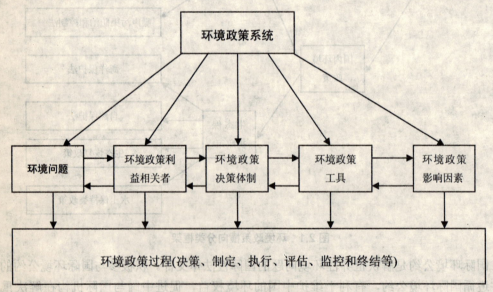

图 2.2 环境政策系统示意图

---

[23] 中国环保网.

[24] 陈振明. 政策科学——公共政策分析导论(第二版)[M]. 北京：中国人民大学出版社，2003：69.

2.2.1 环境问题

环境是人类赖以生存和发展的基础。环境问题的出现和日益严重，引起人们对环境治理的关注。随着人口的增加、科技的进步、工业的高速发展和城市化的加速，生活垃圾和"三废"问题(废水、废气、废渣)日益突出，环境污染日益加剧。为了解决日趋严重的环境问题，环境政策科学便诞生了。据记载，最早的环境政策可以追溯到13世纪英国爱德华一世时期，当时有对排放煤炭的"有害的气味"提出抗议的记载。环境政策的产生与环境问题的出现有着必然的因果联系，没有环境问题，就不可能有环境政策；反之，如果没有环境政策，许多环境问题就不能得到有效解决。

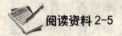
阅读资料2-5

环境科学发展史

人类活动造成的环境问题最早可追溯到远古时期。那时，由于用火不慎，大片草地、森林发生火灾，生物资源遭到破坏，他们不得不迁往他地以谋生存。早期的农业生产中，刀耕火种、砍伐森林造成了地区性的环境破坏。古代经济比较发达的美索不达米亚、希腊、小亚细亚及其他许多地方，由于不合理的开垦和灌溉，后来成了荒芜不毛之地。黄河流域是中国古代文明的发源地，那时森林茂密，土地肥沃。西汉末年和东汉时期大规模的开垦促进了当时农业生产的发展，可是由于滥伐了森林，水源不能涵养，水土严重流失，造成沟壑纵横，水旱灾害频繁，土地日益贫瘠。

随着社会分工和商品交换的发展，城市成为手工业和商业的中心。城市里人口密集，房屋毗连。炼铁、冶铜、锻造、纺织、制革等各种手工业作坊与居民住房混在一起。这些作坊排出的废水、废气、废渣以及城镇居民排放的生活垃圾，造成了环境污染。13世纪英国爱德华一世时期，曾经有对排放煤炭"有害的气味"提出抗议的记载。1661年英国人J.伊夫林写了《驱逐烟气》一书献给英王查理二世，指出空气污染的危害，提出一些防治对策。产业革命后，蒸汽机的发明和广泛使用，使生产力得到了很大发展。一些工业发达城市和工矿区，工矿企业排出的废弃物污染环境，使污染事件不断发生。恩格斯在《英国工人阶级状况》一书中详细记述了当时英国工业城市曼彻斯特的污染状况。1873年12月、1880年1月、1882年2月、1891年12月、1892年2月英国伦敦多次发生可怕的有毒烟雾事件。19世纪后期日本足尾铜矿区排出的废水毁坏了大片农田。1930年12月比利时马斯河谷工业区由于工厂排出有害气体，在逆温条件下造成严重的大气污染事件。农业生产活动也曾造成自然环境的破坏。1934年5月美国发生席卷半个国家的特大尘暴，从西部的加拿大边境和西部草原地区几个州的干旱土地上卷起大量尘土，以每小时96~160km的速度向东推进，最后消失在大西洋的几百公里海面上。这次风暴刮走西部草原3亿多吨土壤。芝加哥在5月11日这一天，降下尘土1200万t。这是美国历史上的一次重大灾难。尘暴过后，美国各地开展了大规模的农业环境保护运动。

第二次世界大战后，社会生产力突飞猛进。许多工业发达国家普遍发生现代工业发展带来的范围更大、情况更加严重的环境污染问题，威胁着人类的生存。美国洛杉矶市随着汽车数量的日益增多，自20世纪40年代后经常在夏季出现光化学烟雾，对人体健康造成了危害。1952年12月英国伦敦出现另一种类型严重的烟雾事件，短短四天内比常年同期死亡人数多 4000 人。1962 年出版了美国生物学家 R.卡逊写的科普作品《寂静的春天》，详细描述了滥用化学农药造成的生态破坏。这本书引起了西方国家的强烈反响。日本查明水俣病、痛痛病、四日市哮喘等震惊世界的公害事件，都起源于工业污染。在荒无人烟的南北极冰层中，监测到有害物质含量不断增加；北欧、北美地区许多地方降酸雨，大气中二氧化碳含量不断增加。环境问题发展成为全球性的问题。20 世纪 60 年代在工业发达国家兴起了"环境运动"，要求政府采取有效措施解决环境问题。到了 20 世纪 70 年代，人们又进一步认识到除了环境污染问题外，地球上人类生存环境所必需的生态条件正在日趋恶化。人口的大幅度增长，森林的过度采伐，沙漠化面积的扩大，水土流失的加剧，加上许多不可更新资源的过度消耗，都向当代社会和世界经济提出了严重的挑战。在此期间，联合国及有关机构召开了一系列会议，探讨人类面临的环境问题。1972 年联合国召开了人类环境会议，通过了《联合国人类环境会议宣言》，呼吁世界各国政府和人民共同努力来维护和改善人类环境，为子孙后代造福。1974 年在布加勒斯特召开了世界人口会议，同年在罗马召开世界粮食大会。1977 年在马德普拉塔召开世界气候会议，在斯德哥尔摩召开资源、环境、人口和发展相互关系学术讨论会。1980 年 3 月 5 日国际自然及自然资源保护联合会在许多国家的首都同时公布了《世界自然资源保护大纲》，呼吁各国保护生物资源。这些频繁的会议和活动说明 20 世纪 70 年代以来环境问题已成为当代世界上一个重大的社会、经济、技术问题。

(资料来源：佚名. 环境科学发展史[EB/OL]. 2006，http: //www.hb65.com)

2.2.2 环境政策利益相关者

环境政策利益相关者包括环境政策制定者、执行者、评估者、监控者和目标群体等。

环境政策的利益相关者可分为政府机构的利益相关者(包括立法机关、行政机关、执政党、司法机关、官方的环境政策研究组织)和非政府组织的利益相关者(包括公民、媒体、利益集团、企业或私营部门、NGO(非政府组织，Non-Governmental Organization，NGO)、非官方的环境政策研究组织)。

环境政策执行者指国家赋予环境政策执行权利的机构、团体或个人。

环境政策评估者包括内部评估者和外部评估者、正式评估者和非正式评估者等。

环境政策监控者指履行环境政策监督控制作用的团体或个人。

环境政策目标群体也就是环境政策作用的对象。

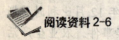
阅读资料 2-6

退耕还林政策的利益相关群体

图 2.3 反映了退耕还林政策中的利益相关群体之间的关系。

退耕还林是中国六大林业工程之一(其他五大工程分别是天然林保护工程、三北防护林建设工程、京津风沙源治理工程、野生动植物保护及自然保护区建设工程和重点地区速生丰产用材林基地建设工程)，同时也是国家生态环境政策的重要组成部分，其涉及的范围和领域广泛，关系到生态、经济、社会和政策等诸多层次的问题。

退耕还林以 1997 年黄河断流和 1998 年长江特大洪水灾害两大事件为导火索，在 1999—

2001年三年试点的基础上，于2002年全面启动，并在全国25个省(市、区)展开。工程覆盖了中国西部所有省份，目前工程的建设范围已涉及全国除山东、江苏、上海、浙江、福建、广东等省市外的25个省、自治区、直辖市和新疆建设兵团。规划工程期为2001—2010年，分两个阶段进行：第一阶段(2001—2005年)退耕还林面积667万公顷，宜林荒山荒地造林867公顷；第二阶段(2006—2010年)退耕还林800万公顷，宜林荒山荒地造林867公顷。同时国家于2002年12月14日公布了《退耕还林条例》，并于2003年1月20日正式实施。

国家林业局退耕还林办公室对退耕还林的定义为：退耕还林就是从保护和改善生态环境出发，将水土流失严重的耕地及粮食产量低而不稳的耕地，有计划、有步骤地停止耕种，本着宜乔则乔、宜灌则灌、宜草则草的原则，因地制宜地造林种草，恢复植被。因此，退耕还林实际上包括退耕地还林、退耕地还草和荒山造林。

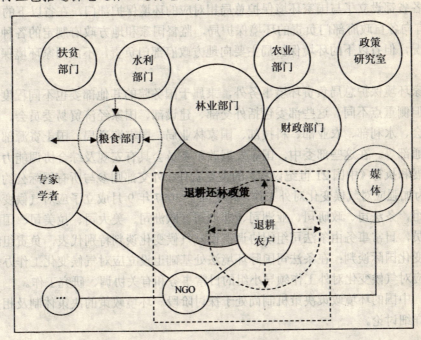

图 2.3 退耕还林政策中相关利益群体影响力分析简图

图注1：圆的大小表示退耕还林政策影响力的大小，距离核心区的远近表示与退耕还林政策的关系疏密程度。

图注2：甘肃省从2004年开始，退耕还林补助粮食全部以现金方式兑现，即将每亩200斤粮食补助折合为140元，以现金形式发放，所以粮食部门在退耕还林政策中的影响力及关系逐渐减弱。

（资料来源：丁文广，胡小军，邓红. 生态工程与农民——以农户为本的退耕还林政策研究[M]. 兰州：兰州大学出版社：2006: 163）

2.2.3 环境政策决策体制

公共决策体制是决策权力分配的制度和决策程序、规则、方式等的总称[25]。其主要构成因素有决策权力、决策程序、决策规则和方式；但总的说来，公共决策体制是与政治体

---

[25] 陈振明. 政策科学——公共政策分析导论(第二版)[M]. 北京：中国人民大学出版社，2003：133.

制密切相连的。《蒙特雷共识》的第 11 条指出:"良政对实现可持续发展必不可少。能够对人民需要和基础设施改善做出迅速反应的健全的经济政策和稳固的民主机构,是实现经济增长、消除贫困和创造就业的基础。"因此,良好的环境政策决策体制是实现可持续发展的必然选择,是构建环境友好型社会的基石。

我国的环境管理体制是 1972 年以后才逐渐形成的,最早于 1974 年在国务院内设立环境保护办公室[26]。1984 年国务院批准成立了国家环境保护委员会,1998 年升格为国家环境保护总局。我国的环境管理体制是由全国人民代表大会、国务院、国家环境保护总局、其他部委、省(直辖市)及其以下地方政府组成的多级决策体制。

全国人民代表大会是中国的立法主体,拥有最高级的政治权力。全国人大的环境和资源保护委员会负责起草环境领域的立法,并监督政府的环境表现[27]。

国务院负责执行人大立法和制定的政策。国家环境保护总局是负责环境事务的最高政府机构,各省都设立了与国家环境保护总局相对应的环境保护部门,在省以下的市(地区)、县(区)也有向各自政府部门负责的环境保护局,监督国家和地方政府制定的各种环境政策的执行情况,但省以下的环境保护局主要向地方政府部门负责,不由国家环境保护总局直接领导。

除国家环境保护总局负责环境事务外,隶属于国务院的其他部委也不同程度地负责环境事务,但侧重点不同。这些部委包括外交部、建设部、国家经济贸易委员会、国家发展改革委员会、水利部、农业部、科技部、国家林业局、国家海洋局、国土资源部、国家气象局和交通部等。在这些部委中,国家发展改革委员会具有宏观及综合协调能力,并承担可持续发展和执行《中国 21 世纪议程》的主要责任,外交部则参与所有国际公约的谈判及批准,如为加强应对气候变化对外工作,外交部于 2007 年 9 月成立了应对气候变化对外工作领导小组,条法司、政研司、亚洲司、非洲司、欧洲司、美大司、拉美司、国际司、新闻司为成员,日常事务由条法司组织协调;设立气候变化谈判特别代表,负责组织、参与有关气候变化国际谈判;在条法司国际环境法处基础上设立应对气候变化工作办公室,负责外交部应对气候变化对外工作领导小组的日常事务和有关协调、研究工作。

目前,中国的环境政策决策机制尚处于探讨阶段。环境政策的决策体制及相关问题将在第四章详细讨论。

2.2.4 环境政策工具

环境政策工具是将环境政策目标转化为现实的手段或方法。环境政策的总体目标和实现目标的手段通常被联结在政治过程中,因为目标的制定和实现目标的机制选择均是政治博弈的结果[28]。而"要界定什么是政策工具,必须弄清楚几点:首先,政策工具存在的理由是为了实现政策目标,它是作为目标和结果之间的桥梁而存在的;其次,政策工具仅仅是手段,而不是目的本身;最后,政策工具的主体不仅仅是政府,其他主体也可以拥有自己的政策工具[29]"。

我国环境政策工具的使用经历了探讨、实践到逐渐完善的过程,但应用最多的环境政

[26,27] 瑞典斯德哥尔摩国际环境研究院,联合国开发计划署. 中国人类发展报告 2002:绿色发展必选之路[M]. 北京:中国财政经济出版社,2002:79~80.

[28] [美]保罗·R·伯特尼,罗伯特·N·史蒂文斯. 环境保护的公共政策[M]. 上海:上海人民出版社,2004:50.

[29] 陈振明. 政策科学——公共政策分析导论(第二版)[M]. 北京:中国人民大学出版社,2003:170.

策工具是政府工具和技术工具,目前正积极引进国际环境政策工具,尝试市场化工具和社会化工具的应用。图2.4是环境政策工具体系。

有关环境政策工具的内容将在第3章详细讨论。

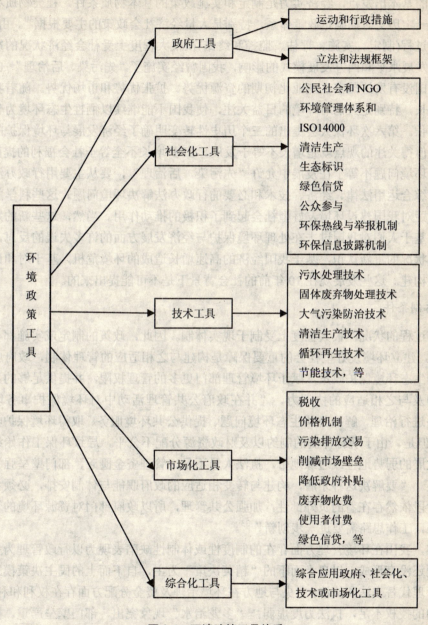

图2.4 环境政策工具体系

2.2.5 环境政策影响因素

环境政策的影响因素比较多,但主要包括社会经济状况、一国的体制条件、多元文化、全球化和社会性别等。

1. 社会经济状况

社会经济状况或发展水平是一国或地区的公共决策最重要的依据,是一国或地区政府制定政策的基本出发点,经济实力是制定和实施政策的基本物质条件,社会物质利益的分配调节是一定历史时期确定政策体系,特别是大量经济社会政策的主要根据[30]。由此可见,环境政策过程(制定、实施、评估、监控和终结)在很大程度上受社会经济状况的影响。由于受经济发展水平和西方发展模式的影响,我国曾经实施了"先污染、后治理"的发展理念,但我国没有发达国家在工业化初期的资源优势、扩张优势和市场优势。随着我国经济的高速增长,特别是人们对环境的日益关注,使我国不能继续以牺牲生态环境为代价来换取经济增长。第六次环保大会提出的三个历史性转变明确了经济发展与环境保护的关系,其中一个值得关注的观点就是增长不等于发展,GDP增长不全等于社会福利的提高,在发展中解决环境问题不等于在发展中允许"先污染,后治理",要从主要用行政办法保护环境转变为综合运用法律、经济、技术和必要的行政办法解决环境问题。这些科学的发展观的提出无疑对我国建设环境友好型社会起到了积极的推动作用。当然,这些新的发展理念的提出是基于人们对我国过去在处理环境保护与经济发展方面的许多失误的反思,基于对我国资源状况的重新认识,基于我国经济的高速增长造成的环境危机,基于对和谐社会内容的正确构建。这些发展观在10年前的社会背景下是不可能提出来的。

2. 体制条件

政策过程的状况在很大程度上受制于现实体制。因此,政策的制定或实施都与体制息息相关[31]。建立环境友好型社会的重要保障是构建与之相适应的管理体制,政府应制定切实可行的生态环境保护政策,赋予环境管理部门更多的管理权限,并提供足够的人力、物力、财力及与之相适应的协调力,"并在政府公共管理活动中对环境保护事务以及自身内部事务进行治理,解决公共生态环境问题、提供公共环境服务、取得环境保护收益最大化"[32]。但是,由于现行体制的制约以及财政资源分配不公平,导致环保工作始终处于社会经济发展的弱势地位或边缘地带,执法人员不足,管理资金匮乏,部门壁垒强大,法律授权不足。"要解决这种矛盾,构建与转变相适应的政府职能与体制安排,必须考虑到目前发展阶段依然存在着的负外部性,加强公共管理,所以政府部门对资源环境的管理还是应该加强,工作思路需要进一步创新"[33]。

目前,我国在环境管理方面存在的制度性或体制性缺陷表现为以行政管理为主,公众参与机制还没有形成;以自上而下的"精英决策"为主,自下而上的民主决策模式缺乏;以行政管理代替立法和执法;中央与地方在环境治理及资金分配方面存在权利和利益之争;环保部门的授权不足,执法力度虚弱;"多龙治水"现象突出,部门壁垒严重。因此,要改变现行的环保体制,需要将行政管理改变为法制与行政相结合的管理模式,加大公众参与力度,完善环境政策决策过程,合理分配中央与地方的环境管理权限和资金,授予环境管理部门更大的权限,打破部门壁垒,突出环保执法部门的地位和作用并积极采用市场化

[30,31] 陈振明. 政策科学——公共政策分析导论(第二版)[M]. 北京:中国人民大学出版社,2003:60~62.

[32,33] 国家环境保护总局政策研究中心. 学习国务院《决定》,推动"历史性转变"笔谈[EB/OL]. http://www.zhb.gov.cn/ztbd/sxzf/sxzf/200609/t20060921_93029.htm.

的治理模式。当然，一个成熟的、可靠的、健全的环境管理体制的形成需要时间的考验和环境界的集体智慧。

3. 多元文化

多元文化与环保及环境政策有着千丝万缕的联系，以多元文化为基础的环境政策可能更有利于可持续发展。中国有56个民族，其中少数民族占55个。虽然少数民族人口占总人口的比例不到5%，但少数民族的传统文化中有许多内容与保护自然生态环境和生物多样性密切关联。例如，我国南方的许多少数民族至今仍然保留着"神山"、"圣山"和"龙山"等，其中的一草一木和野生动物都不能受到破坏或猎杀；全民信仰藏传佛教的藏族人认为，某些村如果悬挂经幡，则村落周围的森林和草地不能破坏；藏族还不捕杀野生动物，甚至草原中的老鼠、旱獭也不能捕杀。西藏、青海、四川和甘肃省的许多藏族曾经用动物皮毛来做衣物及其装饰品，刺激了珍贵的野生动物皮毛的销售和价格上涨，导致野生动物种群数量下降。藏族的宗教领袖认识到这一现象会加剧对生态环境的破坏，在一次由藏族代表参加的宗教会议上，宗教领袖明确指示，禁止穿着动物皮毛制作的衣物或装饰品。这一指示很快在藏区得到传达，大量用野生动物皮毛制作的衣物或装饰品被焚毁，藏族群众均遵守禁令；我国有10个少数民族信奉伊斯兰教，这些少数民族不崇拜偶像、没有图腾，但他们也有许多传统的环保文化。根据《古兰经》的要求，他们不食野生动物、形状怪异的动物，海洋中的鱼类也只能食用有鳞的鱼类，无鳞的鱼类如中华鲟和娃娃鱼严禁食用；只能食用经过宗教人士宰杀的家禽或家养动物如牛、羊、鸡(目的之一是防止个人捕猎行为的发生)，不能食自死的家养动物，也不能食用动物的血液(因为血液最容易传播各种疾病)；此外，信奉伊斯兰教的少数民族不饮酒，不食用猪肉，因为《古兰经》明确指出，猪是不洁之物(即不健康，食用后会传播疾病)，中国古代伟大的医学家李时珍也曾经指出，洁者不食(猪)。

综上所述，无论是伊斯兰文化还是佛教文化，无论是道教还是自然崇拜现象，都从不同层面孕育了环保文化。多元文化的内涵就是要求不同民族、不同文化背景的人相互理解、相互包容、相互尊重、共同发展。然而，现实的教育体制(包括环境教育)以主流文化为主，许多少数民族优秀的环保文化濒临消失。而许多少数民族既遗失了传统的环境伦理思想，又没有接受到主流文化倡导的环境教育思想，结果是不但不敬畏自然，反而更加肆无忌惮地破坏。

因此，在环境政策过程中要倡导多元文化的积极作用。《约翰内斯堡可持续发展宣言》重申土著居民在可持续发展中发挥关键作用。可持续发展需要长远的观点，在各级政策制定、决策和实施过程中都需要广泛参与，与各主要群体形成稳定的伙伴关系，尊重每一个群体的独立性和重要作用。

4. 全球化

"全球化是指世界各部分或各因素形成紧密联系的世界性网络，是一种客观的历史进程，即某种不以各国的具体环境、地域、制度、意识形态发展模式等为转移的趋势，其基本内容是各国(地区)的经济、政治、军事、科技和文化等方面密切联系和相互作用[34]。"全

---

[34] 陈振明. 政策科学——公共政策分析导论(第二版)[M]. 北京：中国人民大学出版社，2003：68.

球环境问题的产生和蔓延，温室气体排放、生物多样性减少、跨国界污染问题、国际间的合作、国际公约的签署、外国资本的投入、国际 NGO 从事的发展救援项目等都从不同的侧面加快我国的全球化进程。只要我国继续坚持开发和对外合作交流，我国的经济、社会和环境都势必受到全球化的影响。

5. 社会性别

社会性别(Gender)被社会学家用来描述在一个特定社会中，由社会形成的男性或女性的群体特征、角色、活动及责任[35]。《蒙特雷共识》[36]第八条指出，随着世界经济日益全球化和相互依存度的提高，全球各地都需要采取全方位的方法来解决可持续的、关注性别平等、以人为中心的发展筹资面临的国家、国际和体系问题相交织的挑战。《可持续发展世界首脑会议实施计划》[37]第 164 条指出，妇女应该能够充分、平等地参与环境政策制定与决策。可见，社会性别在环境政策过程中具有不可替代的独特作用。占全球人口总数约 50%的女性与环境及发展有着密切的联系，环境恶化对妇女造成的影响日益严重，某些国家的土地改革导致妇女丧失土地，生物能源(森林、灌木、牛粪等)的大量消耗加重了女性的劳动强度和工作时间，由于缺少饮用水，许多妇女不得不远离家乡寻找水源，杀虫剂等农药的大量使用影响了妇女的健康。本应享受环境为人类提供的一切资源的女性却因为环境的破坏而受到不利的影响，例如，全球大约一半的粮食是由妇女种植的，撒哈拉沙漠以南的非洲地区，妇女种植了 80%以上用于家庭消费的粮食和超过一半的农作物，包括粮食作物和商品作物，但官方的国内生产总值数字只反映了市场上出售和出口的农产品——商品作物主要是由男人种植的[38]。

1992 年，地球峰会发表《里约宣言》，要求妇女"积极、平等的参加生态系统的管理过程并控制环境的恶化"，《北京行动纲领》强调妇女在建立可持续的、健康的环境时的基本任务：作为消费者和生产者，家庭的照顾者和教育者，妇女通过她们对目前和今后代的生活素质和可持续能力的关切，在促进可持续发展方面发挥重大作用[39]。

所以，良好而完善的环境政策可能对妇女产生积极的影响，而一个没有社会性别视角的环境政策可能对女性造成极大的负面影响。因此，环境政策过程中如果没有妇女的广泛参与、如果没有社会性别视角是不可想象的。

2.2.6 环境政策系统的运行

环境政策系统的运行是由环境政策制定、执行、评估、监控和终结五个环节构成的一个有机整体。图 2.5 反映了环境政策系统的运行机制，环境政策监控是对环境政策制定、执行、评估和终结过程的阶段性监测和控制，而环境政策评估是对环境政策制定环节和执

---

[35] [美]坎迪达·马齐，伊内斯·史密斯，迈阿特伊·穆霍帕德亚. 社会性别分析框架指南[M]. 北京：社会科学文献出版社，2004：18.
[36] 联合国发展筹资国际会议于 2002 年 3 月 22 日通过的最后文件《蒙特雷共识》主要包括调动国内经济资源、增加私人国际投资、开放市场和确保公平的贸易体制、增加官方发展援助、解决发展中国家的债务困难和改善全球和区域金融结构、发展中国家在国际决策中的公正代表性等六方面内容。
[37] 国家环境保护总局国际合作司，国家环境保护总局政策研究中心. 联合国环境与可持续发展系列大会重要文件选编[M]. 北京：中国环境科学出版社，2004：36.
[38,39] [美]朱莉·莫斯特斯，南希·弗劳尔斯，玛利凯·达特. 妇女和女童人权培训实用手册[M]. 北京：社会科学文献出版社，2004：321～345.

行环节的评估，其结果反馈到政策制定和执行层面，力图对环境政策制定和执行及时提出修改完善措施，弥补政策过程中的缺陷或不足，使环境政策过程为环境政策目标服务。

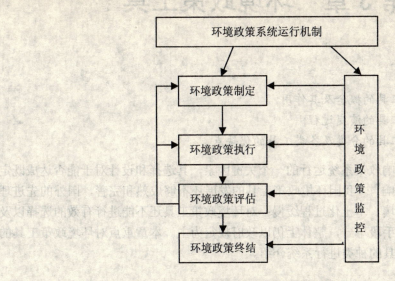

图 2.5　环境政策系统运行

思 考 题

1. 什么是环境政策？
2. 环境政策的功能和特性表现在哪些方面？
3. 环境政策系统由哪些要素构成？这些要素在环境政策系统中处于何种地位？
4. 你是否赞同多元文化及社会性别也是影响环境政策的重要因素？为什么？

第 3 章　环境政策工具

> **本章教学要求**
>
> 1. 掌握环境政策工具的概念及其作用；
> 2. 了解环境政策工具的演变过程；
> 3. 掌握环境政策工具的分类及各类工具的优缺点。

环境政策工具是影响政策系统运行的一个关键因素，其选择和设计对于能否达成既定政策目标具有决定性影响[1]。我国环境政策工具的发展还不够成熟和完善，国外的先进理念在国内缺乏成长的土壤，本土化过程缓慢；对环境政策工具还不能进行有效的选择以及对环境问题反应滞后，手段单一，整体上仍以政府规定为主。本章重点对环境政策工具的演变过程和环境政策工具的种类进行系统介绍。

3.1　环境政策工具概述

3.1.1　环境政策工具的含义

政府在环境保护和对资源、能源利用等公共事务进行管理过程中，确定合理的环境目标并制定相应的环境政策，再通过有效执行达成目标。其中，环境政策目标的实现必须以政策工具为手段，政策是目标与工具的有机统一，工具则是达成目标的基本途径。正如政策科学的创始人哈罗德·拉斯韦尔(H.D.Lasswell)所言，政策是"一种含有目标、价值与策略的大型计划[2]"。这里的"策略"实质上就是政策工具，它是达成政策目标的一系列方法、技术和手段的综合[3]。罗伯特·N·史蒂文斯[4]也指出，环境政策的总体目标和实现目标的手段通常被联结在政治过程当中，因为目标的制定和实现目标的机制选择均是政治博弈的结果。我国学者陈振明认为，界定政策工具必须明确以下几点：首先，政策工具存在的理由是为了实现政策目标，它是作为目标和结果之间的桥梁而存在的；其次，政策工具仅仅是手段，而不是目的本身；最后，政策工具的主体不仅仅是政府，其他主体也可以拥有自己的政策工具。

综合上述观点，环境政策工具是指环境政策决策机构为实现环境政策目标而采取的单一或综合的方法及措施。其作用体现在环境政策的制定、执行、评估和调整的全部过程中[5]。环境政策工具具有如下功能。

1. 调控功能

政策工具的调控作用不仅表现在直接作用于政策调适对象，使其履行法律规定的义务

[1,3] 吕志奎. 公共政策工具的选择——政策执行研究的新视角[J]. 太平洋学报，2006(5)：7~16.

[2] H.D.Lasswell and A.Kaplan. Power and Society[M]. New Haven.Yale University Press，1970：71.

[4] [美]保罗·R·伯特尼，罗伯特·N·史蒂文斯. 环境保护的公共政策[M]. 穆贤清，方志伟译. 上海：上海人民出版社，2004：68.

[5] 吴晓青. 环境政策工具组合的原理、方法和技术[J]. 重庆环境科学. 2003(12)：85~87.

和责任,而且能够通过间接途径(如通过价格机制或改变经济结构等),诱导政策调适对象及时地改变环境行为方式,从而间接防治环境问题的发生。

2. 服务和保障功能

通过信息发布、宣传教育等政策工具的运用,改善政策调适对象对环境政策的反应方式、反应速度,诱导环境政策调适对象的心理和行为,减少其误解和抵触情绪,创造良好的政策环境;或者通过建立绿色信贷等体制,为环境保护行为提供有力的资金保障。

3. 缓冲和防护功能

政策工具能够使环境政策系统内部和外部的干扰和冲击得到缓冲,减小和稳定各种因素对环境政策的压力,保证环境政策执行的效果和环境目标的实现。

需要指出的是,环境政策工具间还存在着共时互动作用。现实表明,虽然政府常常选择理论上最佳的政策工具,但并未取得预期的效果,其主要原因就是决策者在使用环境政策工具时,重点使用一个工具,夸大了单个工具的作用,未认识到其他辅助工具的协调作用,割断了工具之间的联系,导致环境政策目标难以实现。因此,正确的选择环境政策工具并协同使用是达成环境政策目标的关键。

环境政策工具应具有相对的稳定性,环境政策工具间的联系也应保持相对的稳定性,但它应根据政策环境的变化适时做出调整。如欧盟在实施环境政策中已经连续颁布和实施了六个环境保护行动计划,这些行动计划既保持了环境政策的连续性,又不断根据变化的国际和区域形势进行调整。因此,当特殊的环境问题和相应的社会影响产生时,通过政策对环境的积极或消极影响,恰当地调整环境政策工具的范围和强度,对于实现环境目标最大化是非常必要的。

3.1.2 环境政策工具的演变

1. 国际环境政策工具的演变

西方发达国家在经历了"先污染后治理"、"先发展后环境"的EKC[6]模式之后,逐渐形成各自的环境政策和政策工具。政策工具的运用和发展因环境问题的不同以及各国对环境问题认识的不同而呈现出明显的差异性,但就世界范围来看,环境政策工具的演变和发展大致经历了以下三个阶段[7]:第一阶段,大致从20世纪50年代末至70年代末,这个时期把环境问题作为一个技术问题,以命令控制和技术工具相结合的污染治理阶段;第二阶段,大致从20世纪70年代末至90年代初,把环境问题作为经济问题,以经济刺激和市场化工具为主的环境管理阶段;第三阶段,把环境问题作为一个发展问题,以协调经济发展与环境保护关系为主要研究方向的多元化工具使用阶段。这一阶段以1987年《我们共同的未来》的出版和1992年巴西里约热内卢联合国环境与发展大会《里约宣言》的发布为标志,进入以追求深化理解可持续发展概念和意义为特征的时代[8]。经济与合作组织(OECD)就国家环境政策和政策工具演变的研究较具代表性,能够较好地反映这一历程(图3.1)。

---

[6] EKC:在经济增长与环境变化之间的共同规律:一个国家工业化进程中,会有一个环境污染随国内生产总值同步高速增长的时期,尤其是重化工业时代;但当GDP增长到一定程度,随着产业结构高级化及居民环境支付意愿的增强,污染水平就会随着GDP的增长而下降,直至污染水平重新回到环境容量之下的倒U型曲线,即环境库兹涅茨曲线(EKC)。

[7] 叶文虎. 环境管理学[M]. 北京: 高等教育出版社, 2002: 12~15.

[8] 联合国环境规划署(UNEP). 全球环境展望3[M]. 北京: 中国环境科学出版社, 2002: 11.

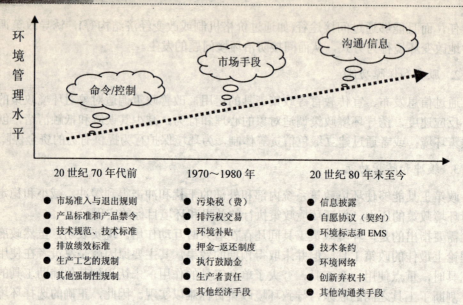

图 3.1 OECD 国家环境政策及工具的演变与发展

(资料来源：任志宏，赵细康. 公共治理新模式与环境治理方式的创新[J]. 学术研究，2006(9)：92~98)

一些发达国家环境政策工具的形成和发展具有如下特点：第一，从政府与社会间的反馈机制来看，广泛的公众参与使得发达国家在制定环境保护和污染控制的法律条文方面，相对完善和更具可操作性。例如，日本已将公众参与作为制定环境法律的一项基本原则；第二，由于管制、市场或自愿的方式在解决环境问题时均存在"失灵"现象，因此，环境决策机构逐渐趋向于混合工具的使用，但相对传统的政策工具而言，综合环境政策工具的使用还不成熟；第三，环境外交作为处理国际关系的环境政策工具，为各国处理全球环境问题如气候变暖等提供了国际合作和交流的平台，但同时发达国家通过设立环境壁垒，推行环境殖民主义，限制发展中国家的经济发展。这表现在两个方面：首先，发达国家可以通过提高环境标准来保护本国产品，以此来削弱发展中国家产品的成本优势，为其进入国际市场设置障碍；另一方面将高污染高能耗产业向发展中国家转移，损害发展中国家的环境利益。

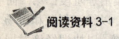
阅读资料 3-1

560 亿美元机电产品直面绿色壁垒
——质检帮助出口企业积极应对欧盟 ROHS 指令

欧盟《关于在电子电气设备中限制使用某种危险物的指令》(ROHS 指令)2006 年 7 月开始正式实施。国家质检总局提醒各出口企业尽早采取应对措施，积极关注指令的实施动态，以避免出口欧盟产品由于有害物质含量超标而被扣留、退运。各出口企业在执行该指令过程中遇到困难，可向当地的检验检疫机构、国家质检总局推荐的检测实验室寻求帮助。

据国家质检总局检验监管司司长王新介绍，为了做好欧盟 ROHS 指令的应对工作，质检总局连续发布预警信息，相关部门迅速制定出 15 个相关检测标准，并组织专家进行了与国际标准的对接工作，在全国各地进行有关 ROHS 指令培训，帮助和督促企业改进技术。根据企业普遍反映的寻找合格原材料、零部件难的问题，质检总局还组织对辖区内有能力提供符合 ROHS 指令要求的原材料及零部件供应商进行推荐。目前送检样品的不合格率已经从无应对措施时的 20%快速下降到 5%以下。

ROHS 指令引起相关企业高度重视。广东志高空调股份有限公司董事长李兴浩告诉记者："ROHS 指令势必增加企业制造成本，但客观上也促进了企业技术改进，提高了产品的环保标准。"

据了解，2003 年 1 月 27 日，欧盟通过了 ROHS 指令，对电子电气设备中六种有害物质(铅、汞、镉、六价铬、多溴联苯和多溴二苯醚)提出限制要求，该指令涉及大型家用器具、小型家用器具、IT 和远程通信设备、音视频设备、照明设备、电气和电工工具、玩具及休闲运动设备、自动售货机等 8 类机电产品，根据我国 2005 年与欧盟的贸易量估算，约有 560 亿美元的机电产品将受此指令影响。

更为严重的是，由于欧盟 ROHS 指令的限值要求是以产品中均质材料为基本单元，跟以往技术要求不同，成品涉及的控制点可能多达几百到上千个，而且实行"一点否决"，就是一台设备会因为一个零件中一种材料限值超标，整批被判不合格。因此，欧盟绿色壁垒的设立为中国机电企业出口设置了很高的"门槛"。

(资料来源：原国锋. 人民日报. 2006-07-03)

2. 我国环境政策工具的演变历程

我国环境政策工具的发展经历了探讨、实践到逐渐完善的过程。过去，我国在环境政策执行过程中强调命令型工具和激励型工具的并重和结合，环境保护工作主要依靠国家或地区制定有关法律、法规和行政条例对环境污染和资源利用进行直接控制。我国最早使用的环境政策工具是污染物排放标准控制(1979 年)，其核心手段是对污染排放的浓度进行限制，强调污染的末端治理。由于排污企业被迫接受政府指令，大多采取稀释浓度的做法应付环保部门检查，总体环境质量持续恶化。为弥补单一政府工具的不足，国家开始尝试市场工具，颁布了排污收费的环境政策，对排放污染物的单位和个体工商户征收排污费，这对企业减少排污产生了一定的激励效应。1982 年至今，排污收费制度从超标排放收费转变为按污染物的种类、数量收费与超标收费并存；从污染物浓度控制向浓度和总量控制相结合转变。但因信息不对称导致的资源浪费和企业对环境政策的抵触态度仍未彻底改观。为了转变这种状况，政府开始实施了基于市场运作机制的排污许可证交易制度(试点)，它将环境视为政府商品，政府可以分割污染权，每一份污染权允许购买者排放相应量的污染物；同时，在产生外部性的污染者之间，政府也允许其对污染权进行交易；它的实施促进了企业环境信息的公开化、污染治理的低成本化以及企业环境管理投入的增加，并有助于实现企业环境竞争力。

随着公民环境意识及对环境质量要求的提高，一种新型的环境政策工具应运而生，即自愿型工具出现并发挥越来越重要的作用。政府或非政府组织(如环境 NGO 等)通过对改善环境质量或提高自然资源利用的理念的倡导，鼓励企业和公众主动参与政府环境保护。这能够在一定程度上避免政府失灵和市场失灵。目前，国际上比较成熟的自愿性环境政策工具有环境管理体系标准(ISO14001)、清洁生产、环境标志、欧盟的 EMAS 和化工行业的"责任关爱行动"等[9]。我国也于 1992 年提出了清洁生产理念，1994 年推行了环境标志政策，1996 年引进 ISO14001 环境管理体系标准，并逐步完善了媒体披露机制、信息举报机制等。这种基于企业和公众自愿基础上的环境政策促进了企业环保投入的增加，有效地减轻了政府在环境保护方面的投入，使环境保护的效果明显提高。"命令激励工具—市场工具—自愿性工具/社会工具"这一环境政策工具的发展过程中，政府由环境政策的推动者转变为环境政策的引导者；企业则由环境政策的被动接受者逐步转变为环境政策的主动参与者。

2006 年我国发布了《关于落实科学发展观 加强环境保护的决定》，提出要从主要用行政办法保护环境转变为综合运用法律、经济、技术和必要的行政办法来解决环境问题。因此，今后环境政策及政策工具的变革方向将朝着多元化方向发展，综合运用各种手段来解决环境问题，促进环境资源保护与合理开发利用，实现社会的可持续发展。整个环境政策工具发展历程可用表 3-1 表示。

表 3-1 我国使用的主要环境政策工具列表

环境政策工具	名 称	环境政策工具	名称
命令-控制型工具	污染物排放浓度控制	社会化工具	环境标志
	污染物排放总量控制		ISO14000 环境管理体系
	环境影响评价制度		清洁生产
	"三同时制度"		生态农业
	限期治理制度		生态示范区
	污染物集中控制		生态工业园
	城市环境综合整治定量考核制度		环境模范城市
	环境行政督查		环境友好企业
市场激励型工具	征收排污费		绿色 GDP 核算
	超过标准处以罚款		公布环境状况公报
	水资源和矿产资源税		公布环境统计公报
	押金返还		公布河流重点断面水质
	二氧化硫排放费		公布大气环境质量指数
	二氧化硫排放权交易		公布企业环保业绩试点
	二氧化碳排放权交易		环境影响评价公众听证
	对于节能产品的补贴		加强各级学校环境教育
	生态补偿费试点		中华环保世纪行

（资料来源：张坤民，温宗国，彭立颖. 当代中国的环境政策：形成、特点与评价[J]. 中国人口、资源与环境，2007(2)：1~7）

我国环境政策属于环境与经济发展兼顾而非环境优先型，表 3-1 显示政府行政和法律主导的强制性政策贯穿于环境保护的各个领域和环节，这种强制性工具缺乏灵活性，执行效率低、成本高；其次，有激励作用的环境经济政策的应用还受到环境基础设施的限制，包括技术落后、监管者能力有限、资金匮乏、监督制度和监管资源有限等因素；另外，公

---

[9] 马小明，赵月炜. 环境管制政策的局限性与变革——自愿性环境政策的兴起[J]. 中国人口、资源与环境，2005(6)：19~24.

众参与环境保护的方式、渠道有限。因此，需要引进社会化工具并逐渐拓展其应用范围，形成政府、企业、社会协同合作的局面。

3.1.3 环境政策工具的选择

国内外很多学者对影响政策工具选择的因素做了深入研究。胡德[10]提出政策工具选择的四项原则：第一，充分考虑其他可替代方案，以确定工具；第二，工具必须与政策环境相匹配，没有哪种工具能够适应所有环境，因此，政府需要根据不同的环境进行选择；第三，工具必须符合广泛的伦理道德；第四，有效性并不是唯一目标，理想结果的达成必须以最小代价来换取。而在国内，吴法[11]等也从政策目标、工具特性、环境背景、选择限制及意识形态等方面对政策工具选择进行了分析。

环境政策工具的特殊属性能够影响其正确选择，包括以下几个方面的因素。

1. 环境政策目标

环境政策工具使用致力于目标理性，手段应依据目标进行选择，并追求目标和手段关系的最优化[12]，但事实上，目标只是影响工具选择的众多因素之一。

2. 环境政策工具的特征

每种工具各有优缺点和适用范围，因此，选择环境政策工具时要分析每种工具的价值和适用的情况，不同的政策环境下运用不同的工具来解决不同的问题。

3. 利益相关者

利益相关者也是影响环境政策工具选择的一个重要因素。环境政策决策者应当充分考虑环境政策过程对调适对象或受益群体的影响，尽可能将负面影响降到最低程度。

4. 已有工具的限制

环境政策工具的选择受到正在使用或使用结束的工具的限制。这些环境政策工具的使用已经形成了一种路线，难以在短时间内有实质性改变，而且往往限制新工具的尝试。

5. 社会因素的影响

社会因素包括伦理规范、传统观念、风俗习惯、意识形态等。忽视社会因素影响的环境政策工具可能导致环境政策失灵。例如，在藏族地区推行某种环境政策时一定要考虑藏传佛教的影响力和藏族传统环境伦理思想，与其相悖的环境政策将难以实施。

6. 资源因素

环境政策工具的选择受经济资源和法律资源的限制。经济资源指财政支持，政府经济能力强，资金雄厚，可能选择经济补助或物质供应的工具，如生态补偿；法律资源即国家或政府法律的完善程度。当环境法制成熟时，在进行环境政策工具选择时，更注重混合工

---

[10] Christopher C. Hood. The Tools of Government[M]. London: The Macmillan Press，1983：133.

[11] 吴法. 论影响政策工具有效选择的因素[J]. 行政论坛，2004(64)：45～46.

[12] B.Guy peters，Frans K. M. Van Nispen. Public Poh'cy Instruments[M]. Edward Elgar. 1998：208.

具的使用，反之则会注重规制工具的使用[13]。因此，资源因素作为影响环境政策工具的一种外部因素，为我国在科学发展观指导下更好地解决环境问题以促进社会、经济、环境的协调发展提供了指导。

3.2 环境政策工具的分类及比较

第 2 章中将环境政策工具分为政府工具、技术工具、市场化工具、社会化工具及综合化工具等六种，这里分别对这些工具加以介绍，包括特征、分类及优缺点等内容。

3.2.1 政府工具

政府工具指国家行政机关利用行政权力对开发利用和保护环境的行动进行行政干预的措施，以及通过制定环境法律法规和标准并强制予以实施，以达到环境管理和资源可持续利用的目的。政府工具可以分为：运动和行政措施、立法和法规框架。

1. 政府工具的分类

1) 运动和行政措施

行政手段是政府工具中解决环境问题最常见的方法。政府环保部门及相关机构为实现环境目标，通过命令、指示、规定等手段，将公民、团体和企业的行为方式直接纳入其组织系统进行管理。我国在运用运动和行政措施时，较多强调政府命令或运用其权威由政府直接操作，这就使中国环境政策具有浓厚的政府行为色彩。行政措施具有如下特征：①从性质看，行政措施具有强制性。政府通过制定标准、方针、政策等要求管理对象必须服从；②从过程看，行政措施是一个垂直的，自上而下的过程，层层管制；③从范围看，行政措施具有区域性，政策和标准仅在行政机构管辖范围内才能生效；④从效果看，行政措施能够在短时间内实现环境目标，但成本高昂。

2) 立法和法规框架

国家通过制定法律法规，确定国家机关、企事业单位、公众个体在环境保护方面的权利、义务和法律责任。我国的国家级环境法体系主要包括下列几个组成部分。

(1) 宪法关于保护环境资源的规定，在整个环境法体系中具有最高法律地位和法律权威，是环境立法的基础和指导原则。

(2) 环境与资源保护基本法，是对环境保护方面的重大问题作出规定和调整的综合性立法，在环境法体系中处于核心地位。内容包括环境监督管理、保护和改善环境、防治环境污染、公害及法律责任。

(3) 环境与资源保护单行法规，是针对特定的环境保护对象即环境要素或特定的环境社会关系进行调整的专门立法，是环境法的主体部分，由土地利用规划法、环境污染防治法和自然资源保护法三个方面的立法构成。

(4) 环境标准，是由行政机关根据立法机关的授权而制定和颁发的，旨在控制环境污染、维护生态平衡和环境质量、保护生物健康和财产安全的各种法律性技术指标和规范的总称。我国的环境标准分为三类两级，即环境质量标准、污染物排放标准、基础标准及方

---

[13] 彭俊. 论政策工具的选择——结合艾滋病防治政策分析[J]. 中山大学研究生学刊，2006, 27(3): 54~56.

法标准三类,以及国家级和地方级(实际上为省级)两级。环境标准具备如下特征:从性质看,具有强制性和最高约束力,行为主体必须承担相应的法律后果;从范围看,具有普遍适用性。法律对于所有行为主体(包括各组织、单位和个人)具有同等约束力。

2. 政府工具的优势和不足

政府工具是我国最早运用也是长期以来环境管理的主要手段,其优势表现在[14]以下四点。

(1) 针对性强。它能因事、因地、因时制宜地处理复杂的环境问题,有针对性地发出行政指令。

(2) 执行迅速、有力。借助政府的各级行政管理系统,形成政府的环境综合决策机制,对各地区、各部门、各行业之间的环境管理活动实行组织、指挥、协调和控制,加强生态环境监管力度,促使环境管理目标的有效实现并充分发挥管理的整体效能。

(3) 事前控制性。通过对当事人行为的直接控制,在一定程度上预防污染的发生,或将其限制在一定范围内,管理效果直接明确。

(4) 保障有力。没有行政法律保障作为前提,市场工具难以建立稳定的外部环境并发挥其灵活、高效的优势,如教育宣传等社会化工具也将显得软弱无力。

但是,政府工具在应用过程中经常表现出激励不足及管理低效,出现"寻租"行为以及地方保护主义等消极现象,这就是我们通常所说的"政府失灵"。淮河十年治污但成效甚微就是环境政策失效最真实的反映之一。关于环境保护中的政府失灵或政策失效的原因主要可总结为如下几点[15]。

(1) 激励不足和管理低效率。产权私有化使产品和资源分配能够做到产权明晰,但由于环境和自然资源的独特属性,将其高度私有化难度较大,这就为政府管理提供了现实依据。国家环境权实质上是一种"委托代管权",即全体公民为保障自己的环境权益通过宪法赋予国家保护和管理环境的权利,政府承担"环境权益代理者"的角色。但是,受政府官僚体制,如创新不足、灵活有限、信息失真、缺乏竞争压力等,以及利益不相关性、缺乏责任感等因素的影响,政府进行环境和资源管理的动力不足(图3.2),导致环境管理低效甚至无效。

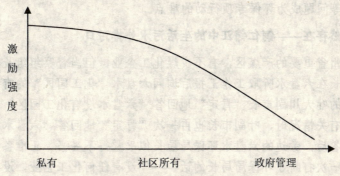

图3.2 不同资源拥有方式下激励强度变化曲线

---

[14] 谢玉敏. 环境管理手段研究[J]. 地质技术经济管理, 2004(5):26~30.
[15] 莫勇波. 政策失灵的政府执行主体原因剖析[J]. 学术论坛, 2005(4): 61~65.

环境政策与分析

(2) "中位选民"偏好。由于政策工具选择和使用中的主观成分及需求差异,环境管理存在"中位选民"偏好,即政府只能满足大多数人的需要,反映普遍性的需求,但仍有相当一部分人的利益与意志难以体现。

(3) 环境管理中的"寻租"行为。"寻租"是指利用较低的贿赂成本获取较高的收益或超额利润,导致资源配置的扭曲[16]。是政府部门利益化的一种表现,是政府的环境管理权力被其中的牟取私利的主体所分解[17]。其一,在环境管理过程中,政府的介入会导致环境污染者、受害者和环境管理部门之间的博弈,污染者为了维护既得利益,会加大"院外活动"力度,以保持或放宽政府制定的环境标准;其二,环境管理部门在既定政策下进行"寻租",例如污染者通过行贿等手段,以求免交或少交排污费,把污染造成的外部成本转嫁给社会。

(4) 部门失灵和地方保护主义。政府内部也是一个复杂的系统。一方面,由于各个部门之间的协调不足或不同部门政策之间的冲突,导致环境政策无法有效实施;另一方面,地方政府和中央政府之间也存在博弈,在环境问题上存在着地方保护主义,即保护辖区内的污染现象,纵容或支持本地资源的过度利用,向公共环境排污。

总之,环境政策执行过程中管理体制的改革已成为一种必然,否则政府工具的功能将难以有效发挥。一方面,实现政府在环境管理过程中的职能转变,从环境政策的实施者变为其他环保机构的促进者,加强其他环境主体及公众的参与力度;另一方面,提高政府行使权力的透明度,提高公众对环境信息的可获得性,从而实现有效的环境监督。

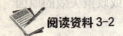
阅读资料 3-2

谁在拖"环保专项行动"的后腿

根据国家七部委《2006年整治违法排污企业保障群众健康环保专项行动工作方案》的要求,今年环保专项行动的工作重点是:集中整治威胁饮用水源安全的污染和隐患,集中整治工业园区的环境违法问题,集中整治建设项目环境违法问题。9月下旬,记者跟随今年环保专项行动督察组到贵州采访时发现,地方保护、瞒报谎报、"三同时"执行不够、行政责任追究难等问题成为环保专项行动的难点。

地方保护依然存在——铜仁锦江中的生活污水外排污口

六盘水是贵州省重要的产煤区,有不少煤化工企业,但当督察组组长、国家电监会稽查局潘跃龙副局长在六盘水听取工作汇报后询问六盘水"化工园区"的有关情况时,六盘水主抓环保工作的叶大川副市长"肯定"地回答"六盘水没有化工园区",当潘副局长再次问到焦化厂的有关情况时,叶副市长也再一次"肯定"地回答"六盘水没有焦化厂"。听完叶副市长回答后,旁边的六盘水环保局局长似乎觉得不妥当,正准备补充回答时,这位叶副市长又再一次打断了环保局局长的话——"没有任何化工企业,没有焦化厂",并强调"你们热爱生命,我们也热爱生命"。具有讽刺意味的是,督察组一行在翻看六盘水当地的报纸时无意中发现了有关当地水源和大气污染情况——白沟河饮用水源污染和水城

---

[16] 忻林. 布坎南的政府失败理论及其对我国政府改革的启示[J]. 政治学研究, 2000(3): 86~94.
[17] 孙立平. 部门利益化的形成[EB/OL]. http://blog.sociology.org.cn/thslping/archive/2005/08/23/2436.aspx.

钢铁公司的污染情况赫然出现在报纸的重要位置，而六盘水政府在向督察组汇报环保专项行动的有关情况时却只字未提。

在为期一周的督察中，第六支督察小组前往贵阳、安顺、六盘水、黔南州、铜仁5个地市进行"环保专项"行动的督察工作。记者从5个地区的汇报材料中发现，只有黔南州的材料反映比较清楚，成绩、问题都一一说明，其他各州、县市对专项行动存在的问题并没有如实反映。尤其是铜仁市的汇报材料大都是官话、套话，不痛不痒，整篇汇报材料连一个最基本的数字都没有。虽然也提到了存在的问题，但"点到即止"。督察组在汇报会议上即指出，这样的汇报材料只要把铜仁市的名字换掉，其他任何一个城市都可以套用。

用"只扫自家门前雪，哪管他人瓦上霜"来形容部分基层环保部门的政策法令一点也不为过。流经铜仁地区的一条河流名为锦江，远远望去水色碧绿，很漂亮，当地的负责人也多次向督察组夸耀这条河流。但督察组却发现，站在锦江的两岸可以清楚地看到各种生活污水通过形形色色的明管、暗管直接排放到水里，导致排水口附近的水域一片浑浊，而且，水面上还漂浮着各种垃圾。据了解，锦江再往下游20多公里，就到了湖南境内，也就是说，湖南的老百姓正是饮用着被污染的锦江水。

记者了解到，国家发改委《关于完善差别电价政策的意见》中明确禁止各地自行出台优惠电价的措施，要求各地一律不得违反国家法律、法规和政策规定，自行出台高耗能企业实行优惠电价的措施。但记者随督察组在贵州采访时发现，贵州省却出台了鼓励高耗能企业优惠电价的政策，如铁合金行业的电价降低了1分钱/度，电磁行业降低2分/度，高耗能企业还拥有分时的优惠电价。

"三同时"变成"挡箭牌"——安顺小水泥厂排放的气体明显呈黄色

"三同时"制度是建设项目环境管理的一项基本制度，是我国以预防为主的环保政策的重要体现。即建设项目中环境保护设施必须与主体工程同步设计、同时施工、同时投产使用。"三同时"制度的适用范围包括新、改、扩建项目，技术改造项目，可能对环境造成污染和破坏的工程项目。我国1989年的《环境保护法》、各时期单项环保法律及国务院"建设项目环境保护条例"中都重申了"三同时"的重要性，但记者随督察组在贵州采访时发现，"三同时"对一些企业来说可有可无，并被随意曲解，尤其是新建、扩建项目的环保问题十分突出。

铜仁的振兴铁合金厂，2002年办厂，2003年底才做了"环评报告"，后来又经过搬迁，生产规模也已经发生了变化，但没有重新做"环评"；福泉的红星化肥厂几经倒手，并且改变了经营范围，而"环评报告"还是1980年刚建厂时做的报告。此外，一些企业的负责人对待督察组提出的"三同时"和"环评报告"问题支支吾吾、模棱两可，要么是不知道有关情况，要么是称材料已经丢失。督察组的孙振世博士告诉记者，只要企业做技改、改建、扩建都应该重新做"环评报告"，而目前，一些企业的新项目一经批准，就不停地技改、扩建，但就是不经过环保部门。

记者在采访中还发现，一些企业在改建、扩建（技改）中不仅不做"环评报告"，甚至其本身就是一个"黑"项目，如野马寨电厂，3个20万机组一个也没有经过发改委审批就已经全部投产。当督察组组长潘跃龙查问"为何没有经过发改委的批准就投产"时，电厂的负责人王总回答说："第一批批准的名单中没有我们，也许即将公布的第二批名单就有了。"该厂的另外一位负责人则声称："已经经过省里批准。"此外，水城电厂原本应在2006年1月就关停，可目前仍未关停，一些已经国家明令取缔的小煤矿仍然存在。

结构性污染成顽症——六盘水小煤窑粉尘污染

"六盘水是先有了水城钢铁公司,后有了大批职工和老百姓,才渐渐建起了城市。而随着城市的发展,水钢目前已经处在城市中心的位置,因此生产钢铁所排放粉尘的影响越来越大,可搬迁又不是一时半会儿的事情。确实,部分老企业的环保工作正随着城市化进程日渐突显出来。贵州前进橡胶内胎公司目前就在高速公路收费站的入口处,而按照该厂工作人员的话来说,前些年还处在郊区,比较荒凉,现在已经毗邻商业区、居民区了,所造成的大气污染也越来越大。

贵州水晶有机化工集团有限公司在当初建厂规划时就在国家风景名胜区红枫湖和百花湖附近。经过几十年的发展后,一家三代人同在一个厂的现象十分普遍,并以厂为家。厂区内生活小区、银行、市场一应俱全,而且还吸引了附近的农民在厂里打工。"类似这样的老国企一旦被断电停水,将导致数千人衣食没有着落,很可能引发社会的不安定因素。"贵州省环境监察总队的边队长告诉记者。而且,一些大企业生产经营状况与当地的财政税收息息相关。铜仁的有关负责人告诉记者,铜仁市的经济总量相对比较小,振兴铁合金厂算是当地比较大的企业,一旦这个厂被强制停水停电,铜仁的财政收入就要减少许多。

记者在贵州采访中深深感受到,经济发展和环保的关系日益凸显。相当一部分县市过度追求"政绩经济",部分企业过度追求经济效益。当贵州水晶有机化工集团的副总向督察组介绍水晶集团将在2010年达到40个亿的产值时,督察组随即问道:"如果达到这个产值,所造成的污染将会是一个什么情况?"这位副总顿时哑口无言。此外,有督察组组员还告诉记者,铁合金曾经是贵州的污染大户,但目前由于市场不景气,许多铁合金生产厂家纷纷倒闭,因此由生产铁合金所带来污染大大降低,这并不能完全算作当地环保工作的政绩,如果一旦市场又有新动向,铁合金的污染将怎么办?有关部门对此并没有相关的预案。

环保力度有待增强

贵州省环境监察总队的工作人员告诉记者,贵州还处在资源开发阶段,煤矿、磷肥厂比较多,国有企业转制过程中历史欠账比较多,管理、环保水平也比较落后。基层环保局的一些负责人也向记者反映,目前基层环保局是地方政府的一个部门,局长由本级政府任命并对本级政府负责,经费开支也要列入本级政府的财政预算,环保局如果不折不扣地依法行政,很容易与地方招商引资发生矛盾,并在上级督办、政府干预、群众上访的压力中举步维艰。督察组成员普遍认为,一些部门和人员对此次环保专项行动的重视还不够,政府、环保部门、企业三家联动也不够,水晶集团连续两年被挂牌督办的事件从一定程度上反映出环保局的执法权有限,只能罚款,没有行政处分。

针对督察组在贵州督察的有关情况,潘跃龙指出,专项行动仅仅依靠环保部门是不够的,而专项治理任务还比较重,部分督办案件能否按照计划实现还是一个未知数;结构性污染如煤矿、铁合金、钒、锰还相当严重,行政责任追究比较难。从汇报材料本身来看,各地区掌握的情况不平衡、不全面,部分地方政府、部门、企业对专项行动的认识参差不齐,地方保护比较重;由环境问题引发的群体性事件还时有发生;大部分水源保护区没有按规定设立护栏、界桩、警示牌,部分地区没有制定饮用水应急预案,没有按照相关规定,定期向社会公开饮用水源水质报告。此外,部分污染企业虽然有环保设备,但并没有完全开启,化工企业的应急预案还停留在文字层面。

(资料来源:王旭辉.市场报.2006-10-11)

3.2.2 技术工具

环境技术作为推动环境生产力发展的第一要素，是解决现代文明引发的环境问题的基本工具和途径[18]。在相当大程度上，技术工具的运用与一个国家、地区或企业的环境战略目标相匹配，它是基于一定时期环境发展理念及环境管理体制，包括环境技术的引进和创新、环境技术的选择，技术结构的调整和变革、环境产品结构在内并与之相关的各个方面的总合，是达成环境目标的一种必要手段。

我国在环境污染治理技术方面的研制和开发、推广和运用等方面已经取得了一定进展，从早期偏重单纯关注污染引起的环境问题，扩展到现在全面关注生态系统、自然资源保护和全球性环境问题；在污染防治方面由工业"三废"治理技术扩展到综合防治技术，由点源治理技术扩展到区域性综合防治技术，并仍在不断更新中。

技术工具种类很多，包括污染物防治和处理技术、废物资源化技术、循环再生技术、清洁生产工艺、节能技术及以信息技术为支撑的数字环保技术等。

1. 传统的污染物末端处理技术

20世纪80年代起，我国相继制定了水污染防治、大气污染防治、固体废物焚烧和填埋处理、环境噪声污染防治等专项环境技术政策，但环境治理的重点一直停留在生产过程的末端环节。这些技术在一定程度上起到了减少环境污染的作用，但长期的实践表明，末端治理存在着很大弊端，主要表现在以下几个方面。

(1) 污染治理技术有限，难以达到彻底消除污染的目的。"三废"处理过程存在一定的风险，治理不当会造成二次污染，甚至导致污染物转移，如湿式除尘将废气变为废水导入水体，废水未经处理形成含重金属的污泥及活性污泥；废物焚烧及废渣填埋造成大气和地下水体的污染。

(2) 企业在环境管理中将末端控制当作生产过程的额外负担，因其资本投入并不产生经济效益，这与企业追求的利润目标相抵触。因此，末端控制技术不仅降低了企业生产的积极性，而且使得环境保护与生产发展脱节。

(3) 末端治理造成资源浪费。生产过程中产生的可回收资源(包括未反应的原料)被作为废物处理而流失，致使企业产品成本增加。

(4) 处理成本高。末端处理通常需要修建大型基建设施，高额的运行费用给企业带来沉重的经济负担，而且政府不断提高的环境标准使得企业不得不进一步提高治理费用。

2. 全过程处理技术——清洁生产技术

1) 清洁生产的含义

联合国环境规划署对清洁生产的定义为[19]：关于产品生产过程的一种新的、创造性的思维方式，意味着将整体污染预防战略持续运用于生产过程、产品和服务中，以期增加生态效率并降低对人类和环境的风险。我国颁布实施的《中华人民共和国清洁生产促进法》也对清洁生产作了全面的阐述：清洁生产是指不断采取改进设计、使用清洁的能源和原料、

---

[18] 顾海被. 基于可持续发展观的环境技术政策创新[M]. 沈阳：东北大学出版社，2004：29.

[19] United Nations Environment Programme (UNEP). Clean Production Program[R]. Paris: UNEP, 1989.

采用先进的工艺技术与设备、改善管理、综合利用等措施，从源头削减污染，提高资源利用效率，减少或避免生产、服务和产品使用过程中污染物的产生和排放，以减轻或消除对人类健康和环境的危害。

2) 清洁生产内容

清洁生产主要包含以下三个方面的内容。

(1) 清洁的能源和原料。要求采用各种方法对常规能源的清洁利用，可再生能源的循环使用，新型能源和各种节能技术的研发；尽量少用和不用有毒有害的原料。

(2) 清洁的生产过程。要求选用少废、无废的清洁工艺和高效节能设备，尽量减少生产过程中的危险性因素，如高温高压、易燃易爆、强噪声、强振动等；采用简单可靠的生产操作和控制方法；对物料进行内部循环利用；完善生产管理，不断提高环境管理水平。

(3) 清洁的产品。要求产品设计考虑节约原材料和能源，少用昂贵和稀缺原料；产品在使用过程中及使用后不含危害人体健康和破坏生态环境的因素；产品包装合理，产品使用后易于回收、重复使用、降解和再生，使用寿命较长，使用功能合理。

3) 清洁生产的优点

清洁生产要求人们建立一种新的环境理念，由过去"以治为本"转变为"以防为主、防治结合"，这种新的生产方式具有明显的优越性。

(1) 减少污染末端治理成本，同时，又能改善产品质量，增强企业市场竞争力。

(2) 采用先进的少废和无废生产技术和工艺，减少污染物的排放，促进产品的生产、消费过程与环境相容，降低生产和服务过程中对人类和环境的损害。

(3) 提高资源和能源利用效率。通过循环或重复利用，使原材料最大限度地转化为产品。提倡通过工艺改造、设备更新、废物回收利用和再生等途径，降低生产成本，提高企业的综合效益。

(4) 促使企业不断改进工艺和设备，改进操作技术和管理方式，改善生产，减轻生产过程对工人健康的影响，提高工人的生产积极性和生产效率。

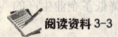
阅读资料 3-3

安庆石化化肥厂清洁生产增效百万

清洁生产是企业防治污染的一种有效途径，它不仅能控制排污总量，减少污染，而且能变废为宝，增加效益。去年以来，安徽省安庆石化化肥厂实行清洁生产，不仅降低了废水排放量，使废水排放综合合格率提高15%，而且为企业实现效益100多万元。

安庆石化化肥厂具有年产30万吨氨和52万吨尿素的合成和尿素两套主装置。由于化肥厂排放含油、含氨的废水和废气，每月仅物料流失造成经济损失达200多万元，处理污水排放所需费用达132万元。该厂为降低物料流失造成的环境污染，在全厂实施清洁生产，从源头和生产的全过程抓起，加强各个生产环节的环境管理控制污染。

首先，该厂实施原料路线改造工程，最大限度地利用炼油厂富余干气顶替石脑油做原料，降低了石脑油消耗，使各类加热炉燃料废气总量减少23.01%，二氧化硫和一氧化碳等污染物分别减少 44.15%和 48.26%，有效地控制了源头的污染，去年以来累计为企业增效数十万元。不仅如此，该厂通过技术改造，运用热电厂集中供热，使以重油为燃料的运行了近20年的铺锅退役,不仅减少了二氧化硫、氮氧化物及一氧化碳的排放量,而且截止去年年底,节约重油4万多吨,为企业增效近百万元。

其次,该厂改进管理和操作,严把生产环节,降低物料流失,减少环境污染。他们通过集思广益,采取把管理重心下移到生产一线的有效方式,加大现场管理和改造力度。去年5月份该厂投用的清污分流工程,将含氨污水从排放的工业冷却水和生活水中分流出来,进行集中处理,使得化肥装置排放出的污水实现达标排放,增设的尿素非正常排放槽在装置停车过程中,也能使原高压系统排放出的物料得以回收。与此同时,该厂严格控制生产过程,加大对尿素小机泵填料密封改造的力度,杜绝了生产过程中的跑冒滴漏现象,大大减少了环境污染,仅避免物料流失这一项又为企业增效10多万元。

(资料来源:韩永忠.中国环境报.2001-3-7)

4) 清洁生产的发展趋势[20]

目前世界范围内清洁生产的发展趋势主要表现在以下四个方面。

(1) 向第三产业延伸。清洁生产从有形产品到无形服务扩展,通过提倡可持续消费,推进污染预防的非物质化进程,实现了价值体系的调整。

(2) 注重产品的生态设计,在原料获取、生产、运销、使用和处置等整个产品生命周期中考虑到生态、人类健康和安全的设计原则和方法。其基本思想在于从产品的孕育阶段即遵循污染预防原则,把清洁生产观念融入产品设计中,体现产品的生态价值,实现对资源和能源的高效利用。

(3) 生态工业园区建设。生态工业是按照生态经济原理和经济规律组织的基于生态系统承载能力及和谐的生态功能的网络型、进化型工业,通过两个以上的生产体系或环节之间的系统耦合实现物质和能量的多极利用、高效产出、持续利用,是生态工业理论最普遍的实践形式,它通过工业园区内物流和能源的正确设计模拟自然生态系统,形成企业共生网络,一个企业的废物成为另一企业的原料,企业间能量和资源的梯级利用。

(4) 循环经济理念和新的工业革命兴起。循环经济是将清洁生产和废物综合利用相结合,通过建立"资源—产品—再生资源"的经济模式,倡导物质循环利用的一种生态经济模式。循环经济已成为我国实施可持续发展战略的重要途径和实现方式。

3. 废物资源化技术和综合利用

《中国21世纪议程》[21]在废物资源化管理的行动依据中指出,废旧物资资源化管理主要包括减少废旧物资弃置量和废旧物资回收利用两部分。我国再生工业体系发展缓慢,科学技术落后,资源消耗高,二次资源利用率低,相当一部分资源被作为污染物废弃,导致资源利用率低,不能适应发展需求。因此,亟待加强废弃物资源化系统的建设,改变现有生产与消费方式,抑制废弃物资大幅度增长,并将资源节约和再生资源回收利用列为一项重大技术经济政策,应纳入国家和地方各级政府经济和社会发展计划中。

废物的综合利用表现为减量化、无害化和资源化三大原则,通过区域功能规划健全废物资源化系统,如废物综合分类回收中心、废物资源化集中中心,并与传统产业相结合,实现"废物"的循环和再生利用。

---

[20] 左玉辉. 环境社会学[M]. 北京:高等教育出版社,2003:384~386.

[21] 中国21世纪议程——人口、环境与发展白皮书[M]. 北京:中国环境科学出版社,1994.

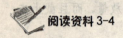
阅读资料 3-4

广东华夏环保生态科技有限公司开发 TBS 系统纪实

在人们的观念中，治理环境可以说有史以来都是政府行为，然而今天，在广州全国高新技术产业化中试配套(南沙)基地，出现了一家以民间自筹资金开办公司来进行治理环境的三资企业——广东华夏环保生态科技有限公司。她以敢为人先的举措开创了环境治理非政府行为的先河。由该公司成功开发出的"垃圾资源化生态无剩余物处理系统"(Taxonomic Bionomic Scavenger System，简称 TBS 系统)，为垃圾处理带来了新的曙光。

该系统可将垃圾进行分类，按其各组成分的不同特性分别予以回收利用：有机物制肥，塑料制燃料油、燃料气，金属等资源物回收，易燃物焚烧取其热能，砖、陶瓷、飞灰等可制建材，最终实现了无剩余物。

目前对于城市生活垃圾处理主要采取三种方式：焚烧法、填埋法、传统的垃圾堆肥法，然而这几种处理方式均弊大于利。TBS 技术是根据生态学原理来对垃圾进行处理，它具有以下几个特点。

(1) 在生态工艺技术中实现彻底无害化，不产生二次污染和二次废弃物，有显著的环境效益。

(2) 资源、能源的最大限度利用，实现城乡物质流、能量流的循环。

(3) 生态产品商品化、产业化，占有市场份额。

(4) 产出大于投入，利润高于成本，有良好的经济效益，形成可持续发展的生态产业。

(5) 生态厂占地面积比传统的方法小，一次性投资不比传统方法高，可节约土地资源。

(6) 生态产品的应用，优化生态环境(生态肥不仅增产，减少化肥用量 50% 以上，还能改良土壤、大幅度减轻病虫害、提高农产品的品质)，有良好的社会效益和生态效益。

该系统主要由垃圾前处理分类系统、TBS 高温高压化学催化水解生产有机生态肥系统、循环流化床垃圾焚烧处理系统、塑胶油化处理系统、无机物综合利用制造建筑材料系统等组成。垃圾前处理分类系统：该系统是 TBS 系统的基础，垃圾的分选工作在本单元工艺内完成。分选出的可回收资源物、无机物、有机物分别送入成品间、建筑材料系统、有机生态肥系统、燃料油气系统或焚烧能源回收系统，进入下一道工序。

TBS 高温高压化学水解制 TBS 肥系统：该部分是整个 TBS 系统的主要部分。在该系统内，TBS 前处理系统分选出的厨余有机物和其他易腐有机物，将在此系统内得到快速催化水解，通过水解，使高分子有机物转化为作物根系能直接或间接吸收的小分子碳素养分。水解后产物再经过加入具有多种功能的微生物、无机营养液等制成微生物、有机、无机全面营养平衡的生态肥。该水解技术是整个 TBS 系统的核心技术。由于该水解过程仅用 4 小时左右即可完成，大大提高了垃圾处理速度。快速催化水解的同时也完成了消毒杀菌作用，使大垃圾快速处理完毕，避免了因垃圾长期堆放而引起的发臭、病菌滋生等垃圾处理过程最易发生的问题。

循环流化床焚烧能源回收系统：本系统采用中国科学院工程热物理研究所研制开发的先进的循环流化床垃圾焚烧回收热能技术，具有燃烧稳定、减容量大、有害物质去除能力强等优点。该系统由给料装置、循环流化床焚烧炉、排渣装置和细砂回送系统、热能回收系统等组成。工艺流程采用合理的床料和分级送风的方式，使物料燃烬程度高，并可抑制

NO_x 生成量，减少氮氧化物、避免二恶英(PCDD)等有害物质排放。垃圾中的不可燃物经置于燃烧室底部的排渣装置排出，燃烧产生的飞灰由烟气携带通过尾部烟道排入除尘器，由除尘器收集后排出。针对生活垃圾中含有一定数量的砖瓦、石头、金属制品等大块不可燃物，所研制开发的循环流化床焚烧炉采用独特的布风结构和超大排渣口，可将较大块不可燃物连续排出。由于采用了具有一定破碎功能的给料机和独特的流化床结构设计，使入炉垃圾无需经过复杂的破碎和筛分等处理工序。该系统所产生的热量可作为热能用在TBS肥生产过程中，对垃圾中塑料含量低、垃圾量大采用该系统，该系统产生的灰渣进入制造建筑材料系统。

塑料油化系统：分选出的各种废塑料(膜、袋、桶、管、盒、绳或PVC、PE、PP、PS、ABS)经粉碎成3~6cm片状物经旋风和过筛除去泥沙，用输送带将净塑料运至带有温度自动控制装置的塑料螺旋挤出机中，并挤入热裂解反应器中(说明：废机油泵入反应器中)。此特制反应器有特殊装置，可防止结焦和帮助排渣。而反应器上方为裂解催化剂自动添加设备，可加速塑料裂解还原，变成汽油柴油。经热裂解反应和催化裂解反应后，应用特殊系统排渣，使排放残障渣时不需停产，安全可靠。为了稳定和提高油质量，保证在不加铅的情况下生产出高标号的93号汽油，提高汽油辛烷值和抗氧化能力，降低胶质，延长油品储存期，第二步骤采用分子重排技术，在催化剂作用下对第一步热裂解反应和催化裂解反应生成的分子进行重新排列。将反应中产生的氢气与烯烃中的不饱和链进行加成反应，提高烷烃的含量和抗氧化能力，延长油品储存期。另将直链分子重排成支链分子，或环化、芳构化，以提高油品辛烷值和质量，保证汽油在不加铅的情况下达到93号汽油标准。主要生产工艺流程采用了中央监视和控制系统，特别是塑料催化裂解反应系统中采用超压报警装置、压力平衡装置、自动温度控制装置等，以保证安全可靠的生产。此工艺流程产生的汽油及柴油的物理性质、化学性质及产品品质性能一致，燃烧无臭味且色泽正常，油品品质符合GB标准(汽油70~93号、柴油0~-20号)能广泛使用于各种车辆。本技术的产油率达到70%~75%，1吨净废塑料可生产350千克汽油、350千克柴油和150千克可燃性气体(CH_4~C_4H_{10})和100千克油渣。该系统尤其适用于处理塑料含量在6%以上的垃圾。

无机物综合利用系统：本系统的固化处理不仅可以将飞灰中之重金属等有害成分固定化、安定化，避免焚化炉焚化燃烧后所产生的飞灰及反应生成物造成二次污染，并可将其固化成型体以各种方式再利用，实现资源化，达到环保及资源回收的目的。本系统主要工序为：粉碎、筛分、轻化、粒化、配料、灌模、出成品。

从小规模试验到中试生产，该项目得到了建设部、农业部、国家计委、原国家科委的立项支持。TBS系统的整厂技术、设备以及TBS生态肥(TBS系统主要产品)，目前在国内外居于领先水平。建设部科技发展司科技情报最新报告(1998年9月21日公布)中指出："针对本项目(TBS)，检索了国内有关数据库及DIALOG系统有关的10个数据库，通过对检出相关文献的阅读、鉴别，可以看出，城市生活垃圾资源化无剩余物生态处理技术，即有机物经化学催化水解处理制高效肥料，无机物常温固化制建材的垃圾处理技术及设备，在上述检索范围中，国内外未见文献及专利报导。"不断创新华夏公司展宏图，广东华夏环保生态科技有限公司是一个崭新的具有自己独特的创新技术、经营理念、管理水平的民营科技企业。

(资料来源：科技日报. 1999-9-24)

4. 节能技术

"十一五"规划提出节能减排的"约束性"指标,是调整经济结构、转变经济增长方式、提高经济增长的质量和效益的有效突破口,节能技术已成为我国技术开发和技术改造的一项重点支持领域。多年来,为解决能源问题,我国一直致力于研究发展高效节能技术,从传统的大容量煤矸石发电、大型铝电解槽、干法熄焦、高炉喷煤等逐步走向太阳能、地热能研究以及生物发电等新的节能技术领域。这些技术的推广和应用不仅显著提高了产品的能源效率,同时还减少了环境污染,为我国建设环境友好型社会提供了强有力的技术支持。

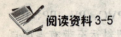

阅读资料 3-5

"清华环境节能楼"打造节能建筑典范

2006年7月6日,由中国科技部和意大利环境与领土资源部共同建设的中意清华环境节能楼正式落成,它被认为是节能建筑史上的典范之作。

中意清华环境节能楼坐落在清华大学东南角,是一座融绿色、生态、环保、节能理念于一体的智能化教学科研办公楼。该楼通过科学的整体设计,集成应用了自然通风、自然采光、低能耗围护结构、太阳能发电、中水利用、绿色建材和智能控制等国际上最先进的技术、材料和设备,充分展示人文与建筑、环境及科技的和谐统一。

这座楼以太阳能和天然气作为主要的能源,屋顶和退台上安装的太阳能光电池板可以利用太阳能发电,同时采用天然气发电和热电冷三联供系统,冬季发电机组产生的废热直接用于供暖,夏季发电机组产生的废热用于驱动吸收式制冷机。与同等规模的使用燃煤锅炉供热和火电的建筑相比,据初步核算,该楼每年将减排二氧化碳1200吨、二氧化硫5吨。据初步计算,该楼与同等规模的建筑相比,可节约70%左右的能源。

(资料来源:崔浩.中国青年报.2006-07-11)

5. 信息化处理技术

数字环保是基于信息高速公路(即NII)和国家空间数据基础设施(NSDI)构建的,以环保为核心,集基础应用、延伸应用、高级应用和战略应用的多层环保监控管理平台于一体的技术体系,具体包括环境测控跟踪系统、环境预测预报系统、污染源异动跟踪报警系统、环保增值业务管理系统、排污收费系统、环境GIS系统、污染事故预警系统、环保动态仿真系统、环保决策支持系统等。它将信息、网络、自动控制、通讯等科技应用于环境保护领域,实现环境保护的数字化,提高环境保护的信息化水平和执法监督水平。

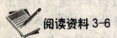

阅读资料 3-6

河南"数字环保"建设迈出可喜一步

2007年1月13日,由中国环境科学学会组织的专家鉴定委员会在焦作市对放射源监控监管系统成果进行了鉴定。专家们一致认为,该研究成果在放射源环境监管领域处于国内先进水平,具有较好的社会效益、经济效益和环境效益。

在全国率先实施放射源全天候在线监控管理,也标志着焦作市"数字环保"建设迈出了可喜的一步。据了解，焦作市从2003年开始实施"数字环保"建设，截至目前，已累计投入资金400余万元，初步建成了污染源在线监控系统、大屏幕远距离烟尘监控系统、放射源在线监控系统、环境地理信息系统以及环境业务办公系统等数字信息系统。2007年年内，焦作市将为所有放射源安装在线监控系统。

让"数字环保"之路越走越畅

"数字环保"技术的应用，使焦作市能够在全国率先实施放射源全天候在线监控管理，对保护人民群众的健康安全会产生积极作用。

焦作市"数字环保"建设已经取得了一定的成绩，有些方面甚至走在了全国的前列。与"数字环保"建设相伴的是，焦作市的天越来越蓝，水越来越清。但是，我们更应看到，随着科技水平的快速发展，高科技产品往往极易更新换代、上档升级，因此决不能故步自封，容易满足，只有坚持不懈地勇于创新，开拓进取，焦作市的"数字环保"之路才能越走越畅，环境质量才能越来越好。

(资料来源：焦作日报. 2007-1-15)

尽管我国环境政策技术工具的推广应用工作取得了一定的成效，但与发达国家相比仍然存在很大差距。为了更好地发挥科技引导和支撑作用，建立环境友好型社会，应努力做到以下几点：根据环境与社会需求，确立技术发展的目标与重点；通过政府监管驱动和市场驱动引导技术创新；加强国际技术合作与交流，引进国外先进环保技术；增加环境科技投入，搭建科技创新平台；构建多元主体的环境技术支持体系，注重企业、政府、民间和技术专家的协调配合，共同推动我国环境保护中技术工具的推广和使用。

3.2.3 市场化工具

市场化工具是指按照经济成本—效益原则，运用价值形式的经济杠杆等调节手段，引导生产者改变控制污染策略，以便实现改善环境质量和持续利用自然资源的目的。其实质是将环境物品私有化。这是由于环境是一种特殊的"物品"，具有外部性及非排他性，加之经济主体的有限理性等因素，使环境在很大程度上不适于市场机制的运行，即市场失灵，通常需要政府的干预。所以，在环境领域讨论的市场工具通常是政府法规和市场刺激的混合形式。目前，市场工具主要包括收费、补贴、押金返还制度、市场创建、执行鼓励金等。沈满洪等对市场化工具进行了分类，认为包括庇古手段(税收和收费、补贴、押金返还制度等)和科斯手段(自愿协商、排污权交易制度等)[22]。下面就市场失灵及市场化工具等内容分别进行介绍。

1. 环境外部性与市场失灵

自1968年哈丁(Garrett Hardin)在《科学》(Science)杂志上发表了著名的"公地的悲剧"(The Tragedy of the Commons)[23]以来，公共物品、产权、外部性理论和市场失灵等概念在解决环境问题中的作用引起了众多学者的关注，认为市场机制的顺利运行需要很多条件，如

---

[22] 沈满洪. 论环境经济手段[J]. 经济研究，1997(10)：54~61.
[23] 哈丁"公地的悲剧"，即一群牧民在一块公共草场放牧，一个牧民想多养一只羊以增加个人收益，虽然他明知再增加羊的数目，将使草场的质量下降。但草场退化的代价由大家负担。每一位牧民都如此思考时，最终导致牧场持续退化。即理性追求最大化利益的个体行为导致公共利益受损。原文请参见 Garrett Hardin. The Tragedy of the Commons[J]. Science，1968(162): 1243~1248.

产权明晰、完全竞争、经济行为无明显外部性、无短期行为、无不确定性等，但这些条件对于将环境进行市场运作往往是不够的，因此会产生"市场失灵"，即市场不能有效配置资源，或资源配置达不到社会最佳状态的现象。而环境资源利用的市场失灵在于其公共物品属性和外部性。

(1) 环境资源利用中存在外部性。所谓外部性是指在没有市场交换的条件下，一个生产单位的生产行为(或消费者的消费行为)影响了其他生产单位(或消费者)的生产过程(或生活标准)[24]，如果

$$Fi = f(X_{i1}, X_{i2}, \cdots, X_{im}, X_{jn}) i \neq j \tag{3-1}$$

则可以说生产者(或消费者)j对生产者(或消费者)i存在外部性，这种影响可能是有益的，也可能是有害的，有益的影响称为外部经济性，有害的影响称为外部不经济性(图3.3)。外部性的存在导致私人成本(收益)与社会成本(收益)不一致。当存在外部不经济性时，边际社会成本MSC大于边际私人成本MPC，差额就是外部环境成本MEC[25]。在利润最大化动机的驱使下，作为市场微观主体的企业或个人决策时，仅考虑边际私人成本MPC，其利润最大化的产(污)量水平为Q_1。但从整个社会来看，包括环境成本在内的社会边际成本为MSC，只有在Q点时资源才能实现有效配置。

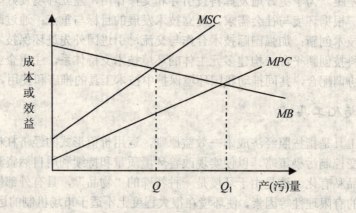

图3.3 环境外部不经济性

(2) 环境服务和部分自然资源的公共物品属性导致一些环境资源产权不存在或不明确，影响人们对环境资源保护、管理和投资的积极性，导致"搭便车[26]"等现象的发生。按照产权状况一般将物品分为私人物品、公共物品和公共资源，其中公共物品没有"排他性"和"竞争性"，公共资源具备"竞争性"，但也没有"排他性"。这一属性与外部效应紧密联系。

同时，环境的公共物品属性还导致很多环境资源没有进入市场或市场竞争不足，没有价格或价格过低，环境资源的真正价值在市场中没有得到充分体现。环境资源的公共产权

---

[24] 马中. 环境与资源经济学概论[M]. 北京：高等教育出版社，1999：29～30.
[25] 冯薇. 环境问题的经济分析及其局限性[J]. 中央财经大学学报，2002(1)：30～33.
[26] 奥尔森的搭便车理论，公共物品一旦存在，每个社会成员无论是否对这一物品的产生做过贡献，都能享用这一物品所带来的好处，公共物品的这一特性决定了当一群理性的人聚在一起想为获取某一公共物品而奋斗时，其中的每个人都可能想让别人去为达到目标而努力，自己则坐享其成，最终形成搭便车困境。

不仅缺乏为其成员提供有效利用资源的激励机制，而且缺乏对其成员投机行为的约束机制，这种权利和责任的双重外部性导致资源利用中的市场失灵。

(3) 环境影响的不确定性和环境信息的不完备性。环境资源利用及其影响是一个长期的过程，而整体性、滞后性又是环境影响的基本特征。所以，经济活动对环境的影响常常发生"时空错位"，即甲地经济活动对环境的危害可能在乙地体现，今日经济活动对环境的危害可能在若干年后显现。其次，环境信息具有稀缺性，受技术水平的限制，人们可能没有或很难认识到自身经济活动对环境的不良影响甚至破坏。另外，这种不完备性还表现为环境利益相关群体之间环境信息的不对称性。例如，在个人经济利益的驱动下，污染者往往隐瞒污染物的排放水平、污染物的危害等相关信息。

(4) 使用时间困境。在时间维度上资源是公共的，因而在当代人和后代人之间缺乏产权明晰。由于这种纵向的公共性，即使在当代已经产权明晰的环境资源也会出现市场失灵，即用于未来的资源可以挪到今天使用，导致"使用时间困境"现象，有时也称为资源使用与环境保护中的掠夺者模型，表示在市场经济的竞争压力与消费诱惑下，为追求短期利益而带来长期的不利环境、资源后果[27]。

(5) 环境损失的分配不均。市场的导向作用是使污染削减成本最低化，但同时也允许排污总量并不一定要平均分配。在传统设施集中的地区，污染物削减的成本高且效率低，而新设施集中的地区却可以比较容易地把污染物的排放量降至标准以下，由此造成的环境负担的分配不均。

2. 市场化工具的分类

使用市场化工具的目的是为了减少完全的市场运行所带来的负效应，纠正市场失灵。市场化工具可包括税收、价格机制、污染排放交易(许可证制度)、削减市场壁垒、补贴、废弃物收费、使用者付费等。

1) 环境税收

环境税收又称生态税、绿色税，是国家为实现特定的生态环境保护目标而对一切开发、利用环境资源的单位和个人，根据其对环境资源的开发、利用及环境污染、破坏程度按一定比例或数量强制取得的一种税收[28]，使污染企业将外部环境成本(MEC)考虑到生产决策中，即社会成本内部化，税率应能使外部环境成本等于边际社会损失。

我国现行税制中的环境保护措施[29]主要包括以下几点。

(1) 资源税。对开采原油、天然气、煤炭、其他非金属原矿、黑色金属矿原矿、有色金属矿原矿和生产盐征收资源税，按资源条件和开采程度的差异设置不同的税率。

(2) 消费税。对环境造成污染的鞭炮、焰火、汽油、柴油及摩托车、小汽车等消费品列入征税范围，并对小汽车按排气量大小确定高低不同的税率。

(3) 增值税。对原材料中掺有不少于 30%的煤矸石、废旧沥青混凝土等废渣的建材产品给予免税优惠，对利用煤矸石、煤泥等生产的电力、部分新型墙体材料给予减半征收的优惠。

---

[27] 陶传进. 环境治理：以社区为基础[M]. 北京：社会科学文献出版社，2005：58.

[28] 李兰英. 对构建符合中国国情的生态税收体系的思考[J]. 中央财经大学学报，2002(8)：39—42.

[29] 傅京燕. OECD 国家的绿色税制改革及其启示[J]. 生态经济，2005(5)：46—49.

(4) 企业所得税。规定利用废液、废气、废渣等废弃物为主要原料进行生产的企业，可在5年内减征或免征企业所得税。

(5) 外商投资企业和外国企业所得税。规定外国企业提供节约能源和防治环境污染方面的专有技术所取得的转让费收入，可按10%的税率征收预提所得税，其中技术先进、条件优惠的，还可给予免税。

2) 价格机制

均衡价格理论[30]认为，在市场经济中，价格对资源配置起到了至关重要的作用。市场通过价格调节来协调经济中各个经济主体的决策，在这一过程中，价格机制解决了微观经济学提出的"生产什么"、"如何生产"和"为谁生产"的资源配置问题。由于我国过去长期存在的"产品高价，资源无价"的错误观念，造成资源在生产和利用过程中的低效配置，并导致了严重的环境问题。为了保证资源的可持续利用，必须改变传统的计划定价方式，按照价值规律和供求关系，通过市场发挥资源配置的基础性作用，调整资源价格，逐步建立资源有偿使用制度，树立资源稀缺性观念，保证经济、资源与环境共同发展。

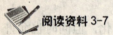
阅读资料 3-7

我国五领域资源价格将展开渐进式改革

针对当前我国资源价格市场化程度不高、不能真实反映市场供求和资源稀缺程度等问题，国家发展和改革委员会主任马凯28日表示，资源价格要坚持市场化改革取向，考虑到各方面的承受能力，推行渐进式改革。

"在具有竞争潜质的领域，通过引入竞争机制，放松政府对价格的直接管制，让价格在市场竞争中形成，充分发挥价格信号调节市场供求、优化资源配置的作用。"马凯在资源价格改革研讨会上表示，对部分不能形成竞争的经营环节，要加强和改革政府的价格监管调控，确保市场平稳运行和国家经济安全。

总体设计、分步实施是资源价格改革的基本原则之一。"反复权衡利弊得失和对有关方面的影响，积极稳妥推进，力争把改革的负面影响和不确定因素降到最低程度。"马凯表示，资源价格改革将充分考虑到各方面的承受能力，目前要重点抓好以下五个方面的工作。

(1) 全面推进水价改革。扩大水资源费征收范围，提高征收标准；推行面向农民的终端水价制度，逐步提高农业用水价格；全面开征污水处理费，尽快把污水处理收费标准调整到保本微利水平；合理提高水利工程和城市供水价格等。

(2) 积极推进电价改革。要逐步建立起发电、售电价格由市场竞争形成，输电、配电价格实行政府定价的价格形成机制。将上网电价由政府制定逐步过渡到由市场竞争形成。

(3) 完善石油天然气定价机制。坚持与国际市场价格接轨的方向和原则，建立既反映国际市场石油价格变化，又考虑国内市场供求、生产成本和社会各方面承受能力等因素的石油价格形成机制。逐步提高天然气价格。

(4) 全面实现煤炭价格市场化。政府逐步淡化对煤价形成的干预；研究建立科学的成本核算体系，全面反映煤炭资源成本、生产成本和环境成本；完善煤电价格联动机制，通

---

[30] 刘晓星. 西方价格理论对我国建立市场经济价格机制的启示[J]. 贵州财经学院学报, 2001(5): 35~37.

过市场化方式实现煤电价格的良性互动。

(5) 完善土地价格形成机制。使土地价格真实反映土地市场供求和土地价值，反映土地资源的稀缺状况。严格控制行政划拨用地范围，扩大经营性用地招标、拍卖、挂牌出让方式的范围，减少协议出让土地的数量。

马凯说，我国资源价格改革的基本目标是，按照科学发展观的要求，坚持市场化的改革取向，更大程度、更大范围地发挥市场在资源配置中的基础性作用，逐步理顺资源性产品价格关系，建立能够反映资源稀缺程度和市场供求关系的价格形成机制，为建设节约型社会、转变经济增长方式创造良好的价格体制条件和政策环境。

(资料来源：刘铮，张晓松.新华网.2005-10-30)

3) 排污许可证交易[31]

排污许可证交易是指环保部门在保证一定区域环境质量目标的基础上，通过确定该区域的环境容量，计算污染物的允许排放量，并将允许排放量分解成若干标准排放量(排污许可证指标)，再分配给区域内的排污单位使用或通过市场进行交易的过程。

案例 3-1

太仓的跨区域排污交易

2003 年夏天，一股罕见的热浪席卷我国南方地区，空调等降温设施的大量使用使得城市的电力供应紧张，江苏、上海等省市在电力紧缺的情况下不得不一度拉闸限电。事实上，位于长江三角洲的江苏省，经济发展突飞猛进，用电需求量与日俱增，扩建、新建电厂的呼声越来越高。江苏太仓港环保发电有限公司就是因苏州市电力需求缺口较大而兴建的重点发电工程。由于公司需要扩建发电供热机组，因此每年将增加 2000t 的 SO_2 排放量。在建厂中间，太仓港环保发电有限公司虽然搞了 SO_2 的脱硫装置，仍然还有 1700t 的 SO_2 排放量指标的缺口没有解决。

根据江苏省 SO_2 排放总量分配方案，太仓港环保发电有限公司因扩建造成的 SO_2 排放许可指标的缺口在南京的下关发电厂那里找到了解决办法。

南京的下关发电厂由于引进了先进的芬兰治理技术，使下关电厂每年排放的 SO_2 实际量比环保部门核定的排污总量指标减少了 3000t。一个因扩建将造成排污量突破许可指标的上限，一个因脱硫成功而实现了排污量指标剩余，面对两个不同地区的发电企业，经江苏省环保厅牵线，两家企业经过几轮协商，最终达成了 SO_2 排污权的异地交易。

按照协议，从 2003 年 7 月至 2005 年 7 月，太仓港环保发电有限公司每年将从下关发电厂购买 1700t 的 SO_2 排污权指标，并以每千克 1 元的价格，向下关发电厂支付 170 万元的交易费用。双方还商定到 2006 年之后，将根据市场行情重新决定交易价格。

通过排污权交易，太仓港环保发电有限公司每年获得了额外的 1700t 的 SO_2 排放量，这也就意味着太仓地区每年增加了 1700t 的 SO_2 排放量。那么，这对当地的环境有没有影响呢？是不是意味着只要交了钱，企业就可以满足它想要的排放量呢？

江苏省环保厅副厅长姚晓晴认为：SO_2 总量控制的目标不能突破，无论是在区域内的

---

[31] 魏琦，张明强.简述排污许可证交易[J].经济论坛，2004(4)：135～136.

SO₂ 环境排污权有偿交易也好，还是在跨行政区域的 SO₂ 的排污权有偿交易也好，都必须满足一个前提：就是江苏全省的 SO₂ 总量的数额不能突破，同时还要在总量控制前提下尽量削减 SO₂ 的排放总量，这是第一条件。第二个条件就是转让 SO₂ 排污权指标的企业，必须是通过新上脱硫设施或者减产，或者采用清洁燃料的方式，剩余出它原有的 SO₂ 排放的指标，这样企业才能够把自己的指标转让给新建的电厂。第三就是当地的地面空气质量一定不能受到任何影响，能让当地的老百姓仍然生活在良好的大气环境质量之中。达不到这个要求的地区，就不适宜进行 SO₂ 的排污权交易。

江苏太仓港环保发电有限公司和南京下关发电厂的排污权交易是我国首例跨越行政区域的 SO₂ 排污权交易，也是国家环保总局与美国环保协会合作进行的 7 省市交易试验中具有重要意义的一个成功实例。从国家的大政方针来看，这项交易为落实《两控区酸雨和 SO₂ 污染防治"十五"计划》提供了可供参照并可广泛推广的范例。与此同时，这个实例也是在排污权交易中"指标分配、颁发许可证、排污交易、交易监督监测"这四大核心步骤的首次完整实现。

(资料来源：龙平川，吴建立. "排污权交易"之中国试验[EB/OL]. http: //www.dffy.com)

【案例分析】从案例 3-1 可以看出排污许可证交易具有如下特点。

(1) 排污许可证制度允许那些愿意放弃环境使用权的企业和愿意购买环境使用权的企业之间进行效用交换，维持各自的经济利益，并达到市场均衡。

(2) 通过排污权交易和转让，使得污染物的排减任务由治理成本低的企业完成，从总体上降低了污染治理的成本。

(3) 企业通过采用先进的环保技术减少污染物排放，多余的排污权可通过市场交易获得经济利益，这样就可刺激企业采用环保技术的积极性，主动改进生产工艺和环保措施。

(4) 环保组织或其他非排污者，得以在市场中购买排污权以满足他们的环境期望值。

(5) 当企业环保技术和措施普遍改进、环境质量得到改善时，政府通过回购排污许可证，从宏观上进一步减少污染物排放总量，实现环境总水平的良性循环。

4) 补贴[32]

补贴是环境管理部门通过拨款、低息贷款、税金减免等财物补偿激励生产者进行污染控制的一种方式。当企业(生产者)污染排放水平优于环境管理部门规定时，政府就予以经济补偿。用下式进行表示：

$$单位补贴所得 = \alpha(Z_0 - Z_i) \tag{3-2}$$

其中，Z_0 表示标准排放量，Z_i 表示实际排放量，α 表示一段时间内的补贴率。同排污收费一样，这种方式能够激励生产者减少排污量达到社会最优水平。但是从实施和管理的实际效果来看，这一政策工具仍然存在一些问题：其一，补贴方式可能导致更多的污染，这是因为，如果补贴额高于治理污染的边际费用，污染者可能千方百计地提高原污染水平，使得采取治理措施后能大幅度降低排污量，以期得到更多的补贴；另一方面，在行业生产者进入和退出时，税收可以减少社会总体污染，而在自由进出的行业中，补贴可能会增加社会总体污染，因为高额的环境补贴会吸引更多的生产者进入，虽然每个生产者的污染水平均下降，但是由于行业生产者的数量增加，将会导致污染的总体水平上升。

---

[32] [英]Nick Hanley，Jason F.Shogren，BenWhite. 环境经济学教程[M]. 曹和平，等译. 北京：中国税务出版社，2005：65～66.

5) 押金返还制度

押金返还制度包括两部分内容，首先，它对可能造成环境破坏的行为或具有潜在污染的产品征收一定的保证金；其次，当该破坏行为实际上并未发生或产品使用后的残余物回送到指定收集系统或污染处理达到规定要求时，原先征收的保证金则返还给保证金支付者。这一市场工具将排污收费的经济刺激特性和管理成本的内生性有机结合，主要用于处置废弃物的私人成本与社会成本存在差异的情形，如对饮料罐和酸性电池的处置等，通过提前征收处置废弃物的边际外部成本，迫使潜在污染源将外部成本内部化，提前避免污染行为的发生。但目前押金返还制度在我国尚未开始实行。

6) 污染者付费

"污染者付费"是联合国经济合作与发展组织环境委员会为了促进合理利用资源、防止环境污染及实现社会公平，于1972年在国际范围内提出的一项治理环境污染的原则[33]，是指开发利用环境和资源或排放污染物，对环境造成不利影响和危害者，应当支付由其活动所形成的环境损害费用或治理其造成的环境污染与破坏[34]。

欧盟国家规定，任何对污染负有责任的自然人和法人，必须支付清除或削减此污染的费用，这些费用包括所有用于达到环境质量目标的花费，以及与治理污染措施有直接关系的管理费用。日本政府规定，污染者不仅要承担治理费用，而且还要承担环境恢复和被害者救济费用。荷兰政府在环境管理中实施"经济罪法"，政府有权依据此法关闭造成环境污染的企业，追究违法者的法律责任。同时，发达国家政府鼓励公众积极参与环境监督，以保证污染者付费政策的有效实施，切实约束企业的外部不经济行为。如英国政府规定，所有人有权对环境质量进行监督，有权对污染者提起诉讼，有权向造成损害的人或企业提出损害赔偿，这种诉讼行为不受任何机构颁发的排污许可证的影响[35]。

7) 消除市场壁垒

市场包括国内市场和国际市场，因此，消除市场壁垒也包括这两个方面。

就国内环境而言，地方保护主义是造成市场壁垒的根源。这能够通过完善国家法律，健全环保执法体系等行政工具进行遏制，也可以通过市场和经济手段逐渐消除地方保护主义。

首先，在国家宏观经济调控层次上，通过建立自然资源核算体系和调控国家财政收入的区际分配，让资源消耗型、环境破坏型经济地区承担更高的生产成本，同时补助资源限制型、环境保护型经济地区，则必然有利于消除地方保护壁垒；其次，从市场调节机制来看，需要借鉴国外成功应用市场工具的经验，如排污权交易、责任保险制度等，用以实现环境权益和环境责任的社会化。

就国际环境来看，市场壁垒即"绿色贸易壁垒"，其实质是一种变相的贸易保护主义，能够导致社会经济基础薄弱、环保技术水平低的发展中国家的产品在国际市场上失去竞争力。其内容包括绿色关税、环境配额、环境许可证、绿色标签、绿色包装等。发展中国家可以通过提高环保技术，开发和生产优质绿色产品削弱市场壁垒的不良影响，此外，建立绿色壁垒预警机制，扩大国际市场贸易空间，完善环境标志制度，也是抵制贸易壁垒的有

---

[33] 潘慧庆. 浅析我国的污染者负担原则[J]. 科教文汇, 2007(6): 154~155.

[34] 法律百科网 http://www.law365.net.

[35] 霍海燕. 西方国家环境政策的比较与借鉴[J]. 中国行政管理, 2000(7): 39~42.

效措施。但由于绿色贸易壁垒存在的合法性、隐蔽性和广泛性，它的存在将持续相当长的时期。

3.2.4 社会化工具

1. 公民社会和环境NGO

1) 公民社会和环境NGO的概念和发展历程

联合国开发计划署认为：公民社会是在建立民主社会的过程中同国家、市场一起构成的相互关联的三个领域之一，而美国哈佛大学教授罗伯特·柏特南(Robert D.Putnam)则从特征上界定了公民社会，认为公民社会有四个特征：公民参与政治生活；政治平等；公民之间的团结、相互信任、相互宽容；合作的社会结构[36]的存在。其中，环境NGO作为公民社会的核心，在从"以经济增长为中心"的片面发展向"以人为本"的可持续发展转变过程中逐渐发展起来。

国外环境NGO兴起于20世纪70年代，并于1980—1990年迅速壮大，在美国的环境NGO组织数量多达上万，如世界野生动物基金会(WWF)、太平洋环境与资源中心和环境保护基金(EDF)等。日本、韩国、印度及我国香港特别行政区的环境NGO也十分活跃，成为影响全球环境保护的一支重要力量。中国环境NGO的发展大致经历了以下三个阶段。

第一阶段，环境NGO的诞生与兴起阶段(1978—1994年)。1978年5月，中国环境科学学会成立，这是我国最早由政府部门发起成立的环保民间组织；1994年"自然之友[37]"在北京成立，被认为是我国民间第一个真正意义上的草根环保团体。

第二阶段，环境NGO的发展阶段(1995—2002年)。在这一时期，由民间自发创建的环境NGO相继成立，主要以环境"宣传教育者"的角色出现，以"提高公众环境意识"为目标，所开展活动主要是公众环境教育和动员志愿者采取实际环境保护行动等，并以保护滇金丝猴和藏羚羊等行动为标志。

第三阶段，壮大阶段(2003年至今)。自2003年以来，以"怒江建坝争论"和"圆明园防渗膜"等事件为标志，我国环境NGO参与重大环保事件，逐渐呈现出"倡导者"的角色，相对独立的立场在推动公众参与环境决策、维护公众环境权益、开展环境社会监督等领域正在发挥越来越重要的作用，并表现出联合行动与倡导的明显特征。

我国公民社会和环境NGO的成长与发展已成为全球"结社革命"的一部分，这与我国经济、政治、社会、文化的整体进程密切相关。我国20多年的改革开放，是一个从经济体制改革向政治体制改革以及社会的全面改革逐步展开的过程，其核心特征是"国家"逐渐退出"市场"和"社会"领域，对于治理结构而言，也是社会自治与公民社会的形成过程[38](图3.4)。

---

[36] 赵黎青. 非政府组织与可持续发展[M]. 北京：经济科学出版社，1998：209.

[37] 自然之友于1994年3月31日正式成立，标志着中国第一个在国家民政部注册成立的民间环保团体诞生。组织愿景：以环境教育和自然保护为基石，建立和传播具有中国特色的绿色文化，促进可持续发展事业；组织目标：具备良好的公信力，创建公众参与环境保护的平台，培育中国民间环保力量；组织定位：推动完善公众参与的理念、制度、途径和进程，敏锐有力地发现中国可持续发展事业中的前沿课题，集合自身和各方力量推动观念、知识传播、推进制度的创新和实践，创建成为一个集调研、倡导和行动的公共平台；组织优先行动领域：环境教育、自然保育、公众参与(资料来源：http://www.fon.org.cn)。

[38] 贾西津. 中国公民社会发展的三条道路[J]. 中国行政管理，2003(3)：22～23.

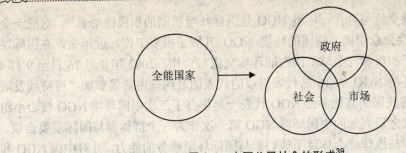

图 3.4 中国公民社会的形成[39]

2) 环境 NGO 功能和作用

(1) 环境保护宣传和公众教育。环境宣传和教育是我国环境 NGO 最主要的活动领域。他们通过出版书籍、发放宣传手册、举办讲座和论坛、组织培训和咨询、媒体报道等多种方式开展了广泛而深入的环保宣传教育活动[40]。这些活动对于提高我国社会整体生态环境意识、塑造可持续发展观及构建资源节约型和环境友好型社会正在发挥着积极而有效的作用。

(2) 提供社会服务，维护环境权益。维护环境权益，提供社会服务是环境 NGO 的重要功能之一。随着环境污染和环境公害问题的加剧，污染受害者作为一个特殊的弱势群体受到关注[41]。这部分群体在经济、政治、社会和文化等诸多方面长期处于不利地位，面对环境危机时表现出能力不足和脆弱性，往往是环境污染或环境灾害的最大受害者，环境污染和生态破坏对他们的影响也最为深重。

环境 NGO 以公益性目标为导向，其社会服务对象主要是边缘弱势群体，以满足这部分群体的基本需求为目标，更多的代表社会弱势群体的利益。因此，环境 NGO 除了向污染受害者提供法律咨询或法律援助外，还可通过动员社会资源，向污染受害者提供社会服务。在这里，社会服务是一个较为宽泛的概念，包括在环境危机发生时，直接向目标群体提供特定的物资、技术、信息和心理援助等。

(3) 政策研究和环境倡导。倡导功能是环境 NGO 的一种重要职能，它是通过各种政策工具积极介入来推动公共政策过程的一种政策性职能。倡导性环境 NGO 以自己明确的理念，以推动社会进步及某些政策过程为目的，通过政策研究、建议与提案、游说、宣传等方式，督促政策制定和实施的合理化，倡导社会的进步[42]。

(4) 推动公众参与环境决策和社会监督。环境 NGO 也是社会公众参与政策制定、执行和公共事务管理过程的一个重要渠道和途径。通过表达公众意见，对政府和企业施加影响，推动环境政策调整，使环境权益和社会公益资源得到更合理的配置[43]。

此外，由于环境 NGO 具备较好的社会沟通与协调能力，在某种程度上，环境 NGO 在政府与民众之间发挥"桥梁"与"纽带"作用，能够及时反映公众的需求，实现公共利益最大化。例如，"松花江水污染事件"从反面说明保障公众知情权在环境管理中的重要意义。在要求和实现我国公众环境知情权等相关权利及进行社会监督方面，环境 NGO 也是一支重要力量。

---

[39] 贾西津. 中国公民社会发展的三条道路[J]. 中国行政管理，2003(3)：22～23.

[40,41] 王名，佟磊. NGO 在环保领域内的发展及作用[J]. 环境保护，2003(5)：35～38.

[42] 贾西津. 中国公民社会和 NGO 的发展与现状[EB/OL]. http://www.wiapp.org/spapers/jiaxj012.pdf.

[43] 付涛. 中国的环境 NGO：在参与中成长[A]. 中国环境与发展评论(第二卷)[C]. 北京：社会科学文献出版社，2004：431.

(5) 参与国际环境交流与合作。环境 NGO 是国际环境机制的积极推动者[44]。对应于企业、政府、社区和社会公众层面，我国的环境 NGO 开展了很多工作。近年来，在国际层面，我国环境 NGO 正积极参与全球范围内的环境交流与合作。2002 年 8 月 26 日至 9 月 4 日，来自中国 12 个环境 NGO 的 18 名代表组成的代表团赴约翰内斯堡参加"可持续发展世界首脑会议"，并与我国的其他参会 NGO 代表一起举办了三次中国环境 NGO 核心小组会议[45]。这是里约会议之后兴起的中国环境 NGO 第一次作为一个群体参与国际重要会议。

我国环境 NGO 参与地球峰会体现了他们参与国际环境事务的能力，并对中国 NGO 和公民社会的发展产生深远影响。2002 年 9 月 19~20 日，我国环境 NGO 举办"约翰内斯堡归来——可持续发展世界首脑会议后续公民环保研讨会"，共同讨论形成了未来 10 年参与中国可持续发展的行动纲要：《可持续发展，我们能做什么——约堡峰会后续行动纲要》，进一步明确了民间环保组织在中国可持续发展中的使命和作用。

阅读资料 3-8

近 10 年中国环境 NGO 几大环保行动

近 10 年来，环保民间组织在我国环境保护历程中，发挥了积极作用。环保民间组织已经成为推动我国和世界环境事业发展不可或缺的力量。

保护藏羚羊

1995 年，青海省治多县委副书记杰桑·索南达杰在抓捕盗猎藏羚羊行动中牺牲，震惊全国。5 月，玉树藏族自治州人大法制工作委员会副主任扎巴多杰主动辞职，成立了一支武装反盗猎队伍——"野牦牛队"。

同年，民间组织"绿色江河"的创始人杨欣策划了"保护长江源，爱我大自然"活动。1996 年，中国民间第一个自然生态环境保护站——索南达杰自然保护站成立，成为可可西里反偷猎工作的最前沿基地。

1998 年，索南达杰自然保护站志愿者服务机制启动。同年 10 月 5 日，"自然之友"会长梁从诫会见英国首相布莱尔，提交了一封呼吁制止英国国内藏羚绒非法贸易的信件。布莱尔于次日复信表示支持。

保护母亲河行动

1999 年 1 月，大型环保公益项目"保护母亲河行动"启动。"保护母亲河行动"以保护黄河、长江及其他江河流域生态环境为主题，依靠社会力量募集资金，在江河流域开展植树造林、治理水土流失、保护生态环境，在全社会倡导绿色文明和可持续发展意识。

截至 2004 年，"保护母亲河行动"组织了 3 亿多人次的青少年和社会公众参与生态保护行动，面向海内外筹集资金 2.5 亿元，在江河流域造林近 400 万亩。

"26 度空调行动"

盛夏时北京市空调用电总负荷约 400~500 万千瓦，如果将空调温度调高 1 摄氏度，就

---

[44] 廖洪涛. NGO 在国际环境事务中的贡献[J]. 绿叶，2005(2)：31.
[45] 北京地球村环境文化中心. 北京地球村环境文化中心 2002 年度工作报告[EB/OL]. http://www.gvbchina.org，2003，1.

可节约用电量的 6%~8%，节约电费至少 1.1 亿元，减少发电用煤 16~25 万吨，减排二氧化硫 2400~3500 吨。

2004~2005 年，多家环保民间组织连续两年发起"26 度空调节能行动"。行动倡议在夏季用电高峰时期，将空调温度调至不低于 26 摄氏度，并特别对政府部门、驻京领使馆、跨国公司等空调用户送达了呼吁书。

质疑圆明园湖底防渗工程

2004 年 9 月，圆明园湖底防渗工程开始实施。

2005 年 3 月，兰州学者张正春到圆明园游览，质疑圆明园湖底防渗工程破坏园林生态。

4 月 13 日，就此工程的环境影响等问题，国家环保总局举行听证会，各环保组织代表在会上发言，明确表态反对防渗工程，并提出环保民间组织应介入圆明园环评。

7 月 15 日，由民间组织发起的"圆明园生态与遗址保护第二次研讨会"在北京召开。与会的环保民间组织代表、环保界专家学者就圆明园防渗工程及相关问题再次进行了探讨。

8 月 15 日，圆明园防渗湖整改工程启动，9 月 7 日，开始注水。9 月 27 日，圆明园水面恢复。

这是环保民间组织深入参与环保行动的重要事件，也是环保民间组织与政府合作的典范。

阿拉善"SEE 守望家园行动"

2004 年 6 月 5 日，由 80 位企业家联合发起成立了阿拉善 SEE 生态协会。这是国内以企业家为主体首次创建的环保民间组织。

2005 年初，协会出资 300 万元人民币，启动"SEE 守望家园行动"。其中，50 万元用于首届"SEE 生态奖"项目，250 万元用于启动"SEE 生态基金"，资助各地环保民间组织到阿拉善地区从事环境保护。

"SEE 生态奖"评选范围涉及环境保护的各个领域，参评项目来自中国大陆和港澳台地区。截至 7 月底，基金共收到 33 个项目申请，专家委员会批准了其中 11 个项目，总计金额 158 万元。

2005 年 11 月 30 日，在"绿色中国年度评选"活动中，阿拉善 SEE 生态协会荣获"绿色中国"年度特别奖。

"绿色和平"抗议惠普有毒电子产品

2003 年，国际环保组织"绿色和平"在检测中发现惠普公司型号为 Pavilion A 250NL 的电脑内，溴化阻燃剂所占比例远高于其他公司的同类产品。

2004 年，"绿色和平"就此问题与惠普公司交涉，惠普虽认可但没有给出确切的改进时间表。

2005 年 6 月 20 日，"绿色和平"在惠普庆祝进入中国 20 周年的活动场地外，向首次访问中国的惠普全球新任 CEO 马克·赫德送上"礼物"及公开信，呼吁惠普尽快公开承诺在产品中停止使用有毒物质。"礼物"是"绿色和平"在电子废物污染重灾区广东贵屿收集的被废弃的惠普电脑和打印机配件。

2005 年 11 月，惠普承诺在 2006 年 12 月 31 日后推出的所有新产品外壳中不再使用溴化阻燃剂，但并未承诺在其他部件中不使用。

2005 年 11 月 21 日，"绿色和平"中国有毒污染防治项目组向惠普公司转交了一封公开信和一块写有"戒毒尚未成功,惠普还需努力"的牌匾,以敦促惠普按照清楚合理的时间表,在其所有的产品中逐步停止使用有毒物质。

(资料来源:《市场报》.2006-10-20)

2. ISO14000和环境管理体系

1) ISO14000

(1) ISO14000环境管理体系标准。

ISO14000系列标准是国际标准化组织ISO/TC207负责起草的一份国际标准。ISO14000是一个系列的环境管理标准,它包括了环境管理体系、环境审核、环境标志、生命周期分析等国际环境管理领域内的许多焦点问题,旨在指导各类组织(企业、公司)表现正确的环境行为。

ISO14000系列标准的构成参见表3-2。

表3-2 ISO14000系列标准的构成[46]

分委员会	工作任务	标准号分配
SC1	环境管理体系 EMS	14001~14009
SC2	环境审核 EA	14010~14019
SC3	环境标志 EL	14020~14029
SC4	环境行为评价 EPE	14030~14039
SC5	生命周期评估 LCA	14040~14049
SC6	术语和定义 T&D	14050~14059
WG1	产品标准中的环境指标	导则64
WG2	森林管理 FM	14061
	备用	14062~14100

(2) ISO14000系列标准的特点。

① 自愿性。ISO14000系列的所有标准都是自愿性的。企业或组织可根据经济、技术等条件选择自愿采用。

② 灵活性。ISO14000系列标准的制定充分考虑到组织的地域、环境、经济和技术条件的差异,标准将建立环境行为标准(环境绩效目标指标)的工作留给了企业或组织,而仅要求企业或组织在建立环境管理体系时必须遵守国家的法律法规、坚持污染预防和持续改进做出承诺,其他无硬性规定,这为企业或组织建立实施和改进环境管理体系提供了灵活的空间。

③ 适用性。ISO14000系列标准要求建立的环境管理体系模式(即ISO14001标准)适用于任何类型、规模、行业的组织,并适用于各种地理、文化和社会条件,既可用于内部审核或对外的认证、注册,也可用于自我管理。

④ 预防性。ISO14000系列标准强调了环境保护以预防为主的原则,强调从源头削减污染,全过程污染控制,体现了当前国际环境保护领域的发展趋势。

⑤ 兼容性。ISO14000系列标准与其他管理体系标准协调相容。它与ISO9000:2000

---

[46] 宋红茹. ISO14000环境管理国际管理标准发展和现状[J]. 研究与探讨,2002(5): 36.

族标准具有良好的兼容性，主要表现在：第一，两个管理体系使用相同的术语和词汇，如："内部审核"、"记录的控制"等；第二，基本思想和方法一致，如，都遵循持续改进和预防为主的思想；第三，建立管理体系的原理一致，如，系统化、成组化管理，必要的文件支持等；第四，管理体系运行模式一致，都遵循 PDCA(Plan、Do、Check、Action 的第一个英文字母，称为戴明循环或管理循环)螺旋式上升的运作模式。

⑥ 持续改进性。持续改进是标准的灵魂。组织只有通过建立实施环境管理体系，不断改进，才能实现自己的环境方针和承诺，达到改善环境绩效的目的。通过企业或组织广泛实施 ISO14000 标准，持续改进自身的环境绩效，最终达到整个社会实现可持续发展。

2) 环境管理体系(Environment Management System，EMS)

根据 ISO14001 的 3.5 定义[47]：环境管理体系是一个组织内全面管理体系的组成部分，它包括制定、实施、实现、评审和保持环境方针所需的组织机构、规划活动、机构职责、惯例、程序、过程和资源。还包括组织的环境方针、目标和指标等管理方面的内容。即环境管理体系是一个有组织有计划，有协调运作的管理活动，有规范的运作程序，文件化的控制机制。它有明确职责、义务的组织结构来贯彻落实，目的在于防止对环境的不利影响。环境管理体系是一项内部管理工具，旨在帮助组织实现自身设定的环境表现水平，并不断地改进环境行为。其实施过程参见图 3.5。

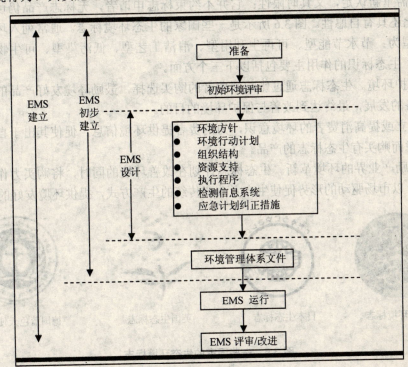

图 3.5 EMS 的实施过程

(资料来源：环境管理体系——ISO14001 与 ISO14004. http：//www.chinaep.net/hjrz/hjglrz-14.htm)

---

[47] 环境认证中对环境管理体系的定义[EB/OL]. 中华环保互联网. http：//www.chinaep.net.

3) 环境管理体系的作用

(1) 污染预防和节能降耗。体系的建立有助于推动企业在生产过程中改进生产技术，更新生产设备，有效控制污染源，从源头上杜绝污染发生，并提高资源和能源的利用率。

(2) 提高企业管理水平和市场竞争力。环境管理体系要求企业实现生产的规范化、树立良好的企业形象，实施绿色生产。随着环境恶化现象的加剧，消费者的价值观念逐渐转移到对环保产品和绿色产品上来，为环保企业占有更大市场创造有利条件，而这也正是环境管理体系所要求的。

(3) 克服贸易壁垒，参与国际竞争。环境管理系统通过对企业生产各个过程的标准化管理，实行清洁生产，开发绿色产品，满足国际贸易的环境要求，打破贸易壁垒，参与国际竞争。

3. 生态标志

生态标志是指由政府部门或公共、私人团体依据一定的环境标准向企业颁布认证，证明其产品的生产使用及处置过程全部符合环保要求，对环境无害或危害极少，同时有利于资源的再生和回收利用[48]。生态标志对使用该认证的商品具有鉴定能力和保证责任，因此具有权威性；并因其只对贴标产品具有证明性，故有专证性；考虑环境标准的提高，标志每3～5年需重新认定，又具时限性；它并不约束标志申请者，无标志产品仍可在市场上交易，因此还具有自愿性。图3.6所示是一些国家的生态环境标志。通常列入环境标志的产品的类型为：节水节能型、可再生利用型、清洁工艺型、低污染型、可生物降解型、低能耗型。生态标识的作用主要包括以下三个方面。

(1) 保护环境。生态标志通过影响消费者的购买选择，鼓励环境友好产品的生产与环境友好服务的发展，最终达到改善与保护环境的目的。

(2) 建立或提高消费者的环境意识，为消费者提供环境信息，促使其出于自身健康与环境的考虑而购买有生态标志的产品。

(3) 鼓励产业界的环境革新。生态标志计划在改善环境的同时，将购买力作为一种特殊的工具，以市场驱动的形势促使生产者改变传统的生产方式，提供环境友好的产品。

中国环境标志　　　日本生态标志　　　英国生态标志　　　德国蓝色天使标志

图3.6　一些国家的生态环境标志

4. 公众参与

公众参与是指公众参与政府公共政策的权利[49]。它表明这样一种观念，即公民可以帮助自己，可以表明自己的想法，找到解决问题的方法，作为行动参与者而不仅是发展过程

---

[48] 刘胜龙. 迁移生态标志与国际贸易[EB/OL]. http://www.nre.cn.

[49] 潘岳. 环境保护与公众参与[J]. 绿叶，2004(4)：15～17.

的接受者。这是一种全新的公民责任、权利及治理的观念,公众能够管理自己的理念,即公众通过影响那些涉及他们生活、生计、社区、环境等社会事务的决策过程来管理自己。

公众参与方式大体包括直接参与和间接参与。直接参与的方式主要有[50]:(1) 听证方式,重大的环境决策、环境立法、环境管理在美国、日本等国都须举行听证会方能产生法律效力;(2) 行政复议和诉讼参与方式;(3) 环境磋商方式。

间接参与形式较为多样,如许多国家的民间环保组织与国家和地方政府合作、投资、进行环境科学研究,有些环保组织进行环境宣传和环境教育活动,提高整个社会的环境意识,帮助制定和实施环境政策、方案和行动计划,以及制定环境影响评价的规范。通过公民参与可以向公民传达环境信息,获取必要的环境信息,改进环境政策,优化规划和项目,延缓或避免政策遭遇的困难。

阅读资料 3-9

美国环境法和公开听证会

美国环境法在很大程度上是公开听证会的产物。1963 年,早在最重要和最基本的环境法规被通过之前很久,美国参议院污染小组委员会(the United States Senate Subcommittee on Pollution)就在全美国主持了一系列听证会,以了解空气和水体污染性质。

美国参议院污染小组委员会认为,召开这些听证会是为了获取和形成公众观点,以及收集科学和技术数据。受害的公民可以说明污染对他们造成的损害,而一些大学教授则分析这些影响和不良工厂管理之间的关系,他们同时出现在听证会上作证。他们的证言被记录并存档,供日后的立法者、项目执行人以及法院制定那些随后通过的法律的基础。

这些听证会在几十个城市举行,美国参议员也出席了听证会(在美国,立法听证只有当议员本人出席的情况下方能召开)。1967 年,该小组委员会召开了 18 天听证会,讨论当年空气质量法案的有关事宜。其中 9 天是在首都以外城市召开的。3 年之后,同一个小组委员会召开了 30 天的听证会,讨论有关基本联邦清洁空气法案事宜。其中一半时间是在各州召开的(用以收集信息),另一半是在首都华盛顿举行的。华盛顿的听证侧重于由委员会主持的工作人员起草的法律草案,以及其他为行政机关代言的立法,还有其他参议员提出的法案。

又比如,在 1972 年的清洁水法案(Clean Water Act)中,文德曼·缪斯基(Edmund Muskie)参议员和参议院小组委员会举行了长达 44 天的听证会,并且作为一个小组委员会,他和另一个委员会及众议院的各委员会召开了 45 次会议,以起草最后的法律文本。在两年时间里,美国参议员和众议员举行了几乎 90 次会议。正是这一动员了公众参与和议员全面关注的过程,导致了清洁空气法案(Clean Air Act)和清洁水法案的出台。

更有意义的是,30 年里,这两个基本法律促成了美国环境质量的恢复,并且在那些尚未被工业革命的污染副产品所损害的地区,空气和水资源的原始状况得到了保持。

此外,这些法律在很大程度上影响了公共和私人管理的决定。1970 年,几乎没有什么工业企业或大城市设立环境主管。今天甚至小公司都有自己的环境经理、大批科学家和技

---

[50] 向佐群. 西方国家环境保护中的公众参与[J]. 林业经济问题, 2006(1): 60~63.

术员。另外，几乎所有的雇主都会考虑雇用环境咨询公司来确保他们遵守法规，因为违反这些法规将会导致数百万美元的巨额罚款。

(资料来源：邹晶. 听证、环保与公众参与[J]. 世界环境，2005年第5期)

5. 媒体

李·帕克将环保传播定义为，环境信息到达受众依赖的各种渠道和方式，认为环保传播是一个传播者和受众之间有效的信息传递和互动[51]。而媒体作为信息传播最直接有效的方式，对提高公众的环境意识、实现环境监督发挥着重要作用。环保传播的媒体形态通常包括报纸、杂志、书籍、广播、电视和公益广告等传统意义的媒体和以互联网为代表的新媒体，它们分别以其各自特殊的优势发挥着环境信息传播的功能，从阅读材料3-10可以看出这种功能主要体现在以下三个方面。

(1) 环境监督功能。媒体通过对环境事件的曝光和真实反映，对政府和企业进行监督，提倡环保公益行为和披露环境问题。

(2) 宣传教育功能。相对于学校教育或其他传播方式而言，大众媒体优势明显，不受空间限制，层次的多样性及信息发送的及时性，使公众能够在短时间内了解国家环境保护政策和实施动态，并通过实例使环境保护教育更深刻和易于接受。

(3) 信息交流和整合功能。各种意见和观点借助媒体的力量得以交流，缩小意见分歧，达成环境问题的普遍共识。

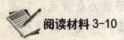
阅读材料 3-10

环保传播：中华环保世纪行

中华环保世纪行作为中国环保传播史上具有里程碑意义的一项创举，14年来，每年围绕一个宣传主题，组织中央新闻媒体的记者深入现场，调研采访，充分发挥了法律监督、舆论监督和群众监督相结合的作用，推动了有关重大环境与资源问题的解决，推动了我国相关环保政策和法律的出台，成为环保界和新闻界最具生命力、凝聚力、战斗力和影响力的活动之一。

1993年 向环境污染宣战
1994年 维护生态平衡
1995年 珍惜自然资源
1996年 保护生命之水
1997年 保护资源永续利用
1998年 建设万里文明海疆
1999年 爱我黄河
2000年 西部开发生态行
2001年 保护长江生命河
2002年 节约资源，保护环境
2003年 推进林业建设，再造秀美山川

---

[51] 王莉丽. 绿媒体——中国环保传播研究[M]. 北京：清华大学出版社，2005：51.

2004年 珍惜每一寸土地
2005年 让人民群众喝上干净的水
2006年 推进节约型社会建设
2007年 推动节能减排，促进人与自然和谐

围绕宣传主题，中华环保世纪行针对环境与资源保护的许多重大问题，深入现场采访报道，有效推动地方政府对有关问题的解决。

1993年，中华环保世纪行率先报道淮河流域水污染的严重情况，引起了党和国家领导同志的重视，国务院加大对淮河污染治理的力度，颁布了《淮河流域水污染防治暂行条例》，对晋陕蒙"黑三角"环境问题、小秦岭金矿乱采滥挖等违法行为等一批环境问题进行了曝光，受到国务院及有关部委的重视，并得到有效解决。

1998年组织开展的"建设万里文明海疆"宣传活动，促进国家环保总局推出了"渤海碧海行动计划"，纳入国家重点环境治理工程；1999年组织"爱我黄河"采访活动后提出了建议，国务院确定了黄河水利委员会行政执法地位，加强了黄河流域水资源的统一管理；2000年组织的"西部生态行"宣传活动并就西部的生态环境破坏进行报道后，国家对塔里木河流域、黑河流域水资源进行综合管理，对生态调水起到了促进作用；2001年组织的"保护长江生命河"的宣传活动，对长江流域各省(区、市)贯彻执行水土保持法、水污染防治法等有关法律起到了推动作用，九届全国人大常委会李鹏委员长在九届人大五次会议常委会工作报告中给予了充分肯定；2002年中华环保世纪行组织人员编写了中国环境警示教育丛书，举办了中国环境警示教育大型摄影展，在社会上引起了强烈反响。

2003年，中华环保世纪行以"推进林业建设，再造秀美山川"为主题，配合贯彻落实中央关于加快林业发展的决定精神，大力宣传退耕还林、天然林保护及防沙治沙等重点林业工程取得的成效。集中反映了林业生态建设的重要意义和作用。

2004年，中华环保世纪行配合全国人大常委会土地管理法执法检查，把"珍惜每一寸土地"作为宣传活动重点。同时，对淮河10年治污情况进行了实地采访调研，历时一个多月，用详实的事例揭示了淮河治污取得的成绩及令人担忧的问题，并提出了积极的建议。

2005年，中华环保世纪行围绕"让人民群众喝上干净水"这个主题，组织记者团赴太湖等地进行采访，通过3次暗访揭露了江苏省宜兴、武进交界处的漕桥河水体污染严重、当地政府和企业弄虚作假问题，引起当地政府的高度重视和整改。随后，又跟踪回访了两次，这一事关数千名村民饮水安全的环境问题得到妥善解决。

2006年，中华环保世纪行认真贯彻落实科学发展观，以"推进节约型社会建设"为主题，紧紧围绕"十一五"规划确定的节能减排约束指标的落实和完成，紧紧围绕全国人大常委会有关环保法律执法检查工作，把推进资源节约型、环境友好型社会建设作为采访报道重点，共组织了12次记者采访团(或小分队)，先后赴11个省(区、市)40多个市县进行采访报道，并有针对性地对部分重点地区和钢铁、电力等重点行业节能减排情况进行专题采访或暗访，有力促进了地方政府和有关企业高度重视和切实抓好节能减排工作。

在新形势下，中华环保世纪行将坚持以人为本，树立全面、协调、可持续的科学发展观，继续擎起绿色大旗，更加有效地发挥法律监督、舆论监督和群众监督相结合的作用，为不断推动我国环境与资源问题的解决，为全面建设小康社会作出新的贡献。

(资料来源：中华环保世纪行. http://www.ccep.org.cn/)

6. 环保热线与举报制度

环保热线和举报制度也是我国环境政策的一部分，是公众知情、参与和监督的有效途径。广泛依靠群众对环境问题和环保隐患的检举揭发，才能真正实现公众参与，从根本上改善环境现状。

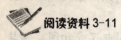
阅读资料 3-11

广东省环保局长通过电台栏目听民声 现场部署解决群众投诉

广东省环保局局长李清近日走进省广播电台"民声热线"直播间，接听解答群众投诉与咨询。短短一小时，就接听、接收了 13 个听众的来电、短信。节目直播的同时，广东立即启动全省环保专项行动，省、市、县三级联动，及时处理了一些听众反映的环境污染问题。

据悉，"民声热线"是由广东省政府纠风办、省电台等单位联合举办的直播节目。从 8 月开始，省环保局将连续 4 次派出局领导到省电台接听群众来电咨询与投诉，在此期间，省环保局将围绕"打击违法排污""防治噪声与辐射""保护水环境""维护群众环境权益"等主题接受咨询和投诉。首日直播期间，省环保局还与省监察厅、省发改委等 11 个厅、局组成 6 个检查组奔赴全省大检查，重点查处节目反映的环境问题，并对部分典型环境违法行为进行挂牌督办。

在省环保局局长李清上线首期直播中，第一个打电话进来的听众投诉广州天河五山地区一工厂露天作业，刺耳的噪声吵得附近居民无法安睡。李清当即通过电台直播，指示正在广州检查的环保专项行动检查组进行调查。半个小时后，调查结果就反馈到直播间，扰民的工厂已经被检查组责令限期整改，环保部门将进一步跟踪该厂整改情况。

李清表示，将通过上线活动，切实解决群众反映的环保热点、难点问题，不断提高环保部门的服务水平。据统计，截至目前，环保部门共收到"民声热线"节目组转来的环保投诉 73 宗，经过调查处理，责令停产停业 19 家，责令整改 30 家，责令搬迁 2 家，立案查处 9 家（处罚金额达 7.5 万元），其他 13 家正在处理中。

(资料来源：中国环境报. 2006-09-12)

3.2.5 综合化工具

我国的环境治理结构正经历着一个从以行政控制和命令手段为主导的一元治理结构到政府、市场和公民社会互动与合作的多元治理结构的转变。正如夏光在《历史性转变的时刻——2006 中国环境保护评述》中所评论的那样：逐步构建"中国特色的环境善治"，结合我国的具体国情，既要在环境保护中充分发挥各相关方的作用，并充分利用法律、行政、经济和社会手段，改变环境保护仅由政府，特别是由环境保护部门独立承担并过分依赖行政手段的局面。通过有效的法律和有权威、有效率的政府、政府与企业的伙伴关系、政府问责制、下放权力、发挥社会机构的作用、公众参与环境管理、环境信息公开化等方式来实现环境善治。

环境政策工具作为环境政策的有机组成部分，极大地影响着环境政策的功能和适用范围。然而，每一个环境政策工具都存在着固有缺陷和使用特性的局限，从而削弱了环境政策执行的效率，这需要发挥各种环境政策工具的协同作用。第一，提高政府工具的效率，通过加强政府自身改革和建设，提高政府职能的有效性，完善政府问责制；第二，注重社会化工具在环境政策中的积极作用，增进政府与公民的信任协调，缩小信息不平等引起的数字鸿沟，充分发挥媒体监督和约束的力量，加强环境信息公开化和公众参与进程；第三，营造创新环境，提升国家环境保护技术创新性能力，提高创新效益，充分利用市场工具，在地方、区域、全球范围内扩大参与者的协商、谈判与行动，从而达到节能降耗、提升环境质量的目的。在各种环境政策工具的整合优化过程中，形成一个内在互相补充、外在互相协调的环境政策工具体系，弥补单个环境政策工具的缺陷，增强环境政策工具体系的整体功能，以公平和持续的状态满足生态系统和人类可持续发展的要求。

思 考 题

1. 环境政策工具的概念是什么？
2. 本章的阅读资料反映了环境政策工具的哪些作用？
3. 环境政策工具的发展过程是怎样的？
4. 环境政策工具的选择原则是什么？

第4章 环境政策决策体制和制定

本章教学要求

1. 掌握环境政策决策体制的概念、作用和结构;
2. 掌握各种环境政策决策模式的优缺点;
3. 了解环境政策决策过程。

环境政策是对环境问题的动态反应,环境政策制定就是指从环境政策问题的确认到环境政策议程的确立、环境政策方案的确定,最后到环境政策方案合法化的过程。环境政策制定是环境政策执行的基础和前提,是环境政策过程的首要阶段和关键环节,也是环境政策学研究的核心内容。本章将主要介绍环境政策决策体制、决策模式及制定程序等内容。

4.1 环境政策决策体制

4.1.1 环境政策决策体制的概念

体制即规范体系,是用制度加以固定的体系,或用制度加以固定的事物各个方面的相互关系[1]。环境政策决策体制是指用制度加以规范的承担环境政策决策任务的机构和人员的职权划分、结构组成和相互关系的总称。

4.1.2 环境政策决策体制的作用

环境政策决策体制在环境政策决策活动中具有举足轻重的地位,对环境政策的制定起着至关重要的作用。因为任何环境政策决策都是由相关机构和人员做出的,环境政策决策过程中各个阶段和各项职能的分配、人员构成、决策权力配置等,正是环境政策决策体制的内容。环境政策决策体制是制定环境政策根本的制度保障。所以,要保证环境政策决策的科学化、民主化,首先就要从制度入手,不断改革和完善环境政策的决策体制。良好的环境政策决策体制具有以下作用。

1. 有利于保证环境政策决策的程序化

决策程序是决策过程各个环节和步骤的逻辑顺序,科学的决策程序揭示了决策活动的必然过程,是决策固有规律的重要反映。政策决策过程中遵循科学的程序是政策具有有效性、科学性和政策制定效率化、法制化的一个重要保证[2]。环境问题中利益主体的多元性决定了环境政策制定过程的复杂性,这就要求环境政策制定和决策的程序化和规范化。

---

[1] 许文惠, 张成福, 孙柏瑛. 行政决策学[M]. 北京:中国人民大学出版社, 1997: 76.
[2] 刘雪明. 政策决策的科学化与民主化问题研究[J]. 求实. 2002(4): 51.

决策体制反映决策系统内部的结构和功能，决定政策的产生方式和形成机制[3]。环境政策决策体制要求环境政策的制定必须符合法律规章和制度程序，确保环境政策在严密的制度和程序约束下产生，走程序化决策轨道，避免决策的盲目性和不规范性。

2. 有助于实现环境政策决策的科学化

"科学"是指对客观事物规律性的认识。决策科学化，就是决策活动要符合客观事实，运用科学的理论、方法、手段进行决策[4]。环境政策决策体制能够促进科学技术和理论在环境政策决策中的应用，促进由经验决策向科学决策的转变。

3. 有益于推进环境政策决策的民主化

良好的环境政策决策体制能够以制度的形式分配决策主体的权力，构建全方位、多层次的科学决策的权力体系，有利于公众、专家学者和弱势群体的参与，能够促进各决策主体的互动，易于调动各方面的积极性，从而防止决策失误，有利于科学地做出综合决策。同时，良好的环境政策决策体制有利于坚持"集体领导、民主集中、个别酝酿、会议决定"的原则，有利于形成有效的监督机制，防止因权力过分集中造成决策中的"长官意志"现象，有助于实现由个人决策向集体决策的彻底转变。

4. 有利于实现环境政策决策的高效化

良好的环境政策决策体制以制度规范决策机构和人员的职责划分，要求不同决策主体之间既相互独立，又相互协调，以实现决策中的优势互补；另外，能将各种先进理念、科学知识和现代化手段结合起来，实行环境政策综合决策，实现决策的高效化。

4.1.3 环境政策决策体制的结构

当今世界环境问题层出不穷，决策环境瞬息万变，迫切需要有结构良好的环境政策决策体制，以适应各种环境政策制定的需要。结构良好的环境政策决策体制一般是由决策中枢系统、决策信息系统、决策咨询系统和决策监控系统组成。

1. 决策中枢系统

决策中枢系统是指拥有最终决策权的领导机关和领导者，是环境政策决策体制的核心，其职能是确立目标和选择方案。决策中枢系统的决策方式可分为领导个人决策和领导集体决策两类。领导个人决策方式的优点在于：决策果断、应变灵活、事权集中、责任明确。缺点是往往因个人专断、滥用职权导致决策失误。领导集体决策方式的优势在于能较为客观全面地做出决策，但易出现决策迟滞、责权不分、争功诿过的现象。

领导个人决策对决策中枢系统领导者的个人素质有很高的要求。需要有"积极的创新精神、面对未来的领导观念、敏锐的预测能力和准确的判断力；开放的思维结构、丰富的经验和渊博的知识；为人民服务的精神和实事求是的精神；民主宽容的品格和强健的体魄[5]"。

---

[3] 王占军，傅俊楼. 科学化、民主化是保证政策决策社会主义方向的根本途径[J]. 理论探索，2002(6)：27.

[4] 许文惠. 行政决策学[M]. 北京：中国人民大学出版社，1997：29.

[5] 陈庆云，戈世平，张孝德. 现代公共政策概论[M]. 北京：经济科学出版社，2004.3：37.

2. 决策信息系统

信息系统是环境政策决策的支持和保障。因为信息是决策的基础和前提，环境政策决策是一种对环境政策相关信息的收集、加工、处理和利用的过程。决策主体所利用的信息必须贯彻真实性、及时性、适用性和全面性等原则，都与决策信息系统相关联[6]。

信息的作用日益引起人们的高度重视，环境政策决策信息系统在环境政策决策体制中的地位也不断上升。需要建立和健全多层次的、多渠道的、跨部门的交互式环境政策信息网络，确保信息渠道的畅通，实现决策信息的上传下达和横向沟通；同时要优化信息传递的中间环节，减少信息截留、失真现象，以获得更为全面客观的信息。另外，还要利用现代化技术和设备，提高决策信息收集和处理的科学化和现代化水平，确保环境政策决策信息能及时、方便、高效、快捷地获取和处理，从而提高决策的实效性和科学性。

3. 决策咨询系统

决策咨询系统通常被称为"思想库"、"智囊团"，是指由多学科专家学者组成的专门从事协助中枢系统进行决策的辅助性机构。现代社会分工精细，科技先进，环境信息剧增，国际环境交流频繁复杂，使得现代环境政策决策呈现综合化趋势。一项重大环境政策往往涉及政治、经济、文化、社会生活等多个领域，所需要的知识、经验、信息，是任何决策者个人所不具备的。也就是说，现代环境政策决策者所要解决的问题，所承担的责任，所行使的职权与他们的知识、能力之间的差距越来越大，要弥补这一差距，就必须发挥由专家学者和专业人员组成的咨询系统的作用[7]。江泽民同志曾指出，现代决策者"要有智力上的延伸，需要组织一批智囊团，为领导决策提供各种可供选择的方案，并且协助做出正确的选择"。因此，要强化决策咨询意识，重视智囊团的辅助作用，处理好"多谋"与"善断"的关系，而不能习惯于凭经验、按惯例，要求咨询系统论证已有决策，走走形式；要从法律上对咨询系统的地位、性质、属性、作用、行为方式、行为保障、经费来源等作出规定，提高其权威性；在现有咨询机构的基础上，健全和完善各级非营利性咨询系统(官方)，发展营利咨询系统(体制外或民间)，逐步形成以非营利咨询系统为主，以营利咨询系统为辅的决策咨询体系，实行资源共享；赋予咨询系统相对的独立性，使之积极主动对政策问题进行跟踪研究，主动提出决策建议，而不是被动地作政策调研论证；另外，要利用现代科学理论和先进技术，建立完善咨询工作的支持系统，实现咨询系统的现代化，提高决策咨询的科学化水平[8]。

4. 决策监控系统

18世纪法国思想家孟德斯鸠断言："一切有权力的人都容易滥用权力，这是万古不变的一条经验。有权力的人们使用权力一直到遇有界限的地方才休止。"因此，"要防止滥用权力，就必须以权力制约权力。[9]"这就要求我们必须对决策实行有效的监控，形成环境政策决策监控系统，即确保环境政策决策的科学性、规范性、严谨性和严肃性。

---

[6] 邱汉中. 论当前公共政策决策中存在的问题及对策[J]. 西藏民族学院学报(哲学社哲学社会科学版), 2003, 25(4): 62.

[7] 许文惠, 张成福, 孙柏瑛. 行政决策学[M]. 北京: 中国人民大学出版社, 1997: 76.

[8] 邱汉中. 论当前公共政策决策中存在的问题及对策[J]. 西藏民族学院学报(哲学社哲学社会科学版), 2003, 25(4): 63.

[9] [法]孟德斯鸠. 论法的精神[M]. 北京: 商务印书馆, 1982.

环境政策决策体制的四个系统分工明确、职责分明,既相互协作,又相互制约。决策信息系统是决策中枢系统和决策咨询系统决策的基础,决策咨询系统为决策中枢系统服务,而这三者又都处于决策监控系统的监控之下,它们的有机统一就构成了环境政策决策体制。环境政策决策体制的结构及其组成要素之间的相互关系见图4.1。

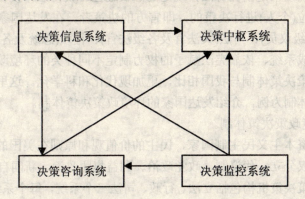

图4.1 环境政策决策体制的结构及其组成要素之间的相互关系

4.1.4 中国的环境政策决策体制

为深入论述我国环境政策决策体制,有必要对发达国家的环境政策决策体制进行介绍和对比,便于发现我国环境政策决策体制存在的问题和不足。

1. 发达国家的环境政策决策体制

1) 发达国家环境政策决策体制形成背景

16、17世纪以来,尤其是从18世纪后半叶开始,以蒸汽机的广泛使用为标志的第一次工业革命,使人类的生产能力、改造自然的能力得到了空前发展,工业生产过程中排放的废水、废气和废渣,在环境中难以降解和消化,造成了严重的环境污染。与大工业相伴而来的都市化、交通运输及农业的发展,也引起了许多环境问题,使人类的生存环境进一步恶化。

随后,产业革命和信息革命接踵而至,人类在不断的环境破坏中逐渐认识到环境的重要性,特别是从20世纪30年代的比利时马斯河谷事件开始,震惊全世界的环境"八大公害"相继发生,在工业发达国家,大气、水体和土壤及农药、噪声和核辐射等环境污染对人类生存安全造成了严重威胁,经济发展也面临严峻挑战。由此,人们开始越来越关注环境问题。

1962年美国作家、海洋学家蕾切尔·卡逊的《寂静的春天》首先为正在被DDT毒杀的自然、生命与未来,发出了杜鹃啼血般的呼号。而后苏格兰科学家Alexander King于1968年发起成立的罗马俱乐部在1972年发表了《增长的极限》,虽然存在诸多争议,但对人们认识和重视环境问题起到了不可忽视的启示作用。

1972年在斯德哥尔摩召开联合国第一次人类环境会议,通过了人类环境宣言,推动了各国政府为维护和改善人类环境而共同努力。

在这样的背景下,各发达国家纷纷开始通过立法、行政管理等手段来保护环境。随着环境问题认识的不断深入及环境政策的不断完善,各发达国家也渐渐形成了系统的环境政策决策体制。

2) 主要发达国家的环境政策决策体制

发达国家的环境政策决策体制主要是委员制和分权制，包括总统议会制、内阁议会制和委员会议会制。

发达国家的环境政策是由拥有法律规定的法权地位、获得法律授权、享有环境政策制定权威的机关和职位(个人)进行决策的，即官方的决策者。在发达国家的环境政策决策体制架构中，立法(各级议员)、司法(大法官及各级法官)、行政(总统及各级行政长官)三个国家公共权力主体自成系统、依靠宪法赋予的权力制定不同种类的环境政策。因起步较早，发达国家的环境政策决策体制与我国相比，更加现代化和科学化。这里以美国、欧盟、日本的环境政策决策体制为例，介绍发达国家的环境政策决策体制。

(1) 美国的环境政策决策体制。

美国是典型的资本主义民主制国家，民主的价值观和原则在美国的政治制度和政治实践中主要体现为三权分立、代议制、政党政治、利益集团政治、新闻自由和公民权利等。

美国的环境政策决策机构包括立法、行政、司法三个系统，每个系统既独立发挥作用，同时又相互制约。美国又是一个权力多元化的国家，各种社会力量如政党、利益集团、媒体、环保组织等积极参与环境政策制定。因此，美国的环境政策决策体制表现为多个权力中心相互作用的过程。

美国的环境政策决策体制由中枢系统、参谋咨询系统和情报信息系统三个部分组成。

首先，中枢系统在美国由总统本人及其内阁组成。其中美国总统处于核心地位，拥有最高决策权，在国家宏观决策上起实质性作用；各级环境部门在决策中逐级向上提出政策方案，上级部门在职权范围内批准下属机构提出的政策建议、方案、规章和条例。不同于其他国家的是，美国法院(即联邦和州受理上诉的法院)常常能通过司法审查和提交给他们的法令解释对政策的性质和内容产生很大的影响。另外，美国又是联邦制国家，中央政府与地方政府依法分权。

其次，美国环境政策决策过程中逐步形成了"三位一体"的政策参谋咨询系统，即由国家机关(议会、政府各部等)、智囊团(政策研究机构、大学研究机构等)、垄断集团的首脑(如各垄断资本集团领导机构的董事长、企业经理等)三个方面在制定政策过程中，分工合作、互相配合。

美国环境政策决策的国家机关是国内政策委员会。经过1997年克林顿总统的改革，国内咨询委员会变成了更加单一的政策咨询部门。此外，除了政府内部充当政府决策参谋的智囊机构外，还有盈利性研究机构和大学研究机构。

最后，美国部级及以上政府机构中除设置决策参谋机构外，还设有专门信息机构。由信息专职人员、信息机械设备和信息技术程序等构成的从事信息收集、加工、传递、储存工作，并向决策中枢和参谋咨询系统提供信息情报。行政情报信息和社会情报信息两部分共同形成国家的情报信息网络，而行政情报信息系统是以社会情报信息系统为基础的特殊行政组织。

目前，美国的环境政策决策方式大致可分为"顾问→总统"、"小内阁→总统"和"思想库→小内阁→总统"三种决策模式，其共同特点是重视各类专家的智囊作用，而第三种模式最为突出，应用也较为广泛[10]。

(2) 欧盟的环境政策决策体制。

欧盟是一个超国家组织，既有国际组织属性，又有联邦特征。欧盟成员国自愿将部分国家主权转交欧盟。欧盟在机构组成和权利分配上，以"共享"、"法制"、"分权和制衡"为原则，强调成员国的参与。欧盟的环境政策决策体制拥有完善的决策机构及决策监督机构。主要机构如表 4-1 所示。

表 4-1　欧盟环境政策决策机构及其职能[11]

机　　构	职　　能
欧洲理事会 European Council	欧盟的最高决策机构，由各成员国元首或政府首脑及欧委会主席组成
欧洲联盟理事会 Council of European Union	由欧盟各成员国部长组成，是欧盟的重要决策机构。根据欧委会的建议就欧盟各项政策进行决策，并负责共同外交和安全政策、司法、内政等方面的政府间合作事宜，任命欧盟主要机构的负责人并对其进行监督
欧盟委员会 European Commission	欧盟的常设执行机构，也是欧盟唯一有权起草法令的机构。欧委会受欧洲议会的监督
欧洲议会 European Parliament	和欧盟理事会分享立法权和预算批准权，是欧盟的监督和咨询机构。有权提出立法动议，并对立法有否决权
欧洲法院 European Court of Justice	欧盟的仲裁机构，负责解释欧盟的各项条约和法规，同时负责审理和裁决在执行条约和规定中发生的各种争议
欧洲地区委员会 European Committee of the Regions	欧盟的决策咨询机构。地区委员会可应欧委会和理事会的要求或自发地提出其意见，对欧盟环境政策决策施加间接影响
其他机构	对欧盟的环境政策决策起辅助作用

欧盟的环境政策决策过程包括立法程序、咨询程序、法定多数通过、议会—理事会合作程序、决策程序、表示赞同程序、特别程序等。首先由委员会提出提案；咨询阶段由议会、社会经济委员会、理事会交叉进行，提出修订意见；表决提案是否被接受，是一个包括提案提出、审阅、多次协商、修改、表决的联合决策过程。[12]其决策过程关系如图 4.2 所示。

(3) 日本的环境政策决策体制。

日本是立法(国会)、司法(法院)、行政(内阁)三权分立的君主制立宪国家。日本为议会内阁制政体，其环境政策决策体制与美国十分类似。总的来说，日本环境政策决策过程由舆论、议员和官员共同影响。其中，舆论构成日本政治决策的背景，在环境政策决策中扮演着重要的角色；议员通过国会发挥影响；官员则依靠其工作的权限，在决策中拥有独特的优势。

---

[10] 阎维. 简述美国政府决策体制及其对我国的启示[J]. 江西行政学院学报，2001(3)：15～18.

[11] 蔡守秋. 欧盟环境政策法律研究[M]. 武汉：武汉大学出版社，2002：6～39.

[12] 万融. 欧盟的环境政策及其局限性分析[J]. 陕西财经大学学报，2003(2)：5～9.

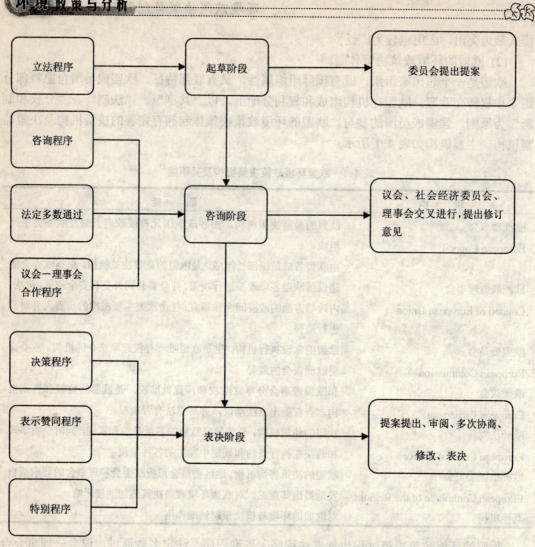

图 4.2 欧盟环境政策决策过程示意图

日本环境政策决策体制的突出特点是注重公众参与，使公众的意愿得到充分表达，并实行环境审议会制度。日本各省厅和各地方政府之下都设有与环保有关的审议会，成员一般由来自不同学科领域的学者、产业界、政府退休的公务员、市民和非政府组织的代表组成，负责审议政府将出台的环境政策和重大行动方案，提供科学和民主的决策服务。1993年以来，中央政府和地方政府在出台重大政策之前，审议会组织召开由非政府组织和市民参加的听证会。这些听证会对公众进行政策说明，广泛听取公众的意见；这些意见往往属于技术经济的可行性、社会的可接受性和公平性等方面。政府对公众提出的意见给予考虑和采纳，协商调整政策和方案。如北九州市政府在制定其21世纪议程的过程中，曾先后面向市民和社会各界召开过21次听证会，市民共提出722条意见，其中42条被政府采纳。另外，日本政府还经常委托一些研究机构和民间组织就某些环境热点问题进行民意调查，公众的反馈结果为政府环境政策的制定提供参考。公众参与环境决策过程使政策决策更加科学化、民主化，可操作性强。因而政策执行过程中阻力小、监督成本小、环境政策的效益大大提高[13]。

2. 我国的环境政策决策体制

1) 我国环境政策决策体制的形成背景

我国的环境保护事业以 1972 年联合国人类环境大会为起点，1982 年建立国家环境保护总局，1983 年国务院第二次环境保护会议规定把环境保护作为我国的一项基本国策。环境政策决策体制也相应地逐步建立起来。

2) 我国的环境政策决策体制

(1) 我国现行环境政策决策体制的特点。

我国现行宪法规定：中华人民共和国全国人民代表大会是我国最高权力机关，全国人民代表大会常务委员会是其常设机关。中华人民共和国国务院即中央人民政府，是最高权力机关的执行机关，是最高国家行政机关。国务院对全国人民代表大会负责并向其报告工作。因此，我国各级人民代表大会及其常务委员会是我国的决策机关；而国务院及各级人民政府是执行机关(图 4.3)。

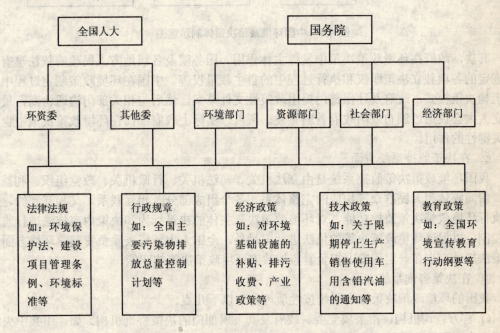

图 4.3　中国环境政策框架综合决策示意图

(资料来源：张坤民，王灿. 中国环境保护的政策框架及其投资重点[J]. 中国人口·资源与环境，2000(1):20～23)

我国环境政策决策的实际运作，具有以下特点，见图 4.4。

① 在决策中枢系统方面。

首先，党委在环境政策决策中发挥主导作用。在我国，中国共产党的各级党委在同级政府的环境政策决策中居于领导核心地位。在环境政策制定方面，中国共产党参与政府环境政策决策，并且是最重要的决策者。这是中国环境政策决策体制的一大特色。

---

[13] 俞晓泓. 日本环境管理中的公众参与机制[J]. 现代日本经济，2002(6)：11～14.

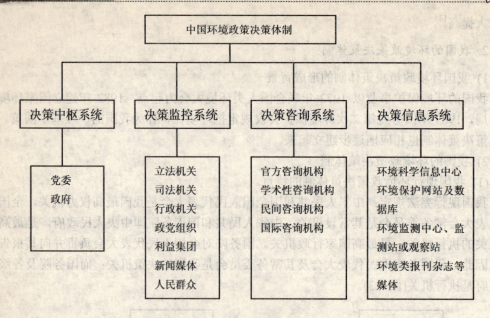

图 4.4 中国环境政策决策体制示意图

其次,政府在环境政策决策中发挥主体作用。国务院及各级地方人民政府依法享有法律规定的各项独立决策职权和执行过程中的自主裁量权等。中国在环境政策制定过程中运用机构决策模式,政府及环保部门提出政策性文件草案,然后与相关部门沟通协商,最后提交人大会议通过颁布或由政府首脑签发。所以,实际上政府部门在环境政策决策中也具有关键性的作用。

② 在决策监控系统方面。

我国环境政策决策监控系统是由立法机关、司法机关、行政机关、政党组织、利益集团、新闻媒体和人民群众等构成的完整体系。各个组成部分既相互联系,又相互制约,共同执行环境政策决策监控功能,对环境政策决策主体的决策行为和决策内容依法进行监督和控制,以保证环境政策决策的依法进行。另外,全国人大环资委除负责起草环境方面的政策法规外,也在一定程度上担负着监控政府环境政策决策的职能。

③ 在决策咨询系统方面。

我国的环境政策决策咨询系统按性质可分为以下几点。

a) 官方咨询机构,指隶属党委、政府及其下属部门的决策咨询机构。如,中共中央政策研究室、国务院政策研究室等,在环境政策决策方面,为最高决策层提供有价值的咨询方案和参考意见。

b) 学术性咨询机构,指科学院、工程院、社会科学院、各专业研究院及高等院校系统下设的与环境相关的研究所、研究中心、研究室等。这类机构具有扎实的专业知识,科研设备,学术思想活跃,吸收新理论、新方法速度快、周期短,是我国环境政策研究的重要力量。

c) 民间咨询机构,主要有民营的环境研究所、研究会、咨询公司及环保 NGO 等。这类咨询机构较少受政府制约,独立性较强,提供的信息相对客观。

d) 国际咨询机构。加入 WTO 后,随着中国对外开放推进,涉外环境问题日益增多。如国际贸易中的绿色壁垒问题、洋垃圾入境问题、污染转嫁问题、进口转基因食品安全问题、外来物种入侵等,这些问题的解决必须依靠制定和完善相关环境政策,这就需要把握国内外的客观情况。向熟知国际惯例和各国情况的国际组织进行咨询，弥补信息不足，有助于制定的涉外环境政策更符合实际。

④ 在决策信息系统方面。

我国现行的环境政策决策信息系统包括环境科学信息中心、环境保护网站及数据库、环境监测中心、监测站以及环境类报刊杂志等。其中环境监测中心、监测站或观察站等获取第一手的环境信息资料，开辟环境板块或专栏的各种媒体也有助于环境信息的收集和传递。近年来各类环境保护网站和数据库，为及时、准确、全面地反馈环境政策决策信息提供了更加便捷的现代化条件。

(2) 我国与发达国家环境政策决策体制对比。

我国在纵向上实行地区管理和部门管理相结合的体制。中央政府和地方政府的决策权除了具有宏观与微观、全局与局部的总体性差异之外，决策的目标结构序列也有所不同。但是在我国长期的政策实践中，决策体制过分集权。表 4-2 和表 4-3 表述了我国与发达国家环境政策决策体制之间的对比。

表 4-2 中国与发达国家环境政策决策体制形成背景和过程对比

国家＼项目	形成背景和过程
美国	● 1934 年美国发生的几次特大尘暴，引发了大规模的农业环境保护运动，从此，现代环境政策决策体制逐渐在美国建立并完善 ● 1970 年尼克松总统签署并由国会通过了"国家环境政策法案"，这是美国环境政策决策体制完善过程中的重要转折点。从此，美国联邦环境保护局在环境政策决策中的地位得到提高
欧盟	● 欧盟如英国、德国等也是经过了几次大的公害之后，开始环境政策决策体制的建立和完善 ● 欧盟在 1970 年提出的第一个环境口号"环境无国界"就体现了跨国界的环境保护思想。1987 年的《单一欧洲法》更是给环境政策决策体制的建立提供了法律基础，之后，欧盟的环境政策决策体制渐趋完善
日本	● 在发生了多起著名的"公害事件"之后，政府开始重视环境问题，制定了"公害对策基本法"、"自然环境保全法"等基本法律及一系列与之配套的环境法规和政策，环境政策决策体制逐步建立 ● 1990 年以后，环境政策体系化进一步加强，1993 年随着"环境基本法"的出台又制定了多个与环境相关的个别法案。进入 21 世纪以来，又将原来的环境厅升格为环境省。对解决环境问题采取了一元化领导，现代环境政策决策体制逐步建立和完善
中国	● 在世界范围内环境问题日益严重的氛围中引入了环境保护的观念。环境政策决策体制也是在最近二三十年间通过大量借鉴国际经验而建立的，环境立法上缺少公众参与，对中国环境现状的适应程度很低 ● 在人民代表大会会制度下逐步建立起来的环境政策决策体制，在 20 世纪 70 年代后得到迅速发展和完善，但是，单一纵向结构的决策体制还存在很多问题。目前中国亟须加强公众参与和完善咨询机制，同时提高环保部门的权力、能力及环境法律的完善和法律层次

表 4-3　中国与发达国家环境政策决策体制优缺点对比

国家	环境政策决策体制优缺点
美国	优点：决策目的明确、决策程序规范、决策公开透明、公众参与决策、决策受法律约束和民众监督。缺点：决策过程较长，政策出台较慢
欧盟	欧盟作为一个多国共同体，技术共享方面的优势其他地区无法相比，技术的快速发展促进了环境政策决策体制的发展，使得政策决策有了更客观准确的依据。同时，欧盟拥有完备的法律体系，给环境政策决策体制的发展奠定了基础。但是仍存在环境指令覆盖范围的灰色地带、立法关注环境介质过于单一、环境法律执行不彻底等不足之处
日本	日本在决策过程中能动员各种利害关系的社会成员协调一致在保护环境方面进行不懈努力。这也是值得中国借鉴的关键一点
中国	中国人民代表大会制度是民主集中制的一种，既可以充分表达反映民众的意愿和要求，又具有较高的政策决策效率。缺点是中国集体讨论决策不够，个人决策、封闭式决策占主导地位 中国正在不断深化决策体制改革，对环境政策决策体制的完善产生重大影响。酝酿出台的《环境政策法》将会从法律上完善中国环境政策决策体制，使得在环境政策的决策过程中有法可依，有章可循

(3) 我国环境政策决策体制存在的不足。

我国正逐步由传统决策体制向现代决策体制转变，但环境政策决策体制并没有得到根本改观，依然存在诸多弊端。主要表现在以下几个方面。

① 决策中枢系统的决策职责、权限不够明确。虽然我国宪法明文规定了各决策主体的职责、权限，但实际上我国的环境政策决策体制中党政决策权责限不明，致使职能交叉，效率不高，决策质量较差。

② 决策咨询系统的功能尚未有效发挥。决策咨询系统的功能不能有效发挥，主要有三个原因：第一，民间政策研究咨询组织发育缓慢，数量少，并存在组织松散、经费不足、重视不够等问题，与决策子系统及官方研究咨询机构缺乏制度化联系，未能像上述发达国家那样在环境政策决策中发挥应有的作用；第二，官方决策咨询机构独立性较弱，易受领导意志影响；第三，决策观念落后，对决策咨询系统的重要性认识不足，仅凭主观判断或经验进行决策等。

③ 决策监控系统薄弱。在实际决策中没有发挥各级各类监控机构的作用，监督机制欠缺，监控系统与决策中枢系统的沟通不畅，监督权受限于决策中枢系统。

④ 决策信息系统质量不高。目前，我国的环境政策决策信息系统尽管有所改进，但依然存在着信息利用机制不健全，信息交流渠道不通畅，信息处理方法不科学，信息反馈不及时及信息智能化水平低等问题。尤其是长期以来，我国实行自上而下的管理模式，环境政策制定者与执行者之间信息沟通不畅，在政策执行过程中出现的问题未能及时有效地向政策制定机构反馈，造成环境政策执行中持续存在阻力，致使环境政策效果与环境政策目

⑤ 环境政策决策的公众参与不足。我国环境政策决策体制虽然积极提倡公众参与，但缺乏公众参与决策的机制和渠道，同时还存在忽视弱势群体尤其是女性及边缘弱势群体的参与等现象。

⑥ 环境政策决策的法制化水平较低。我国环境政策决策过程缺乏有效的法律保障，对错误环境决策的责任追究缺乏强有力的法律手段，致使环境问题非但不能解决，反而加剧的现象时有发生，浪费大量的政策资源。

(4) 完善中国环境政策决策体制的思考。

每个国家都有各自的国情和特点。我国的环境问题比发达国家更为复杂和严重，对我国环境政策决策体制提出了更高的要求，除了必须完善决策中枢系统、咨询系统、监控系统和信息系统之外，还需在如下几个方面加以努力。

① 完善环境政策立法。作为世界大国，我国在国际环境立法中的作用举足轻重，应积极参与国际环保组织的活动与谈判，参与国际公约和条约的制定，通过与发达国家合作，借鉴其立法体制和法律内容，借鉴其环境政策决策体制的基本架构。

② 完善环境政策综合决策机制。从国家高层开始，通过建立委员会等组织形式，实现环境部门、其他政府部门及社会团体之间的综合决策。

③ 加大公众参与力度。目前，我国法律尚未对公众参与原则有系统、明确、具体的规定，只是零星地在各种法律、法规中有相应规定。根据目前中国的环境政策决策体制现状，公开环境政策决策信息、建立健全公众参与环境政策决策的法律和制度势在必行。

4.2 环境政策决策模式

环境政策决策涉及众多领域和部门，是一个复杂的系统。为了更好地认识环境政策决策的规律，科学地进行环境政策决策，有必要深入研究环境政策的决策模式。

环境政策决策过程也是一种思维过程，思维科学把人类的思维方式分为理性思维和感性思维。根据决策的思维方式和决策方法，环境政策的决策模式也包括理性决策模式、感性决策模式和综合决策模式。

4.2.1 理性决策模式

理性决策模式是指根据所获得的决策信息，对备选政策方案用数理手段进行量化分析，从中择优的决策模式。其特点是基于理性思维方法，对备选方案的各项指标进行科学计算，提高决策精确度。理性决策模式又可分为完全理性决策模式和有限理性决策模式。

1. 完全理性决策模式

完全理性决策模式是指在决策前尽可能获取完全的信息，据此穷尽所有可能的方案，并对各可能方案用数理手段进行量化分析，然后从中选择最佳方案的决策模式。完全理性决策模式可用图 4.5 来概括表示。

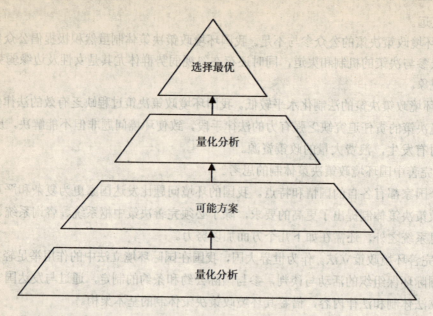

图 4.5 完全理性决策模式

完全理性决策模式需要一个前提假设，即人是完全理性的，在决策时遵循利益最大化原则，选择最优方案。完全理性决策模式下决策系统成员能够充分发挥主观能动性，运用科学的方法和技术全面认识决策对象及其与环境的关系，事先有整体规划和严密论证，并进行过程控制。这种决策模式能对问题进行客观的、冷静的、科学的分析，降低决策的失误率。完全理性决策模式有利于客观决策，促进决策的程序化、科学化，减少决策过程中的主观随意性，克服经验决策的片面性。

完全理性决策模式要做到真正的"完全"，除满足上述假设的基础外，还须具备以下四个基本条件。

(1) 能够获取决策需要的完备资料和全部信息。
(2) 能够寻找出解决特定环境问题的所有可能的决策方案。
(3) 能够准确地预测和计算各个方案的各项指标。
(4) 能够全面地把握参与决策的人员的价值偏好。

但是，这些条件在现实决策实践中是不可能满足的。环境政策问题本身的复杂性会造成界定和分析环境问题的原因及进行量化的困难；资料信息的搜集受成本的制约往往是困难的；详尽的资料收集与决策时间限制之间的矛盾；社会各阶层价值标准的差异；宗教、民族等非理性因素的影响等[14]，都会使得环境政策决策不可能实现真正意义上的完全理性决策。然而，完全理性决策模式仍不失其重要的理论价值，它是人们追求的理想决策模式，为科学决策指明了方向。

2. 有限理性决策模式

有限理性决策模式又称满意决策模式或次佳决策模式，是由赫伯特·西蒙(Herbert.A.Simon)首先提出的，他认为，在传统的完全理性决策中，人们使用各种均衡理

---

[14] 贺恒信. 政策科学原理[M]. 兰州：兰州大学出版社，2003：146.

环境政策决策体制和制定

论和线性规划等最适方法,即理性的选优模式,而这些模式所立足的假设其实是有问题的,参与决策的人不可能是完全理性的"经济人",人们所能获取的信息、知识是不可能完备的,也不存在充分竞争的市场条件。因此,决策活动中的人事实上是处于不确定的环境之中、具有非理性心理因素的、掌握不完备信息与知识的有限理性的"行政人"。

到20世纪80年代,西蒙进一步对"有限理性"进行了探索,他列举了几种对完全理性决策构成挑战的情况:第一,完全理性决策只适用于具有确定性和无风险的行动,但是,绝大多数政策选择都具有高度风险和不确定性;第二,完全理性决策使用的完备性计算只适用于解决包含因素较少的公共政策问题,但环境政策问题是复杂的,超出了决策体系的计算能力;第三,完全理性决策只适用于少量决策者的决策活动,当存在多个有利益冲突的决策主体时,就会产生相互竞争与博弈[15]。

因此,西蒙认为只能运用有限理性,寻求解决政策问题的"满意"方案。满意决策所寻求的不是最佳,而是次佳或"第二最佳(Second Best)"。次佳或第二最佳并不是字面意义上的第二,而是指以下两种情况:第一,在"市场失灵"(Market Failure)或有市场垄断时,政府采取有效措施来解决环境政策问题,这种解决方案只是"令人满意"的;第二,通过限制的办法来解决环境政策问题。

有限理性决策模型是相对于完全理性政策模型提出来的,并不单纯追求效益的绝对最大化,而是效益的相对最大化,即在决策时选择的方案是较佳的或较优的。

有限理性决策模式又可以细分为两种亚类型:次佳决策模式与满意决策模式。次佳决策模式不坚持决策中的"最佳标准",而是选择次佳的或再次佳的政策方案。满意决策模式采用人为主观的"满意"为标准。

在实际决策中,有限理性政策模型重视可行性研究和成本与利益分析。一项政策方案如果被认为是满意的,其必要条件是它必须可行,这种可行性包括经济可行性、政治可行性及管理可行性。可行与最佳不同,后者是要对全部方案进行研究,确定哪一个是最佳;而前者只要找出几个比较满意的方案[16]。因此,有限理性决策模式在实用性、可行性方面具有比较优势。

4.2.2 感性决策模式

理性决策模式的缺陷同它的优势一样十分明显。首先,理性决策模式的逻辑性特征使其在应用中受到限制;其次,政策环境的不确定性使政策决策很难达到理性决策模式的程序化要求;再次,研究框架和模型的有限性使理性决策模式的要求很难实现;最后,理性决策模式追求的最大化在实践中无法实现。总之,实践证明:纯理性只存在于人们的希求之中[17]。理性决策模式的上述缺陷使得感性思维在环境政策决策中也得以应用。环境政策决策中主要采取感性思维方式的决策模式称为感性决策模式,包括渐进决策模式、精英决策模式和预测决策模式。

1. 渐进决策模式

渐进决策模式是由美国著名经济学家、政治学家和政策科学家林德布洛姆(Charles.E.Lindblom)在批判理性决策模式的基础上,于20世纪50年代提出并不断完善的

[15,16] 严强,王强. 公共政策学[M]. 南京:南京大学出版社,2002.4:362~363.
[17] 张晓峰. 公共政策非理性因素与中国转型时期的公共政策[J]. 中国行政管理,2003(10):42.

一种政策决策模式。

渐进决策模式的内容主要包括：决策者必须保持政策的延续性；应着重于现实政策的修改与补充，目标与备选方案之间的相互调适及修补现行政策的缺陷。渐进决策模式的依据在于决策者没有足够的时间、信息和资金去调查所有可能的政策变量；政策制定者接受先前政策的合法性是因为无法确定全新的或不同的政策将要产生的后果；已实施政策可能投入了巨额的资本，形成的利益网络使得任何根本性的改变困难重重；社会稳定及政治系统内部妥协等。渐进决策模式的决策目标是逐渐明确的，因此首先需要制定一个大致的方案，在摸索中确定目标；决策方案的分析活动比较简化，评价的方案数量少，范围小；决策过程中注意协调和平衡各方面利益以达成大多数人能共同接受的方案[18]。其特征可以概括为：稳妥可靠，渐进发展[19]。在环境政策决策中经常会用到渐进决策模式，如很多环境政策都是先以草案或暂行办法的形式出台，在以后的实施中不断改进和完善的。

采用渐进决策模式，也必须具备四个基本条件。

(1) 国家政局稳定，社会安定团结，人心思定，社会变化速率缓慢，为渐进决策过程提供一个宽松稳定的政策决策环境。

(2) 现行政策的成果大体上能够满足决策者与公众的需要，在此基础上进行的局部政策调整方案才易于被接受。

(3) 决策者面对的环境问题本质上具有稳定的持续性。

(4) 决策者处理问题的方法也须具有稳定的持续性[20]。

林德布洛姆认为渐进决策要遵循三个基本原则。

(1) 按部就班原则。

按部就班，修修补补的渐进主义者安于现状，或许不像英雄人物，但却是正在进行勇敢角逐的足智多谋的问题解决者。

(2) 积小变为大变原则。

从形式上看，渐进决策过程似乎行动缓慢，但由微小变化的积累可以形成质的改变。渐进决策要求变革现实是通过有计划有步骤的变化逐步实现根本变革的目的。

(3) 稳中求变的原则。

环境政策上的大起大落尤其不可取，欲速则不达，势必危害到社会的稳定。为保证决策过程的稳定性，要在保持稳定的前提下，通过一系列小变达到大变之目的[21]。

综上所述，渐进决策模式在认识论与方法论上具有一定的合理性。在认识论上，它以历史和现实的态度将决策的运行看成是一个前后衔接的不间断过程；从方法论上看，它注重事物变化量的积累。以量变导致质变，主张通过不间断的修正达到最终改变政策的目的[22]。显然，渐进主义看到了环境政策制定过程中的政治、价值等因素的作用，注意到环境政策的连续性和稳定性，但它低估甚至否定了理性决策模式在环境政策研究中的地位和作用，具有明显的保守倾向[23]。在理论和实践上都带有维持现状与缺乏革新的色彩，因而不太适

---

[18] 王传宏，李燕凌. 公共政策行为[M]. 北京：中国国际广播出版社，2002.2：212.

[19,20] 兰秉洁，刁田丁. 政策学[M]. 北京：中国统计出版社，1994.11：138～139.

[21,22] 陈庆云. 公共政策分析[M]. 北京：中国经济出版社，1996.12：123～124.

[23] 陈振明. 公共政策分析[M]. 北京：中国人民大学出版社，2003：530.

合于科学技术革命迅猛发展、社会关系急剧变化、改革成为历史潮流的大变革和大发展时代[24]。同时，决策者对环境政策问题的解决方案只注重纠正、减少现行环境政策的缺陷，过于重视短期目标和现实行为，并不注重长远目标的改进和方案的重新选择。

阅读资料 4-1

让信访渠道更畅通
——解读《环境信访办法》的修订与基本原则

为改进新形势下的环境信访工作，国家环保总局修订了《环境信访办法》，已于2006年7月1日开始实施。近日，国家环保总局信访办公室副主任肖根旺就《环境信访办法》的主要情况接受了本报记者的采访。

肖根旺在介绍国家环保总局重新修订《环境信访办法》的主要背景及修订工作的指导思想和总体思路时说，国务院新修订的《信访条例》已于2005年5月1日起施行。新制定的《信访条例》是信访工作在新时期进入法制轨道的重要标志，是信访工作长效机制建设的主要内容。《环境信访办法》的修订，就是在环保系统的环境信访工作中结合环境信访工作特点，贯彻和落实《信访条例》。

一段时期以来，信访量的持续攀升成为社会关注的热点问题。群众有关环境保护方面的信访虽然不是热点问题，但每年也以较大幅度上升。环境信访工作中出现新情况、新问题，需要对以前的《环境信访办法》重新进行修订。

修订工作由北京、上海、河南、江苏和青岛、徐州6省市环保局有关人员组成的《环境信访办法》起草小组制定征求意见稿，总局于2005年10月分别在河北省和安徽省召开由20个省市环保局有关人员参加的《环境信访办法》修订座谈会，征求对《环境信访办法》征求意见稿的意见，并根据两个座谈会的意见对征求意见稿做了修改。

新修订的《环境信访办法》由八章四十五条和附件的10个信访文书组成。《信访条例》在总则中确立了信访工作应当遵循的五项原则，即方便信访人的原则；属地管理、分级负责，谁主管、谁负责的原则；依法、及时、就地解决问题与疏导教育相结合的原则；治标与治本相结合的原则和责任原则。这五项原则从不同角度体现了维护社会稳定的基本要求。在新修订的《环境信访办法》总则中，这些原则从环境信访工作的角度得到了体现。同时，依据《信访条例》，从全国环保系统信访部门设置的实际情况出发，对各级环保部门提出了将信访工作绩效纳入公务员和工作人员年度考核体系的要求。

重新修订的《环境信访办法》明确了环境信访工作机构的设置及其信访工作人员的职能、职责。在环境信访工作机构设置方面，主要是对县区级和设区的市级以上环保部门信访工作机构设置分别做了规定。要求设区的市级以上环保部门设立独立的信访工作机构。在各级环境信访工作机构的职能方面，规定各级环保部门的信访机构具有本部门处理信访事项和保障信访渠道畅通的综合协调职能。

（资料来源：姬钢，袁遥. www.cenews.com.cn. 2006-09-20）

---

[24] 兰秉洁，刁田丁. 政策学[M]. 北京：中国统计出版社，1994.11：140.

2. 精英决策模式

精英决策模式又称杰出人物决策模式，最早由托马斯·戴伊(T.R.Dye)、哈蒙·齐格勒(H.Zeigler)在《民主政治的讽刺》中提出。这一政策模型认为社会存在两大集团，有权力的少数人和没有权力的多数人；前者是有组织的、自觉的团体，能对社会价值加以分配，并享受权力带来的好处，后者是分散的、不自觉的团体，只能服从分配。前者就是社会的"精英"。他们不是多数公众的代表，但也不同于统治阶级，他们主要依靠公共权力，通过对财富、资讯、地位、知识、技能、教育等资源的控制，巩固自己的地位。他们对基本社会制度和基本的价值观念一致，并能为此奋斗；非杰出人物要想成为精英就必须加入精英集团并要承认他们的共同价值观念，并为此而奋斗[25]。

对于精英决策模式并没有形成统一观点，其中的主流认为在环境政策制定上，精英是各行各业出类拔萃的代表，相对于公众而言，更富有热情、更积极主动、更具责任心，被寄予厚望，享有崇高的威信，被认为是能够做出英明决策的。在实行精英决策模式制定环境政策时，一般是由各个领域，主要是环境政策及环境研究领域中的杰出人物发现并确定环境政策问题，并选择解决环境政策问题的政策方案。精英有时也会重视智囊团或思想库的作用，也会吸收部分公众的意见，但以精英们的决策为主，虽然他们具有环境政策决策的专业知识，拥有进行方案选择的分析技术和设备，但这样精英们的直觉、灵感、情感、意志、信仰等因素不可避免地对决策产生影响。这时精英决策属于感性决策。

在信息不足而时间紧迫时，尤其是在民主政治不太成熟的国家，多数公众不可能完全自觉地关心环境政策制定，还不具备参与决策所必需的知识和技能，这时精英决策模式不失为一种较实用的决策模式。但精英决策模式也存在缺陷，就是决策的成效严重依赖精英们的个人素质，而且事实上他们很少受公众的影响，但能够影响公众，所制定的环境政策直接反映了精英们的价值观，忽视了环境政策制定中公众的参与，关系环境政策决策的公开、公平和公正，也直接影响到环境政策决策的科学化、民主化。

3. 预测决策模式

预测决策模式也是一种感性决策模式。政策多以未来为取向。古人云："凡事预则立，不预则废。"环境政策的制定也是如此，在决策中需要特别重视预测的作用，但是即使在进行环境政策决策时，环境问题和政策环境也在不断发展变化，甚至在政策执行时发生逆转，因此需要在已有决策信息的基础上进行定性或定量分析，进行科学合理预测，才能实现"运筹帷幄之中，决胜千里之外"。但是，由于预测决策过程中运用到感性思维，并不排除决策结果存在错误的可能性。

4.2.3 综合决策模式

以上各种决策模式各有优缺点，而环境政策决策又是多方面和多目标的，单一方法容易导致片面性。将理性和感性决策模式相结合，实行综合决策，扬长避短，提高决策质量，称为综合决策模式，包括规范优化决策模式、领导集体决策模式、多方协商决策模式、系统决策模式等。

---

[25] 胡宁生. 现代公共政策研究[M]. 北京：中国社会科学出版社，2000.9：300.

1. 规范优化决策模式

规范优化决策模式是德洛尔(Y.Dror)在《公共政策制定的再审查》中提出的政策制定模式，是理性决策模式和渐进决策模式的有机结合。这里的规范，是指政策是理论与实际相结合，遵循某些原理和规则而制定的，而不是单凭某些人的经验，更不是主观臆想的产物[26]。规范优化决策模式需要以下几个条件。

(1) 通过更为细化的努力，以增加政策的理性程度，如寻求新的政策方案、精心论证政策目标、明确规定政策界限、确定政策评估标准。

(2) 决策者虽然不能完全占有实现理性思维要求的所有客观资源和主观能力，但通过充分利用判断、静思等思维形式，仍能最大限度地提高政策的理性水平。

(3) 通过敏感性训练，自由讨论，增加资源的投入，诸如时间、决策者专业水平等，也可以增加政策的理性[27]。

规范优化决策模式包括六项具体活动。

(1) 必须确认政策目的、决策标准、基本的价值判断标准。

(2) 通过实践经验总结和学习新的成果，形成具有创新的政策方案。

(3) 可先运用渐进方法分析现行政策，再用多种相关知识、理论、分析技术预测现行政策的效果，确定政策期望，决定是否需要制定新的政策。

(4) 要充分考虑各种政策方案的政策期望与成本，尽量选择风险小、效果最佳的方案。

(5) 在政策制定中，不同决策者在整个决策过程中必须进行协商，以取得一致的意见。另外，改进政策制定系统还包括提高决策者的个人素质和整体素质，优化政策组织结构等[28]。

2. 领导集体决策模式

领导集体决策模式，是实行在民主基础上的集中和在集中指导下的民主。由于在整个领导集体决策过程中综合利用了感性和理性决策模式，所以将领导集体决策模式也归入综合决策模式，是一种传统的决策模式，适用于环境决策事关重大而决策时间仓促的情况。其优点是能集思广益，减少决策的片面性，有效预防个人专断和拍脑袋决策。

3. 多方协商决策模式

多方协商决策模式的实质是决策集团利用民主与法制的手段和民主集中的权力，邀请或吸收与某项环境政策有关的利益相关群体，通过民主讨论、平等协商，从不同角度和价值观对拟决策实施的环境政策提出见解，最后由决策者从全局利益和发展需要出发，分析综合各方意见，再根据政策环境的变化情况做出决策[29]。

社会生活中存在着各种利益团体，这些群体围绕各自的利益、权力、价值进行竞争。各利益群体对同一政策方案的理解和期望可能相差甚远，对环境政策影响程度不一。环境政策决策在环境政策制定过程中应组织不同利益群体的代表进行讨论、对话、协商，尽量

---

[26] 李康. 环境政策学[M]. 北京：清华大学出版社，2000：134.
[27] 胡宁生. 现代公共政策研究[M]. 北京：中国社会科学出版社，2000.9：298.
[28] 严强，王强. 公共政策学[M]. 南京：南京大学出版社，2002.4：368～369.
[29] 李康. 环境政策学[M]. 北京：清华大学出版社，2000：119.

缩小各方在政策期望上的差别，在相互妥协、协商的基础上，确定环境政策目标，然后选择各方都能接受的政策方案。只有对各种群体利益进行协调，以实现利益、权力、价值上的平衡[30]，才能使社会稳定发展。

4. 系统决策模式

系统决策模式是指制定环境政策时，综合考虑政治、经济、文化和社会等因素，统筹兼顾环境政策制定、执行、评估、监控和终结的各个环节，以实现整个环境政策系统内部优化和与外部协调。

1996年8月国务院《关于环境保护若干问题的决定》规定："各级政府在进行经济、社会发展的重大决策中，必须对环境保护与经济、社会发展加以全面考虑、统筹兼顾、综合平衡、科学决策。"这是在环境政策制定时采用系统决策模式的基本原则。

系统决策模式具有以下优点。

(1) 注重政治、经济、文化和社会等因素对环境政策决策的影响，特别是充分考虑到经济和社会发展的现实需要和客观条件，提高了环境政策外部的适应性和协调性。

(2) 注重了环境政策运行过程中各个环节的相互作用，加强了环境政策系统内部的协同。传统的环境政策决策只重视政策制定主体的作用，忽视其他相关环节，重制定，轻执行和评估。因此，在系统框架内需要对环境政策系统内的各个环节都加以系统考虑。

(3) 注重从社会学、心理学等方面考虑环境政策的制定，突出以人为本，重视传统文化和公众参与，尤其是弱势群体和女性的参与，提高了实现环境政策公平的可行性。

另外，在制定环境政策时，因地制宜，实事求是，挖掘各民族传统生态伦理思想文化的精华，学习有益的乡土知识和传统，树立全新的环保观念，以减少环境政策运行中的风险，指导环保实践。同时系统决策模式还强调公众参与，尤其是女性的参与。在环境政策发展史上，女性具有丰硕的理论建树；在环境保护实践中，女性更是发挥了重要作用，做出了巨大的贡献。第四届联合国世界妇女大会论坛指出，妇女"在政策制定和决策机构中往往处于边缘地位"，但妇女在促进环境道德的建立、减少资源使用及通过资源的再利用和回收减少废物和过度消耗方面确实起到了示范作用。妇女特别是传统女性最有可能具备脆弱生态系统管理的特定知识。这些信息在进行环境政策决策时至关重要。

总之，环境政策制定是一项复杂的、综合的、系统的过程。在制定环境政策时要考虑跨部门的配合，进行系统决策。系统决策有利于形成"环境关系你我他，环境保护靠大家"的局面，而不是片面强调"经济靠市场，环保靠政府"；有利于实现环境保护由政府直控、利益驱动到公众自觉行动的转变。

4.3 环境政策制定的程序

环境政策的制定程序有宏观流程和微观流程之分。宏观流程即广义的环境政策制定过程，是制定一项环境政策，经过环境政策执行、评估、监控和终结等环节，在各个环节中又产生新的问题，然后反馈给环境政策制定环节，形成循环往复、螺旋上升的过程。它使环境政策得到不断调整或更新。微观流程即狭义的环境政策制定过程，一般要经过环境政

---

[30] 胡宁生. 现代公共政策研究[M]. 北京：中国社会科学出版社，2000：298～299.

策问题的确认、环境政策议程的确立、环境政策方案的确定、环境政策方案的合法化等四个环节；后面的环节出现的问题要及时反馈到前面的环节中；所以，微观流程也是一个循环往复、不断优化的复杂过程。环境政策制定的流程如图 4.6 所示，整体可看作环境政策制定的宏观流程，左侧实际上可看作是环境政策制定的微观流程。

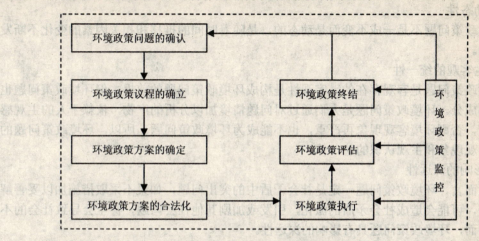

图 4.6　环境政策制定的流程

4.3.1　环境政策问题的确认

环境政策具有问题取向性，环境政策问题的确认是制定环境政策的起点。美国学者 J.S. 利文斯顿认为："问题的挖掘和确认比问题的解决更为重要，对一个决策者而言，用一个完整而优雅的方案去解决一个错误的问题对其机构产生的不良影响比用较不完整的方案去解决一个正确的问题大得多。"[31] 艾克福也曾指出，政策问题的解决是针对正确的问题找出正确的答案，政策制定的失败与其说是针对正确的政策问题找到的"是错误的方案，倒不如说是因为下大力气却解决了一个错误的问题[32]"。

1. 环境政策问题的含义

环境问题纷繁复杂，不断发展变化，影响范围和程度各异，不可能全部成为环境政策解决的对象，只有那些被环境政策决策者认为是需要制定环境政策才能解决或缓解的环境问题才成为环境政策问题。因此，问题、环境问题及环境政策问题分别为包含与被包含的关系，其关系见图 4.7。

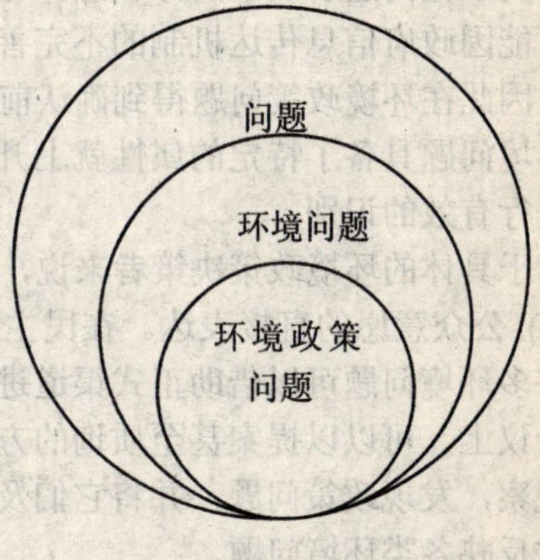

图 4.7　问题、环境问题及环境政策问题的关系

2. 环境政策问题的特性

环境政策问题的内在特性表现为关联性、动态性、主客观的统一性和影响的深远性。

---

[31] 王传宏，李燕凌. 公共政策行为[M]. 北京：中国国际广播出版社，2002.2：175.
[32] Russel·L·Ackoff, Redesigning The Future. "A System's Approach to Social Problem"[M]. New York：N.Y.;Willey，1974.

1) 关联性

环境政策问题涉及众多领域和部门，与政治、经济、文化和社会等因素密切相关。环境政策问题之间、环境政策问题与其他领域中的政策问题之间、环境政策问题与政策环境之间都是相互影响和相互作用的。

2) 动态性

环境政策问题不是一成不变而是动态的，是随着时间的推移和相关因素的变化不断发展变化的。

3) 主客观的统一性

环境政策问题是客观存在的，客观性是构成环境政策问题的前提，但环境政策问题也有主观的成分。环境政策问题是人们通过对问题情境加以分析的产物，依赖于人的主观感受和认定，否则环境客观现象再严重，也不能成为环境政策问题。所以，环境政策问题的形成是客观现象和主观认识的统一体。

4) 影响的深远性

一般而言，环境政策问题一定是社会矛盾中的突出问题，如果不采取措施加以妥善解决或缓解，可能会造成社会矛盾的激化，引发或加剧其他社会问题，甚至会导致社会的不稳定。因而，环境政策问题具有影响的深远性。

3. 环境政策问题的发生

环境政策问题的严重性被认识之前，是作为一般环境问题从无到有发展变化的过程；是一个量变到质变的过程。随着生产力的发展和人类文明的提高，环境问题相伴出现，并由小范围低程度危害，发展到大范围、由轻度污染、轻度破坏、轻度危害向重污染、重破坏、重危害方向发展，给人类生存造成不容忽视的危害[33]。

4. 环境政策问题的发现

发现问题是解决问题的前提。环境政策问题的及时解决有赖于环境政策问题的及时发现，有利于把问题解决于萌芽状态。尽管环境政策问题是客观存在的，但是，环境政策问题还可能因政府信息传达机制的不完善，致使环境问题的实际状况不能被环境政策决策者获知，因此在环境政策问题得到确认前有一个发现的过程。

环境问题具备了特定的属性就上升为"环境政策问题"，可以根据这些特征借助一些渠道进行有效的识别。

对于具体的环境政策决策者来说，观察和发现政策问题的渠道通常有以下几种。

(1) 公众意愿的直接表达。在民主意识提高、公众参与增加、民意表达制度化的社会中，许多环境问题可以借助正式渠道进行反映。如各级人民代表和政协委员在每年定期召开的会议上，可以以提案甚至质询的方式反映具有代表性的环境问题；同时，他们也可以通过视察，发现政策问题，并将它们及时地反映给决策部门。另外，普通公众可通过信访等形式反映各类环境问题。

(2) 环境政策决策者的主动觉察。政府官员能够通过对自然环境保护、污染控制、环境管理等方面的视察、调查，发现一些具有全局性、普遍性、后果严重的环境问题；政府的环境政策研究机构，也可借助于各种调研发现环境问题。

(3) 媒体的报导、评述。在现代社会中，大众传媒具有形式多样、传输迅速、渗透面

---

[33] 何强. 环境科学导论(第三版)[M]. 北京：清华大学出版社，1998：12.

广的特点。媒体会及时捕捉环境保护领域的重大事件，如重大污染事故、社会影响恶劣的环境纠纷等，借助广播、电视、报刊、计算机网络等多种形式，通过图像、声音、文字直接或间接地予以反映。

(4) 环境政策研究机构的研究报告。政府、民间(非政府)的环境政策研究机构发表的论文、研究报告等也是确定环境政策问题的主要途径之一。

5. 环境政策问题的确认

1) 政策问题确认的定义

政策问题的确认是发现政策问题的内涵和界限，界定政策问题的性质、深度和广度、严重程度和关联性，寻找进入政府政策议程的途径以及进行政策问题分析的过程[34]。简言之，政策问题的确认指对于政策问题的察觉、界定和描述的过程[35]。因此，环境政策问题确认是指发现环境问题后，对环境问题的范围、实质和程度的准确认定过程。这是从客观事实到主观认知的过程，是从感性认识到理性认识的过程，也是环境问题成为环境政策问题进入环境政策过程的关键步骤。

2) 环境政策问题确认的准则

将环境问题确认为环境政策问题，需要一定的判断标准作为依据，即环境政策问题的确认准则。一般包括以下四项。

(1) 形势需要。由于客观形势的变化，产生明显的环境政策需求，即可确认为环境政策问题。如我国加入WTO以后，为适应WTO的诸多环境协议，废止了与WTO规则相违背的环境政策，并重新制定了一些与国际接轨的符合WTO要求的环境政策。

(2) 危害严重。当环境问题危害异常严重，即可确认为环境政策问题。如面对甘肃省徽县铅中毒事件所引发的对环境污染危害健康问题的关注，国家环保总局在部分地区开展了铅污染对健康危害的调查和研究，并着手制定铅的环境健康损害判定标准[36]。

(3) 影响深远。若一个环境问题的持续存在或持续恶化将会影响整个国家或区域的可持续发展，甚至威胁基本的生存和发展时，即可确认为环境政策问题。如面对严重的水土流失和生态破坏，国家相继实施了退耕还林工程和天然林保护工程等，以保护人们赖以生存的自然资源和生态环境。又如，全球气候变暖敦促各国相继采取政策措施，积极寻求国际合作，以减少温室气体的排放。

(4) 职权范围。环境问题必须由立法机关、环境保护行政部门等在其环境政策决策权限下进行确认，才能成为环境政策问题。

3) 环境政策问题确认的影响因素

在环境政策问题确认过程中，对问题实质的认识受多种因素的影响[37]。

(1) 客观事实的掌握程度。反映环境政策问题的信息、数据越充分，问题的认定就越顺利。这要求在提出问题的同时，要掌握尽可能充足的说明资料。

(2) 价值观念。从某种意义上说，问题的认定也是一种价值观念的社会选择。不同价值观念的人对同一环境政策问题认识的层次存在差异，有可能一种价值观认为某个环境问题严重，需要采取政策手段进行改善，而另一种价值观并不认同该环境问题的存在。

---

[34] 张金马. 公共政策分析：概念、过程、方法[M]. 北京：人民出版社，2004.3：313.

[35] 张金马. 公共政策分析：概念、过程、方法[M]. 北京：人民出版社，2004.3：321.

[36] 顾瑞珍. 新华社北京2007年9月12日电.

[37] 王骚. 政策原理与政策分析[M]. 天津：天津大学出版社，2003.6：117~118.

(3) 分析界定的方法与水平。在环境问题的分析界定过程中采用的方法和分析水平将直接影响对环境问题的认识。如上述甘肃省徽县铅中毒事件，如果现有医学不能解释铅对生物健康影响的原理，不能解释铅污染与患者健康状况的相关性，则该事件中的铅污染就不能成为环境政策问题，也不会产生事实上的社会影响力及在环境政策方面的启示作用。

(4) 政府态度。政府作为社会权威机构的代表，对环境问题的态度往往具有强大的社会号召力。对一项环境政策问题，如果政府态度明确，且积极协调利益相关群体，可促成环境问题地快速确认；反之，如果政府态度暧昧甚至抵制，则可导致环境问题长期不能达成共识。

(5) 媒体的影响。媒体也能显著影响环境政策问题的确认。例如，退耕还林政策出台过程中，媒体大量报道了生态学家和政策研究者有关长江和黄河上游森林草原植被破坏与长江洪水泛滥之间的关系，加速了退耕还林政策的制定过程；甘肃省徽县的铅中毒事件也是通过媒体最先披露的，从而才引起了决策层的高度重视。

4.3.2 环境政策议程的确立

环境政策问题的发现和确认只是提出制定环境政策的需求，是提出问题阶段。随后，环境政策问题被提上环境政策决策机构的议事日程，最终制定环境政策来解决环境问题。所以，环境政策议程就是环境政策决策机构将环境政策问题纳入环境决策领域的过程。

1. 政策议程的分类

环境政策议程一般分为公众议程和政府议程两大类。

1) 公众议程

公众议程是指由非政府机构的个人或团体提出政策问题，在社会中形成广泛议论，从而成为一种政策议程[38]。所以，环境政策公众议程是指某些环境政策问题已引起社会公众的普遍关注和广泛议论，提出政策诉求，要求决策部门采取措施加以解决的一种政策议程。虽然公众议程还表现为众说纷纭的情形，但其舆论和社会影响能够引起决策者的注意和重视，有利于环境政策问题进一步进入政府议程。

2) 政府议程

政府议程是指某些社会问题已引起决策者的深切关注，他们感到有必要采取一定的行动，并把这些社会问题列入政策范围这样一种政策议程[39]。因此，环境政策政府议程是指政府提出或接受公众议程中的环境政策问题，并将其纳入政府议事日程，列入政策范围的政策议程。政府议程的程序固定，方法慎重，也称之为正式议程。

公众议程和政府议程处于政策议程的不同阶段，二者有着本质区别，专业知识、技术及信息掌握程度均存在差异。公众议程一般对环境政策问题的实质和范围较为模糊，只是发现问题，提出问题，议论问题，可以不提出具体的解决方案；而政府议程则相对明确和具体，不仅包括提出问题，而且要附带相应的解决方案。一般而言，政府议程源于公众议程，极少没经过公众议程而直接进入政府议程的；由于提出的环境问题不具有普遍性，大部分公众议程没有进入政府议程。

---

[38] 王骚. 政策原理与政策分析[M]. 天津：天津大学出版社，2003.6：119.
[39] 张金马. 公共政策分析：概念、过程、方法[M]. 北京：人民出版社，2004.3：324.

2. 环境政策议程确立的条件

1) 大众传媒普及

大众传媒的普及为环境政策问题进入政策议程提供了便捷的条件。现代社会报纸、广播、电视和电话已相当普及，电脑与网络迅速发展，为公众及时反映和了解环境政策问题提供了便捷的工具和手段，具有传播及时、面广量大的特点，易形成轰动效应，能使环境政策问题在较短时间内引起全社会的关注和决策者的重视，形成强大的舆论压力，从而有助于环境政策议程的确立。

2) 利益群体的政策诉求

利益群体对环境政策议程的形成具有举足轻重的作用。任何公共政策问题，尤其是环境政策问题都会涉及相关群体的利益。利益受到威胁的个体和组织往往会联合采取行动，以多种方式向政府呼吁、申诉和请求，即政策诉求。这有利于促进政策问题进入政策议程。

3) 政策精英预测性发动

政策精英在环境政策议程的形成中具有不可替代的作用。政策精英指执政党和政府中的领导人和专家学者等，他们常常对可能发生的环境政策问题进行超前的政策预测，提出环境政策议程。这种活动虽然也包括主观的成分，但同时也是建立在科学理论和科学预测的基础上的，是以知识、经验和智慧为后盾的。政策精英们预测的一些重大环境政策问题，往往直接确立为环境政策议程。例如，胡耀邦同志视察西北后，提出了"种草种树，反弹琵琶"的环境保护策略，很快被纳入政策议程。

4) 决策体制的制度保证

良好的环境政策决策体制，有利于从制度上保证利益表达和信息沟通渠道畅通，从而更好地将环境政策问题及时确立为环境政策议程。

3. 环境政策议程确立的模式

根据环境政策问题的提出者在决策体制中的地位和作用的不同，通常将环境政策议程确立模式分为三种类型：外部提出模式、内部提出模式和领导动员模式。

1) 外部提出模式

外部提出模式中环境政策问题的察觉和提出者是执政党和政府系统以外的个人或利益群体，一般先将问题传播到更广的范围，引起公众的注意，进入公众议程；然后再通过公众诉求、公众压力等途径引起政府的关注，使之进入政府议程。但这种模式建立的政策议程一般历时较长，且虽然政策问题列入了正式议程的地位，也并不意味着针对该环境问题的环境政策能够出台，更不意味着决策者按照提出者的要求进行决策。但是，外部提出模式有利于发扬决策民主，提高公众参与意识，充分发挥公众的积极性、主动性和创造性。

案例 4-1

克拉玛依维护模范城荣誉　市民网上建言政府及时纠偏

新疆维吾尔自治区克拉玛依市是 2004 年被国家环保总局命名的国家环保模范城市，市民的环境意识在创建环保模范城市过程中得到大幅度提高，最近发生在克拉玛依市一起"网谏"事件就是一例。因担心建起水泥厂后污染城市空气，网民在"强市论坛"网站上的反对意见引起了政府的关注，在市政府组织专人论证研究后，水泥厂项目另行选址。

2006 年 2 月，克拉玛依龙盛公司计划在克拉玛依市区东北上风口约 7 公里处兴建一座年产 50 万吨的水泥厂，并上报了有关材料。消息传出，马上引起市民关注，2 月 9 日，克拉玛依市网站"强市论坛"上，网民就发出了"克拉玛依的空气质量将受到威胁"的帖子。一时间，诸多网友纷纷跟帖，对此事件表示强烈不满。有的网友还描述了水泥厂建成后可能发生的情景，"由于处在上风口，距离市区又近，就算是晴天，天空也会是灰蒙蒙的，我们会吸入大量的有害粉尘颗粒，严重危害大家的健康。"有的网友将此事上升到爱不爱克拉玛依的高度来谈论。

龙盛公司也开始在网上向市民解释，他们将采用新工艺，粉尘排放量低于国家标准。但网友表示，由于水泥厂在上风口，有害气体还是很容易刮到市区。有网友提问，将来废水流向何处，如何进行处理等。

事件很快引起了克拉玛依市政府的关注。2 月 13 日，市委、市政府专门召开会议，召集市环保局、发改委、建设局、石油局生产运行处等相关部门对市民意见进行研究。本着发展经济不以牺牲环境为代价的原则，会议决定水泥厂项目另行选址，避免城市空气质量因其选址不当而下降。市环保局局长孙凡表示，此项目的确选址不当，市民对此事的担忧不无道理，说明克拉玛依在争创国家环保模范城市的过程中，政府、市民、企业保护环境的责任感和维护环保模范城荣誉的自觉性大大增强。

(资料来源：谢勇. 中国环境报. 2006-04-05)

【案例分析】案例 4-1 是一个环境政策议程外部提出模式的完整过程。首先，克拉玛依市市民有很强的环境意识，积极维护自身环境权益；针对龙盛公司水泥厂的计划项目有可能造成大气、水污染，形成了一个公众议程；其中的利益相关群体包括克拉玛依市民和龙盛公司，双方通过快捷的网络联系，进行环境问题质询和回应；其次，该公众议程引起克拉玛依市政府及相关部门的重视，做出快速反应，即在帖子发出的第四天就采取措施进行分析研究，将公众议程确立为环境政策议程，做出决策，使潜在环境问题得以解决。

2) 内部提出模式

内部提出模式包括：(1) 由执政党和政府部门提出环境政策建议或方案；(2) 环境问题传播的范围局限于提出者内部，而不是一般公众；(3) 问题传播的目的是形成足够的压力，促使环境政策制定者将该问题列入正式议程。议程建立过程中缺少公众的直接参与。

3) 领导动员模式

领导动员模式主要是政治领袖提出政策问题，列入政策议程的过程，是一个从政策议程进入公众议程的反向过程。当政府颁布一项新政策时，就意味着该环境问题被列入正式议程，而且它也可能是政府针对该问题的最后决策。在此，环境政策已被确定，之所以还要建立政策议程，是为了寻求公众的理解和支持，以减少贯彻实施过程中的阻力。动员模型旨在说明决策者为了执行行政命令，如何将环境问题从正式议程扩散到公众议程的意图[40]。

---

[40] 陈振明. 公共政策分析[M]. 北京：中国人民大学出版社，2003：190.

阅读资料 4-2

义务植树运动 25 周年：开创国土绿化事业新纪元

新华社北京 2006 年 12 月 12 日电（记者董峻）这是一场已经持续 25 年的群众运动，这是一项不断追求人与自然和谐的绿化事业。

1981 年，一场由全国各族人民参加的植树造林运动，在全国开展起来。这场绿化祖国的运动，其规模和影响之大，都是我国绿化建设史上前所未有的。

邓小平同志在 1981 年 9 月针对四川省发生的特大洪涝灾害，提议在全国开展全民义务植树运动。根据这一倡议，1981 年 12 月 13 日，五届人大四次会议作出了《关于开展全民义务植树运动的决议》。1982 年 2 月，国务院颁布了《关于开展全民义务植树运动的实施办法》，对全民义务植树运动做了进一步具体规定。

从 1982 年到 2006 年，全民义务植树运动走过了 25 年风雨历程。在邓小平、江泽民、胡锦涛等党和国家领导人的大力号召和亲身带动下，义务植树的全民参与已成为我国国土绿化的一大特色。25 年来，全国参加义务植树的人数达 104 亿多人次，累计义务植树 492 亿多株。

（资料来源：《人民日报》.2006-12-12）

以上三种模式是环境政策议程确立中最典型的模式。在实际过程中，它们往往会形成各种各样的组合。

4.3.3 环境政策方案的确定

环境政策方案的确定是环境政策制定过程的核心环节。环境政策问题被决策机构提上议事日程后，进入分析问题和寻找问题解决方案的阶段，即确定环境政策方案的阶段。程序上，环境政策方案的确定包含环境政策目标的确立、方案的设计、方案的评估、方案的选择、方案的可行性论证等五个环节。

1. 环境政策目标的确立

环境政策目标，是指环境政策制定者期望环境政策的实施达到的效果。它是环境政策方案设计和选择的依据，也是环境政策评估的根本标准。正确的环境政策目标有助于环境问题的解决。

1) 环境政策目标确立的原则

为保证环境政策目标确立的科学性，一般应遵循 SMART 原则。SMART 是被世界银行及许多政府部门和组织普遍遵循的评价指标体系设计准则[41]。在确立环境政策目标时同样适用。SMART 是由五个英文单词，即 Specific(特定的、具体的、明确的)，Measurable(可测量的、可度量的、可衡量的)，Attainable(可得到的、可实现的、可操作的)，Relevant(相关的)，Time bound(有时限的)的首字母组成的简写。其基本要求如下：

S：确立的环境政策目标必须具有针对性，应明确具体。尤其是环境政策目标必须表达准确，内涵和外延都要界定清晰。否则环境政策方案的设计就失去了可靠的依据。

---

[41] 万江. 多层次模糊评价法在科技招标项目评标中的应用[J]. 科技和产业，2005，5(8).

M：确立的环境政策目标必须尽可能被定量指标衡量，即环境政策要达到什么样的状态，什么样的标准才算完成。在环境政策目标的确立过程中，要有具体的分层次的衡量标准和指标，以利于环境政策目标的实现。

A：确立的环境政策目标必须切合实际，在现有社会经济条件下通过努力能够实现。

R：环境政策目标往往不是单一的，而是多目标的体系，目标之间应具有内在逻辑关系，具有横向或纵向相关性，尤其要避免相互矛盾和抵触。

T：确立的环境政策目标要有时间限定，否则环境政策目标的实现将遥遥无期。

2) 环境政策目标体系的构成

环境政策目标体系的构成，包括方向性目标、调适性目标、量化指标和实现目标的保障条件等四个要素。

(1) 方向性目标。方向性目标即环境政策问题得到解决。它又可分为方向目标和阶段目标。方向目标是指分几个方面去解决环境政策问题；阶段目标是指分几个阶段去解决环境政策问题。

(2) 调适性目标。调适性目标是指环境政策调适对象的范围和行为调适幅度。政策调适对象是指政策实施直接针对的社会成员。这些成员将根据环境政策要求改变自己的利益、处境或行为方式。一项政策方案必须有明确的调适目标，即环境政策方案是针对哪些人、哪些社会团体、哪些社会系统及环境政策方案的发布将使这些调适对象的利益、处境和行为发生怎样的改变。

(3) 量化指标。量化指标是指达到环境政策目的的数量规定，包括完成指标、资源投入指标和时速指标。完成指标亦称为效益指标，分为理想指标(期望达到)和最低指标(必须达到)；资源投入指标包括人力、物力、财力投入的控制指标，与完成指标一起构成政策方案成本效益分析的两大因素；时速指标是达到政策目标的时间限制和工作速率要求，是政策目标如期实现的时间保障和工作效率保障。

(4) 保障条件。保障条件是指达到政策目标在自然、社会、经济、执行能力等方面必须具备的条件。自然条件是指达到政策目标应具备的自然资源、生态环境、地理条件等相关的自然因素；社会条件是指达到政策目标应具备的政治条件、技术条件、社会价值取向、国民对政策的支持度、国际社会的支持度等相关的社会因素；经济条件是执行环境政策的物力和财力保证；执行能力是指达到政策目标应所需的执行人员和执行机构应具备的素质、技术操作能力等。没有这些相应的保障条件，实现政策目标将非常困难[42]。

3) 环境政策目标确立的影响因素

环境政策目标是由政策制定主体确立的。在拟定政策方案阶段上，政策制定主体必须考虑政策内外部系统中与政策目标发生关联的各种因素。政策目标正是这些影响因素相互作用的产物。影响政策目标确立的主要因素有[43]以下几个方面。

(1) 前期政策实施情况。前期政策实施的结果是确定后续政策的依据。

(2) 可能争取到的资源。整个政策周期中能够获取的人力、物力、财力及权威方面的支持是政策目标选择的基础。

(3) 政策制定主体的观念。政策制定主体的价值观念、创新意识和创新能力决定着是

---

[42] 王骚. 政策原理与政策分析[M]. 天津：天津大学出版社，2003.6：144～145.

[43] 严强，王强. 公共政策学[M]. 南京：南京大学出版社，2002.4：239～240.

选择稳健的目标还是选择有风险的目标。

(4) 上级政府下达的政策任务。许多环境政策目标直接源于上级政府的指令，但仍须符合政策制定主体所掌握的实际情况。

(5) 政策运行时的政治因素。政策目标的设定必须具有政治可行性，必须与现实政治制度和政治目标相吻合。

(6) 政策运行时的社会因素。政策的制定与实施是一个社会过程，政策目标必须与社会运行相协调。

(7) 政策运行时的经济因素。某些环境政策在制定和实施时所需要的资源不仅和经济状况有关，而且与经济结构、经济运行直接相关，因此，必须考虑经济可行性。

(8) 政策运行时的技术因素。许多环境政策的制定和实施过程包含技术要求，在确定政策目标时必须考虑技术可行性。

(9) 政策运行时的自然因素。环境政策必然与自然地理状况有关，政策目标的确定不能脱离对自然状况的考虑。

2. 环境政策方案的设计

环境政策目标确立后，即进行环境政策问题及其目标的多角度分析和预测，设计可能的解决方案以供选择，最终确定有效的环境政策。

1) 环境政策方案设计的原则

(1) 信息完备性原则。信息是环境政策方案设计的基础和依据。环境政策方案的设计是将环境政策问题相关信息的输入—处理(设计方案)—输出的过程。环境政策方案的科学性与信息的完备性、真实性形成正比。信息越全面、准确，方案设计就越科学。充分、及时、准确地掌握信息，是方案设计活动成功的根本保证。

(2) 系统协调原则。在设计环境政策方案时，要从系统论观点出发进行综合分析，将整体利益与局部利益相结合，内部条件与外部条件相结合，眼前利益与长远利益相结合，主要目标与次要目标相结合；另外，必须考虑已有政策之间的相互关系、相互影响、相互制约，不同层次政策之间的纵向协调，相同层次政策之间的横向协调，从而使新政策与已有政策组成有机整体，相互支持，协调作用，以产生良好的整体效应。

(3) 科学预测原则。科学预测就是在正确的理论指导下，按照科学的原则、程序和方法对未来环境问题的发展变化情况进行估计。环境政策方案设计具有明显的预测性。对环境问题发展趋势的判断在很大程度上决定着环境政策的有效性，没有预测或预测不科学必将导致盲目或错误的决策。

(4) 现实可行原则。环境政策的实施必须建立在现实的经济、技术可行性的基础上，否则，就不是一项好的政策，无法实施而缺乏实际价值。

(5) 民主参与原则。环境政策方案设计中的民主原则体现在环境政策能否真正反映社会公众改善生活环境的要求和愿望。坚持民主原则，还要求环境政策能保证社会公众在国家环境政治、环境经济、环境文化等各个领域中，享有同等权利、成本和利益分配；保证社会公众直接或间接参与环境政策的制定。

(6) 稳定可调原则。尽管环境政策要有连续性和稳定性，要考虑与已有政策的衔接和过渡，避免朝令夕改，大起大落，但任何环境政策系统都是开放的，总是处于与外界环境不断的物质、能量和信息的交换中。因而环境政策应随之做出调整与变动。因此，在设计环境政策方案时要从长远出发,使环境政策具有适当的可调性,并准备应变措施。

2) 环境政策方案设计的步骤

(1) 环境政策方案的轮廓设想。环境政策方案的轮廓设想主要解决两个问题:第一,确定可能方案的数量;第二,对可能方案进行初步设计,内容包括行动原则、指导方针、发展阶段等。在轮廓设想过程中要注意遵循下列原则。

① 方案整体上的完备性。初步方案应尽量多样化,要设想各种可能性,保证选择的空间。

② 方案之间的互斥性。在内容上尽可能没有交叉,绝对避免一个方案包含另一个方案的情况。

③ 方案设想的创新性。政策问题的出现说明已有政策不能或已经不能对环境问题的解决起到任何作用,因此,要解决新的环境政策问题必须有新思路、新观念,开辟新途径。

(2) 环境政策方案的细化设计。环境政策方案的细化是指对初步设想的方案进行加工,使之具体化,成为决策时的选择对象。进行政策方案的细化要做两方面的工作:首先对轮廓设想阶段提出的方案加以筛选;然后对选出的预案加工细化。细化设计阶段应当遵循的规则有以下几点。

① 方案要有可操作性。细化设计阶段要对政策方案的目标体系、实施措施、机构设置、人员素质、政策执行的资源保障等作详细考虑。

② 方案要实事求是。轮廓阶段对方案的设想要提倡创新,而细化阶段则要强调冷静思考,对政策界限、可能遇到的困难、各种不确定因素都要一一进行分析[44]。

3. 环境政策方案的评估

在方案选择之前,必须对各种方案进行评估。所谓政策方案评估,指对已经设计出并列为选择对象的政策方案的科学性、可行性及其实施可能收到的效果的综合评定以及系统的、科学的评估,为方案的选择提供科学依据[45]。与环境政策过程中的第三个环节——环境政策评估不同,环境政策方案的评估发生在环境政策出台和执行之前,带有预测分析的性质,因而也称预评估。通过预评估,可以对环境政策方案的利弊得失进行更全面的了解和认识,有利于避免决策的盲目性和片面性,提高决策的客观性和科学性。

1) 环境政策方案评估的内容

环境政策方案评估是一项复杂而全面的系统工程,评估的内容主要有以下几点。

(1) 方案的完整性。环境政策方案完整性是环境政策方案科学性的前提。

(2) 方案的可行性。环境政策方案的可行性评估主要是对评估环境政策方案在现实条件下是否切实可行,是否适应政策运行环境,能否被贯彻执行等。

(3) 方案的效应性。环境政策方案的效应性是指环境政策方案将会引起其针对的环境政策问题的变化。为此,需要对环境政策方案的可能效果进行全面衡量。

(4) 方案的协调性。即评估环境政策方案与其他环境政策是否协调配套,是否存在矛盾和冲突。

(5) 方案的风险性。每个环境政策方案均存在不同程度的风险,必须对备选方案的风

---

[44] 严强,王强. 公共政策学[M]. 南京:南京大学出版社,2002.4:243~244.
[45] 王传宏,李燕凌. 公共政策行为[M]. 北京:中国国际广播出版社,2002.2:223.

险及风险防范能力进行评估,以确保环境政策的稳妥可靠。

2) 环境政策方案评估的程序

政策方案评估大体上要遵循以下程序[46]。

(1) 确定目标。环境政策方案是通过不同方式,或环境政策相关因素的不同组合为实现同一个环境政策目标而设计的,评估的目的就是要选出环境政策相关因素的组合与其预期政策效果具有最佳综合的方案,因此方案评估的目标就是组合中各相关因素及预期政策效果的水平。

(2) 设计指标。政策方案评估中不同目标对应不同指标,而同一目标也可能对应许多指标。这要求设计指标时根据政策方案评估的目标确定最能体现目标要求的指标体系。

(3) 方案的对比分析。在目标、指标确定后,对参加评估的方案进行质和量两个方面的分析,找出方案间的差异,寻求产生差异的根本原因及差异的大小对目标的影响等。

(4) 对政策方案进行评估。方案评估是方案选择的重要依据。评估时一定要根据目标的要求进行各项指标的计算和分析,然后再进行综合评估。

(5) 根据综合评估结果,对政策方案进行排序。

3) 环境政策方案评估的方法

环境政策方案评估方法通常有经验分析法、抽象分析法、比较分析法、效益分析法、成本分析法、风险分析法、SWOT 分析法和综合分析法等。

经验分析是归纳历史上相关政策成功或失败的经验教训。抽象分析是利用抽象思维,抽取方案中主要要素及其之间的联系以进行研究,但不是对每一要素及联系都进行考虑。比较分析是对不同方案的可行性进行优劣对比。效益分析是对方案实施后带来的效益,包括经济、社会与生态效益进行全面分析或预测。成本分析是对方案实施后需要付出的可能代价进行预测。风险分析是对方案实施后可能带来的效益和遭遇的风险进行分析,以确定该政策能否承受风险[47]。SWOT 分析方法是哈佛商学院的 K.J.安德鲁斯于 1971 年在其《公司战略概念》一书中首次提出的,将与研究对象密切关联的内部优势因素(Strengths)、弱势因素(Weaknesses)和外部机会因素(Opportunities)、威胁因素(Threats)通过对相关信息的调查分析情况一一列出来,然后依照一定的次序按矩阵形式罗列起来,再运用系统分析方法将各因素相互匹配起来进行分析研究,从中得出方案优劣的一系列的结论;对每一个环境政策方案均可采用 SWOT 分析法,对方案关键的环境条件和内外部影响因素进行深入分析,权衡其优势和劣势,评估其机会和威胁,以便选取更具优势的方案。

综合分析法就是综合采用以上各种分析方法中的两种或多种对环境政策方案进行分析的方法。为全面衡量各项环境政策方案的优劣,应综合采用各种评估方法。

4. 环境政策方案的抉择

政策方案的抉择,也称政策方案的优选,是在政策方案评估者提供政策方案分析结果的基础上,政策决定者根据自己的价值偏好、人生态度、客观情势判断、权衡利弊确定价值,择优选择自认为最佳的政策方案[48]。方案评估与优选方案有密切的联系,政策方案的评估是方案选择的前提和手段,优选方案则是评估方案的结果。政策方案的选择是制定正

[46,47] 王传宏,李燕凌. 公共政策行为[M]. 北京:中国国际广播出版社,2002.2:224~226.
[48] 《公共政策》编写组. 公共政策[M]. 北京:中国国际广播出版社,2002:10.

确政策的关键环节之一。政策方案选择的科学、合理、正确与否，将直接影响到政策决策的成败。为了避免和减少政策决策的失误，在评估择优中应尽可能听取社会公众、专家及其他各方面的意见，增强选择的科学性[49]。

1) 方案选择的标准

政策方案的选择要遵循价值标准、优化标准和时效标准[50]。价值标准是一个包括各种价值指标的系统，既包括社会统一的价值认识，也包括方案本身的经济、环境、社会价值。优化标准是指政策方案在资源配置和效益上达到成本费用最小、效益最大的标准。时效标准包括两个方面：第一，指政策目标达到的时限规定是否科学，时限太短有可能脱离现实，不能实现，时限太长则会趋于保守，效率低；第二，指政策出台是否适合时宜，如不适合立即出台的环境政策，即使选为最终方案也可能被审批驳回或执行中遇到困难，甚至失误，从而引发出新的环境问题。

2) 方案选择的方法

政策方案选择的方法很多，逻辑上可以概括为筛选法和归并法两种[51]。筛选法是按照选择标准对备选方案进行比较，确定合格方案或最优方案。这种方法还可分为直接优选或间接淘汰优选。直接优选是指根据选择标准，两利相权取其重，两害相权取其轻，直接选出合格的方案；间接淘汰优选是指在合格方案不容易确定的情况下，寻找不合格的方案逐步淘汰，最后间接找出合格方案。归并法是指待选方案中没有一个合格方案，而不合格的方案又各有长处时，可以将各个待选方案的长处归并到一起，形成一个新的合格方案，也可以将数个待选方案的长处归入一个待选方案中，使这一方案成为一个新的合格方案。这种归并法实际上是一种重新规划或修订意义上的选择方法。

5. 环境政策方案的可行性论证

多种环境政策备选方案经评估择优以后，还要对所选的环境政策方案进行可行性分析，以确保政策的顺利实施。因为，虽然环境政策方案已经确定，但是，这一方案在实际情况下能否顺利地贯彻执行仍然是不确定的。环境政策方案的可行性论证就是围绕政策目标，运用定性和定量相结合的方法对环境政策方案是否可行进行系统的分析和研究。环境政策方案的可行性包括政治科学性、经济可行性、技术可行性、文化科学性、伦理价值的可行性等。

在环境政策论证中，可抽象出若干基本成分进行分析，如政策信息的全面性、政策的价值偏向、方案选择理由、方案的可行性等。政策方案论证的方式有权威式、数理统计式、经验式等[52]。

4.3.4 环境政策方案的合法化

一项环境政策方案被确定为最终采纳方案之后，为使其能在现实中具有权威性与合法性，还要经过行政程序或法律程序使之合法化，转化为正式的政策，然后才能进入执行阶段。

---

[49] 王传宏，李燕凌. 公共政策行为[M]. 北京：中国国际广播出版社，2002.2：227.
[50] 张继志. 实用方法与技巧[M]. 哈尔滨：哈尔滨船舶工程学院出版社，1989：668.
[51] 王骚. 政策原理与政策分析[M]. 天津：天津大学出版社，2003.6：148～149.
[52] 王传宏，李燕凌. 公共政策行为[M]. 北京：中国国际广播出版社，2002.2：229～230.

1. 环境政策方案合法化的定义

政策合法化是指法定主体为使政策方案获得合法地位而依照法定权限和程序所实施的一系列审查、通过、批准、签署和颁布政策的行为过程[53]。因此，环境政策方案合法化是指为使环境政策方案获得合法地位或上升为政策，环境决策主体依照法定权限和程序所实施的一系列审查、通过、批准、签署和颁布环境政策的行为过程。

2. 环境政策方案合法化的作用

环境政策方案合法化处于环境政策制定中最后一个步骤，其作用举足轻重，主要表现在以下几个方面。

(1) 环境政策方案合法化使环境政策发挥效力。环境政策方案只有经过合法化过程，才能成为合法有效的环境政策。否则，前期环境政策决策过程的诸多环节就失去了意义，环境政策不具有合法性，将不能取得环境政策对象认可、接受和遵照执行的效力。

(2) 环境政策方案合法化是环境政策决策民主化、科学化和法制化的具体要求和体现。政策合法化是一个吸收民众参与决策、加强政治沟通与协调的过程；也是一个决策选优，对决策方案不断修改、完善，对不良方案过滤、淘汰的过程；更是一个坚持由法定的决策主体，依照法定的权限和程序进行决策，对决策行为实施法制监督的过程。离开政策合法化，所谓决策民主化、科学化和法制化都只能是一句空话[54]。

(3) 环境政策方案合法化是依法治国的需要。依法治国是现代法治国家的基本标志。加强环境政策方案合法化，有利于防止个人专断，避免人治代替法治，有利于依法进行环境管理，减少官僚主义和政策腐败现象。

3. 环境政策方案合法化的主体

政策合法化的主体是具有法定地位的国家机关，具有法律上明确规定的决策权限。包括国家立法机关，也包括其他行政机关；既可以是中央政府，也可以是地方各级权力机关和政府。因而政策合法化主体具有宏观上的广泛性。另一方面，不同的环境政策，其合法化的主体也不完全相同。有些环境政策合法化时需要单一的合法化主体，有些则可能是两个或更多，这是政策合法化主体微观上的特殊性。

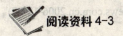
阅读资料 4-3

国家出台废电池污染防治技术政策

2003 年 10 月 9 日，国家环境保护总局和国家发展与改革委员会、建设部、科技部、商务部联合发布了《废电池污染防治技术政策》，该技术政策作为指导性文件，自发布之日起实施。该技术政策适用于废电池的分类、收集、运输、综合利用、储存和处理处置等全过程污染防治的技术选择，指导相应设施的规划、立项、选址、施工、运营和管理，引导相关环保产业的发展。

(资料来源：宁波市环保局网站，2003-12-2)

[53,54] 陈振明. 公共政策分析[M]. 北京：中国人民大学出版社，2003：197～198.

政策合法化主体在审批、通过、批准政策时，应严格遵守其法定权限。同时，法定主体的权限也不是无限的，应注意政策所涉及的事项、地域、措施、手段等方面，不要超越职权限制[55]。

4. 环境政策方案合法化的程序

环境政策合法化的主体可能是国家行政机关，也可能是国家立法机关或权力机关，这使得环境政策的合法化程序不尽相同。如，从首长负责制的角度上看，凡环境政策的制定和颁布属于自身权限即依照规定不必上报审批，就表现为行政首长对政策方案的决定、签署和政策的公布[56]。然而，行政长官决定、签署政策方案之前，政府法制工作机构对政策方案进行审查，特别是重大问题必须由常务会议或全体会议讨论决定。

环境政策合法化的主体不一，但环境政策合法化的程序大体上都要经过环境政策方案审查或审议、通过或批准、颁布或公布等程序。

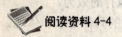
阅读资料4-4

泉水"申遗"工程正式启动　　济南制定名泉保护规划

据山东省济南市人大城建环保委日前提交的一份书面报告披露，目前，济南市已将备受关注的泉水"申遗"资料报告山东省建设厅，省建设厅进行审查后将上报建设部进行"国审"，以尽快通过《中国国家自然与文化双遗产》申报。按照日程，济南市力争在2010年前申报完成《世界自然与文化双遗产》。

经名泉保护、规划、环保、水利、林业、农业和气象等相关部门会审并征求各方面意见后制定的《济南市名泉保护总体规划》此前已完成，这一规划已上报济南市规划委员会，审定后即可报市政府审批实施。据介绍，这部规划是济南市首次制定名泉保护方面的总体规划。

2006年6月26日，市政府召开济南泉水申报《中国国家自然与文化双遗产》工作会议，对"申遗"做了具体部署，济南泉水"申遗"工程正式启动。据介绍，申报世界遗产必须先申报成为《中国国家自然与文化双遗产》。

(资料来源：鲁雯．www.cenews.com.cn.2006-12-07)

5. 环境政策的法律化

政策法律化就是政策向法律的转化，是指享有立法权的国家机关依照立法权限和程序将政策转化为法律。它实际上是一种立法活动，所以又称政策立法[57]。政策法律化是政策合法化的一种重要而特殊的形式。并不是所有的环境政策都能法律化，只有成熟、稳定、具有立法必要性的环境政策才有可能转化为法律。但这并不意味着其他环境政策不具备合法地位，它们可以通过其他的合法化程序和途径来取得合法地位。

综上所述，环境政策的制定包括了环境政策问题的确认、环境政策议程的确立、环境政策方案的确定、环境政策方案合法化四个环节，政策制定者和决策者只有清晰把握和深

---

[55] 严强，王强．公共政策学[M]．南京：南京大学出版社，2002.4：251．
[56,57] 陈振明．公共政策分析[M]．北京：中国人民大学出版社，2003：203～207．

刻认识环境政策制定过程的各阶段及其功能，才能保证制定出的环境政策具有科学性、民主性和法制性，才能避免因此产生更严重的环境问题和社会问题。因此，环境政策决策和制定是影响环境政策系统运行的主要因素，科学合理的环境政策决策和制定是环境政策能够有效执行和发挥效力的基石和前提。

思 考 题

1. 环境政策决策与环境政策决策体制有什么区别？
2. 环境政策决策的过程是怎样的？
3. 环境政策决策体制的结构如何？
4. 你是否赞同书中环境政策决策模式的分类方法？为什么？

第5章 环境政策执行

本章教学要求

1. 掌握环境政策执行的概念、周期、过程及影响因素;
2. 掌握多元参与的环境政策执行模式的适用条件及优势;
3. 掌握以社区为本的环境政策执行模式的适用条件及优势。

环境政策作为协调社会经济发展与环境保护间矛盾的手段,尽管其体系完善,取得了一定成功,但由于环境政策的执行力度等诸方面的原因,我国的环境质量和生态系统仍不容乐观,环境政策实际上发挥着消防队的作用。本章将从环境污染防治与控制政策和生态环境保护政策两方面分析环境政策执行过程。

5.1 环境政策执行概述

环境政策系统是由政策制定、执行、评估、监控和终结五个过程构成的有机整体。在环境政策运行过程中,政策方案被审批后,即面临如何执行的问题。

在建立政策学理论体系之前,政策执行和执行中的问题常常被认为是纯粹的行政性工作。但是实践却充分证明,政策执行环节的偏差往往是导致政策失误的原因。因此,政策执行具有重要意义。美国政策学者艾利森说,在实现政策目标的过程中,方案确定的功能只占10%,而其余90%取决于有效的执行[1]。

任何实践活动,无不包含着"决策制定过程"和"决策执行过程"。但环境政策作为环境管理的手段[2],无论是中国政府还是国内外专家学者在评述中国环境保护工作时,最通常的说法是,"中国建立了世界上最完善的环境保护法律、法规和政策体系",然而,尽管政策条款众多、手段齐全,我国的环境状况依然令人担忧。这种现象被概括为环境政策的边缘化,即环境政策的设计、执行和实施不能有效纳入社会经济发展和决策过程的主流,具有典型的末端治理特征,无法从根源上解决环境与发展的矛盾[3]。因此,深入研究环境政策的执行过程成为环境政策有效执行的必然要求。

5.1.1 环境政策执行的概念

执行是一种确立目标与实现目标的行动之间的互动过程[4],或一系列使一个项目生效的

---

[1] 陈振明. 公共政策分析[M]. 北京:中国人民大学出版社,2003.
[2] 李康. 环境政策学[M]. 北京:清华大学出版社,1999.
[3] 张世秋. 政策边缘化现实与改革方向辨析[A],郑易生主编. 中国环境与发展评论[C]. 北京.社会科学文献出版社,2004:498~507.
[4] Jeffrey L.Pressman and B.Widavsky, Implementation(2 nd., ed).Berkeley: University of California Press, 1979: 20~21.

行动[5]。而政策执行则是执行某一项政策所作的各项决定[6]，是一系列"发布命令、执行指令、拨付款项、办理货款、给予补助、订立契约、收集资料、传递信息、委派人事、雇用人员和创设组织单位[7]"的将政策义务转化为实务的活动过程[8]。

在这些定义的基础上，美国著名政治学家戴伊对政策执行做了进一步的界定，他认为，政策执行是旨在执行政府立法部门所制定发布的法律而进行的一切活动。这些活动可以包括创设新的组织机构——新的部、新的局、新的司等，以便执行新的法律，或将新的职责和职能授给现有组织。这些活动还可能包括制定一些特殊的法规和条令，以便对法律的真正含义做出解释，同时这些活动往往还包含制定新预算及招用新人员来执行新的职责和任务。另外，这些活动常常还包括对许多个案的裁决[9]。

国内学者则认为公共政策执行是政策执行主体为了实现公共政策目标，通过建立组织机构[10]，在有效分配和利用人力、物力、财力资源及提供信息服务的条件下[11]，通过各种措施和手段作用于公共政策对象，使公共政策内容变为现实的行动过程[12]，是按照政策方案的要求和计划以实际行动有步骤地实现政策目标[13]的动态过程。

因此，环境政策执行指环境政策执行主体在一定的组织机构内充分调动和运用各种能力与资源，通过一系列贯穿于资源与环境保护的相关活动及执行主体与目标群体之间的沟通与协调，最终将环境政策计划、方案、决定、目标转变为现实的实践活动过程。因此，环境政策执行过程既是组织和行为的互动过程，又是将目标转化为具体产出的实践过程。

环境政策执行是环境政策过程的一个重要阶段和实践环节，是将环境政策目标转变为现实的唯一途径。

5.1.2 环境政策执行周期及过程

1. 环境政策执行周期

大岳秀夫[14]认为政策过程宏观上意味着长期的政策(领域)变化，微观上则意味着决策过程中表现出的行为方式。霍尔描述了一个政策过程的宏观周期，即经济、社会的背景决定了政策，而政策在下一阶段又改变经济、社会的条件，也就是说政策能导致社会、经济条件的变化。将政策过程的这一宏观周期理论应用于环境政策执行时，可用图 5.1 表示。

---

[5] Charles O.Jones.An Introduction to the Study of Public (3 rd ed.).).Monterey，California: Brooks/Coles Publishing Company，1984：166.

[6] R.S.Montjoy and L.J.Toole Jr.，Toward a Theory of Public Policy Implementation：An Organizational Perspective" Public Administration Review.Sep-Oct.，1979：465.

[7] G.C.EdwardsⅢ&I.Sharkansky，the Policy Predicamend.San Francisco: W.H.Freeman and Co.，1978：293.

[8] [美]拉雷·N·格斯顿. 公共政策的制定[M].朱子文译. 重庆：重庆出版社，2001；103.

[9] [美]托马斯·R·戴伊. 自上而下的政策制定[M]. 鞠方安、吴忧译. 北京：中国人民大学出版社，2002：177~178.

[10] 陈振明. 公共政策分析[M]. 北京：中国人民大学出版社，2003：225.

[11] 李康. 环境政策学[M]. 北京：清华大学出版社，2000：153.

[12] 宁骚. 公共政策学[M]. 北京：高等教育出版社，2004：366.

[13] 王骚. 政策原理与政策分析[M]. 天津：天津大学出版社，2003：159.

[14] [日]大岳秀夫. 政策过程[M]. 傅禄永译. 北京：经济日报出版社，1992.

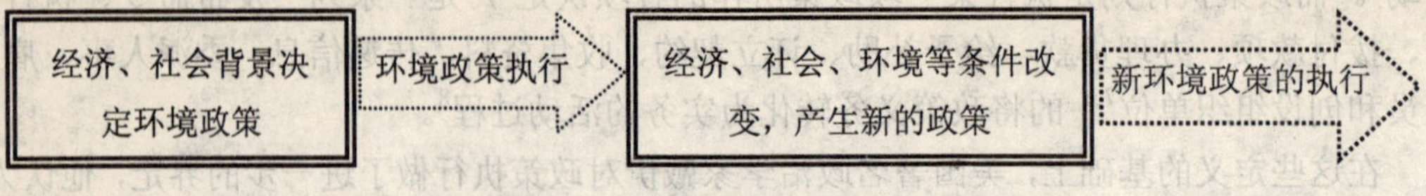

```
┌─────────────┐  环境政策执行   ┌─────────────┐ 经济、社会、环境等条件改  ┌─────────────┐
│经济、社会背景决│ ═══════════>  │经济、社会、环境│ 变，产生新的政策      │新环境政策的执行│ ═══════>
│  定环境政策  │                │等条件改变     │ ═══════════════════> │             │
└─────────────┘                └─────────────┘                      └─────────────┘
```

图 5.1 环境政策执行宏观周期图示

根据这一理论，我国环境政策的发展阶段决定了环境政策执行表现出阶段性特征。表 5-1 能够反映环境政策执行的宏观周期变化。

表 5-1 中国环境政策宏观背景比较简表

政策执行阶段	政策基本内容	经济背景	政治背景
1949—1966 年	各种行政性法规和党的政策文件，没有整体保护概念	经济一穷二白	社会主义建设初期
1966—1978 年	环境政策进入了以防治工业污染为中心内容的发展时期，但对于防治其他污染和环境破坏注意力不够	经济取得缓慢发展，但经济结构不合理	国内外环境问题日益严重的局势与十年动乱
1979—1990 年	预防为主，防治结合；污染者负担；强化环境管理	计划经济，粗放型增长方式	开始改革治理阶段
1990—1998 年	基本控制环境污染和生态破坏加剧的趋势，改善部分城市和地区的环境质量	市场经济，集约型增长方式	市场经济体制的确立
1999 年至今	基本改变环境恶化的状况，城乡环境有比较明显的改善	经济-社会可持续发展战略	市场经济的转型和完善、经济全球化趋势、成功加入 WTO、公民社会发展

2. 环境政策执行过程

政策系统是由政策主体、政策客体与政策环境相互作用，与外部环境相互联系、相互作用的开放的社会政治系统，涵盖了社会利益结构、社会利益关系的调整。因而，环境政策系统也相应地由环境政策主体、客体和政策环境构成，并在一定程度上反映社会环境的特征。

对我国不同的环境政策的执行过程进行分析如图 5.2 所示。我国的环境政策执行体系中，政府是环境治理的主要角色，一些社会团体和企业虽然也参与环境保护，但事实上由于政府几乎拥有了环境保护的全部权力，社会团体和企业所发挥的作用非常有限。随着我国社会市场化改革的发展，政府、市场与社会的分化日益明显，公民社会逐渐成长，环境NGO 作为公民社会的主体，力量不断增强，并且发挥着越来越重要的作用，成为公共政策的间接主体[15]。但是，目前我国政府在环境保护中的角色定位不合理，弱化了其他治理主体的责任，缺乏多元有效参与的治理体系，成为我国环境保护政策执行效果不理想的重要原因[16]。对于环境政策执行主体多元化将在第九章详细论述。

---

[15] 王骚. 公共政策案例分析[M]. 天津：南开大学出版社，2006.8.

[16] 孙远太，孙莉莉. 当前我国环境保护政策述评——基于政策科学视角的分析[J]. 决策咨询通讯，2005，5(17)：73～76.

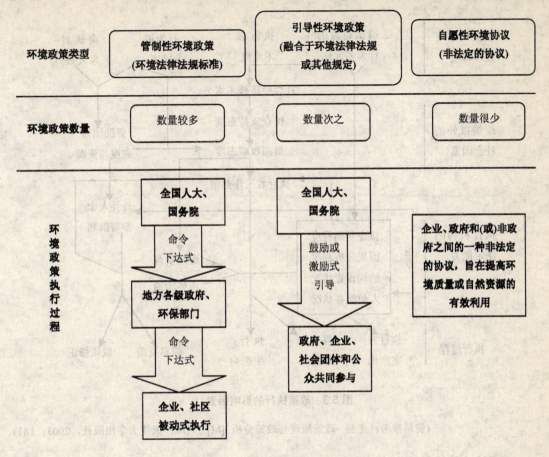

图 5.2　中国环境政策执行过程图

5.1.3　环境政策执行影响因素

影响环境政策目标实现的根本原因是环境政策执行阻滞[17]，这是政策执行过程中消极因素的影响所致，因此，深入分析环境政策执行影响因素是有效改进政策执行的必要步骤。

公共政策执行是在政策系统中进行的社会活动，受执行子系统内部要素和外部环境等诸多因素的影响和制约[18]。在政策执行影响因素的理论研究中，萨巴蒂尔(P.Sabatier)和马泽曼尼安(D.Mazmannia)建立了比较完整的执行过程影响因素模型(图 5.3)，较有权威性和代表性。

该模型中，执行过程可分为执行机构的政策产出、调适对象的服从、政策的实际影响、政府对政策执行的认识和政策修正等主要阶段。其中，政策问题的可处理程度、组织执行的法定能力、政策本身之外的社会因素都将起相关的影响作用[19]。

因此，影响环境政策有效执行的因素可归纳为环境政策问题的特性、环境政策本身的因素及环境政策以外的因素。根据公共政策的理论[20]，以案例来分析这些因素的限制作用。

[17, 18, 19] 李涛. 我国当前政策执行阻滞现象及其矫正[EB/OL].中国农村研究网, http://www.ccrs.org..cn/.

[20] 陈振明. 公共政策分析[M]. 北京：中国人民大学出版社，2003.

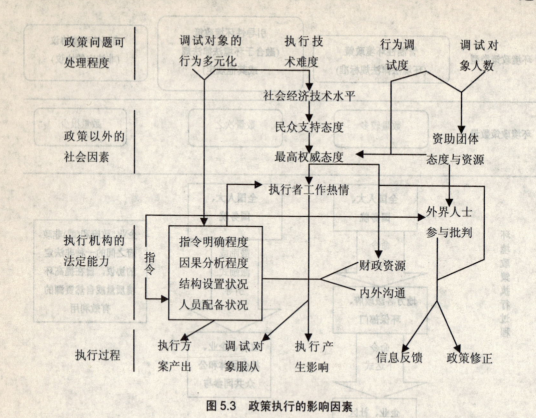

图 5.3 政策执行的影响因素

(资料参考：王骚. 政策原理与政策分析. [M]. 天津：天津大学出版社，2003：181)

1. 环境政策问题的特性

环境政策问题的性质、调适对象的数量及行为多样性，都影响到环境政策的有效执行。

(1) 利益关系复杂的环境政策问题，执行难度大。环境政策执行中所触动的权力关系越多，涉及人员和机构越多，环境政策目标越宏大，利益关系的调整幅度越大，环境政策执行难度也就越大。

(2) 环境政策调适对象的行为种类越多，越难以制定具体明确的规则进行行为约束。

(3) 环境政策调适对象的数量也影响政策执行。环境政策涉及的人员数量越少，利益关系越简单明了，政策执行就越容易，政策效果就越好。反之，政策执行就越困难。

(4) 政策目标中规定的对环境政策调适对象的行为调适幅度的大小也影响到政策执行的效果。调适幅度越大则执行难度越大。

(5) 环境政策解决环境问题的技术难度也影响政策执行。执行的技术难度一方面包括科学技术水平是否满足解决问题的需要，另一方面包括执行过程中技术处理的复杂程度。如核废料的处理，污染物的排放、控制与处理，自然灾害的控制，信息网络的建立等，这些环境问题的解决均需要科学技术支撑。因此，环境政策执行受科技水平的影响[21]。

---

[21] 王骚. 政策原理与政策分析[M]. 天津：天津大学出版社，2003.6.

案例 5-1

退耕还林政策解析

一、涉及的目标团体人数多

从林业工程角度出发，退耕还林工程与其他几大生态工程相比，它的突出特点表现为规模最大、投资最大、涉及部门最多、政策性最强。

1999年国家开始退耕还林试点，甘肃省从1999年实施到2005年这七年间全省完成工程面积2313万亩，其中已经完成退耕地还林983.3万亩，荒山造林面积1330万亩，累计投资136亿元，全省14个市州，全部参与了退耕还林的实施，全省87个县市区只有甘南藏族自治州的一个纯牧业县——玛曲县没有实施退耕还林，除玛曲县之外的86个县市区都参与了退耕还林。省上实施退耕还林的乡镇1380个，占全省总乡镇数1536的89%，接近90%，就是说全省90%的乡镇实施了退耕还林工程，而且参与退耕还林的148万户占全省总户数454万户的33%，直接参与实施退耕还林的农民660万，占全省农村人口1890万的35%，全省三分之一的农民直接参与了退耕还林。

(资料来源：连雪斌. 甘肃省退耕还林[R]. 兰州：兰州大学社区发展中心. 退耕还林(草)政策大学生论坛会议，2005)

二、退耕还林政策涉及领域众多

《退耕还林条例》第四条规定：退耕还林必须坚持生态优先。退耕还林应与调整农村产业结构、发展农村经济、防治水土流失、保护和建设基本农田、提高粮食单产，加强农村能源建设和实行生态移民相结合。

由此可见，改善生态环境是国家退耕还林的根本目标。退耕还林工程以生态目标为主导和根本，这一点也可从"退耕土地还林营造的生态林面积，不得低于退耕土地还林面积的80%"这样的规定中明显地体现出来。而其他的各项规定，如发展农村经济、加强农村能源建设等都是为这一目标服务的。

因此，应处理好改善生态环境与改善农民生活的关系，把退耕还林与解决农民的吃饭、烧柴、增收等问题当作一项系统工程来规划、安排和实施。既要讲求生态效益，又要兼顾经济效益和社会效益，这是退耕还林工程的难点，但同时也是其成败的关键所在。

如果退耕农民的生活风险(退耕农户短期收益的实现有赖于在5~8年补助期内粮食和现金补贴的及时、足量兑现和补偿措施的真正落实；长期经济收益的实现有赖于生态林或经济林的成材，同时还要求有一个良好的外界环境，比如市场等)在各项补偿措施真正落实、产业结构协调得当的基础上得以化解，他们退耕还林、育林护林的积极性就会大大提高，这不仅有利于维护现有生态成果，还将为以后几年更大规模的退耕还林还草工作创造示范效应，从而有利于我国生态环境的彻底改观。

但是，政府和农民对退耕还林政策目标存在较大的差异。中国社科院农村发展研究所李周指出：在退耕还林中，政府追求的是实现特定目标的成本最小化或特定投入的水土流失减量最大化。他认为，地方官员只关注这项工作能否达到政绩考核的要求，不考虑农民今后靠什么获得更稳定的收入，农户则只关注粮食和货币的补偿，并不考虑退耕还林地今后能否实现生态效益的最大化。尽管退耕还林至今仍然是政府行为，但农民作为退耕还林的主体,并不认可退耕还林政策改善生态环境的主导目标地位。所以最大限度地把二者的目标统一起来,必须成为退耕还林还草的一个基点。

(资料来源:兰州大学社区发展中心.《甘肃省退耕还林政策调研报告》.内部资料,2004)

【案例分析】案例5-1中退耕还林政策由于政策本身涉及的目标群体数量庞大、领域众多,技术要求高,而且政策的实施受自然地理环境和人文环境的影响大,这一政策执行面临着巨大的挑战。

2. 环境政策本身的因素

环境政策本身的因素主要包括以下几点。

(1) 环境政策的正确性、科学性。这是环境政策有效执行的根本前提,不仅要求内容和方向正确还要求政策制定具有科学的理论基础、严密的逻辑关系和科学的规划程序。

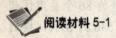
阅读材料 5-1

天然林保护政策中林缘社区居民生计的保护

甘肃省小陇山林区林农交错,农村社区的复杂性非常典型。林区农民对天然林存在着较强的依赖关系。无论是土地的利用取向、农户家庭收入,还是农户家庭的日常生活都与天然林有着密切的关系。天然林保护工程前,天然林或林地为农民放牧发展畜牧业提供了牧场;农民从天然林内采集加工林产品获得的收入成为农户家庭收入的主要来源;天然林也是农户家庭的生活能源和民用建材的主要来源地等。可以说,农民家庭生活的方方面面都与他们所处的天然林存在着千丝万缕的联系。

1998年以后,随着天然林保护工程的实施,农民进入天然林受到限制,与天然林的传统联系被切断,农民家庭生活受到了不同程度的影响。如禁止进入天然林放牧和大面积公益林建设使农民失去了天然的牧场,畜牧业发展受到限制;禁止进入天然林使农民失去了采集林产品的机会,从而失去了家庭现金收入的主要来源;天然林的禁伐使农民无法获得民用建材的采伐指标,采集薪柴所耗费的时间和精力越来越多等。

农民普遍认为在天然林保护工程政策的制定过程中,没有充分考虑农民的利益,忽视了农民与天然林的传统联系和对天然林使用的传统权利。

因此,农民希望在天保工程规划和政策中需要考虑解决农民自用材问题;留下一定面积的草场,解决畜牧业的生存与发展问题;支持农户的育苗活动,给其以公民待遇;支持农户节柴改灶工程,以减少森林资源的消耗。

(资料来源:胡小军. 天保工程对小陇山林区农村社区与群众的影响调研,2004)

(2) 环境政策的具体明确性。环境政策目标是否具体明确是政策执行有效与否的关键,是政策执行主体行动的依据,也是对政策执行进行评估和监控的基础。环境政策的具体明确性表现在政策方案和目标具体明确,政策措施和行动步骤明确,同时要求政策目标具有现实可行性,能够进行衡量和比较。

(3) 环境政策资源的充足性。环境政策资源包括经费资源、人力资源、信息资源和权威资源。执行经费不足、人力资源不足、执行技术支撑不力、信息不灵畅、政策执行主体权威不够等都是阻滞环境政策执行的客观因素。

(4) 环境政策的稳定性和连贯性。环境政策反映了环境决策机构在一个时期内对待环境的基本态度,环境政策如果朝令夕改,变化多端,执行起来必然困难重重。当然在政策变革和社会大发展期间,环境政策的改革和创新是必须的,但仍应坚持政策的连贯性,而且环境政策与其他公共政策之间,现在和过去的环境政策之间,中央政策和地方政策之间应保持横向和纵向的内在联系。

受上述因素的影响,我国环境政策执行缺乏综合性执行框架,重法规而轻引导,缺乏部门和区域范围内的环境协调机制等[22]。环境政策问题的特性决定了环境政策应是一个跨部门、跨专业的综合性体系,应该将环境政策纳入相关的公共管理政策,例如城市规划政策、土地使用政策、交通政策、人口政策、能源政策、产业政策、科技政策等。

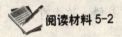阅读材料 5-2

退耕还林政策的波动

由于"预整地,预栽植",按照《南方周末》报道,2003年秋冬季节,甘肃省已完成2004年工程建设整地、造林700.46万亩,其中退耕地整地、造林374.23万亩(造林230.74万亩,整地未栽143.49万亩),涉及全省14个市(州)的86个县(区)。但国家计划任务仅能消化已造林面积的19.5%,尚有185.74万亩将无法兑现补助粮款,同时已整耕地既不能造林,也影响耕种,直接影响农民收入。

按照甘肃省林业主管部门的说法,调整带来的负面影响包括各级政府工作被动、对退耕农民生产生活带来困难、对退耕还林成果巩固产生影响、大量苗木过剩以及影响和动摇了农民退耕还林的积极性。

大幅度的政策调整带给甘肃省退耕社区和退耕农民的影响是深重的:调研过程中,可以发现大片的耕地被撂荒,有的农民又重新在地里种上了庄稼。已经退耕但无法兑现指标的农民大都表现出非常无奈的神情,而他们也只有在内心默默承受由此带来的损失。当然也有部分退耕农户采取不缴纳农业税费的方式消极地予以回应。

(资料来源:兰州大学社区发展中心.《甘肃省退耕还林政策调研报告》.内部资料,2004)

3. 环境政策的外部因素

1) 调适对象对政策执行的影响

政策能否达到预期目标,在很大程度上取决于调适对象的态度。调适对象顺从、接受政策,政策就能顺利执行。否则,政策执行必定受到阻碍。管制性环境政策执行过程中,政策命令层层下达,企业被动执行,不得不转移部分资源用于治理污染,这可能导致其生产活动偏离生产计划,引起企业成本结构变化,从而影响企业的经济绩效。另外,企业的生产规模、生产能力和污染治理技术不同决定了企业污染处理的成本存在很大差异,许多中小企业无法承担污染处理技术的高昂成本,在政策的强制作用下,企业效率下降,进而采取不正当手段维持经济利益;因此,环境政策对企业效率的影响决定了企业对治理污染的态度[23]。这种方式制约了企业发展,甚至影响地方政府控制污染的力度。

---

[22] 张颖. 环境政策:韩国&中国——以《汉城都市区环境政策》为例[J]. 城市管理, 2002, 5(65): 11~13.
[23] 季永杰. 环境政策与企业生产技术效率——以造纸企业为例[J]. 北京林业大学学报(社会科学版), 2006(2): 82.

环境政策还表现为对利益的分配和调整，对行为的制约或改变。调适对象对政策的接受程度既与调适对象承担政策的成本利益有关，也与政策对调适对象行为的调适幅度有关。

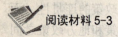

阅读材料 5-3

退耕还林政策中执行团体的影响

从甘肃省平凉市和定西市的退耕还林政策的调研结果(图 5.4 和图 5.5)中可以看出，在退耕还林"政策引导与农民自愿退耕相结合，充分尊重农民意愿"原则中，"农民自愿"的原则还没有充分体现，农户参加退耕还林的原因主要是由于"集中连片，统一规划"，是一种"被动性的参加"。赞成政策的原因中农户则只关注粮食和货币补偿，追求自身利益，并不考虑退耕还林地今后能否实现生态效益的最大化。

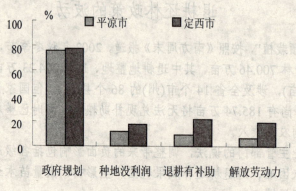

图 5.4 参与退耕还林的原因

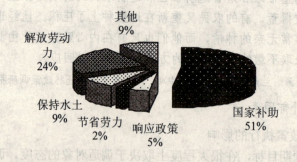

图 5.5 定西地区退耕还林原因

同时，农户退耕还林具有相当大的盲从性，对退耕还林政策的认知程度处于较低水平。而退耕农户对政策认知水平的高低直接关系到退耕还林政策的顺利实施和成果的巩固。

(资料来源：兰州大学社区发展中心.《甘肃省退耕还林政策调研报告》.内部资料，2004)

2) 执行主体的素质和态度

执行主体对政策的认同、创新精神、工作态度、政策水平和管理水平是政策得以有效执行的重要条件。但现实中，尤其是地方环境政策执行主体素质低下的情况非常普遍，其文化素质、环境专业素质、职业道德素质使得他们的思想观念不能紧跟环境形势，向可持续发展的转变还比较困难，对公共政策的执行显得呆板，没有灵活、创新的精神。这些都还处在令人担忧的境地。

另外，政府在制定环境政策时，很难周全地考虑到各方面的利益，使不同阶层和群体，不同地域和个人的利益都能得到满足。因此，如果环境政策威胁到执行主体自身的利益，执行者无论出于公心或私心，都有可能抵制或规避这一政策，从而使该项政策难以顺利有效地执行[24]。

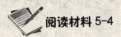
阅读材料 5-4

自然保护区与社区的冲突

1. 保护区对社区的影响

正面影响：对经济发展的影响，如种经济林、输电等；技能提高，如病虫害防治技术、技术培训、林木嫁接、栽培食用菌、养蜂等；加强了宣传教育，如环保意识提高、促进了思想观念的转变、信息更新加快等；促进生态环境的改善与维护，如水土保持等；知名度提高，吸引了国内外组织的关注，吸引大量的外来资金等；增加了就业机会，提高了劳务输出等；促进了养殖产业的结构调整。

负面影响：禁止利用森林资源和林副产品，包括柴薪、木材、烧炭、挖药、割漆、采野菜、熬樟木油等，群众收入减少；禁止利用市场资源，如狩猎、捕鱼、驯养等，使群众收入减少；野生动物危害农林作物，影响群众生活；禁止开矿，限制经济发展；影响交通条件的改善；禁止开垦土地；限制了旅游资源的发展；政策得不到很好的实施，贫困影响了执法的效果。

2. 社区对保护区的影响

正面影响：参与保护区巡护、防火及扑火；配合专项调查及科研；参与动物的保护急救；为保护区提供保护信息，如提供盗伐、狩猎的举报信息；为保护区人员提供方便，如提供住宿，吃饭；执行了许多保护区的工作，如天保工程、退耕还林。

负面影响：利用森林资源及林副产品，使保护区的森林蓄积量减少，生物多样性受到威胁，大熊猫栖息地受到了局部破坏；盗猎威胁野生动物的生存，使生物的生存、繁殖受到威胁；挖矿、破坏植被，加工过程形成了污染，对湿地生物造成威胁；修水电站，修路，破坏植被，隔断了野生动物种群的迁移；开垦，破坏森林；农业生产用的新物种，外来物种侵入的负面影响；农药的使用使鸟兽受到影响，严重的导致死亡；人口素质低，交通落后，生活贫困增大了执法难度。

从总体上看，社区发展面临的突出问题是保护区的建立并没有给社区带来利益，反而由于对社区资源的限制利用加剧了贫困。保护区的管理没有把社区的生存与发展纳入到其长期的发展与规划中，致使其片面强调管理，忽视了社区居民的根本利益和长远的生计发展，陷入了保护与发展的矛盾。

自然保护区经营的好坏在很大程度上取决于当地人民的参与。但是，自然保护区的建立忽略了社区基层对森林资源管理和合理利用的权利，而单纯以行政、法律和宣传手段来

---

[24] 李树林. 我国公共政策执行中存在问题的成因及对策分析[J]. 理论研究，2004(2): 40.

保护和管理森林资源。社区居民只是被动地接受，而不会主动参与资源管理，导致与保护区的管理发展产生矛盾。产生这种现象的根本原因在于保护区管理体制上存在的缺陷。

(资料来源：Oxfam Hong Kong. 白水江自然保护区社区共管调研.内部资料，2004)

3) 执行机构间的沟通与协调

包括决策机构与执行主体之间，执行主体上下级之间的纵向沟通，众多相关部门与环境政策执行部门的分工合作及调适对象与执行主体之间的横向沟通。

4) 政策环境

环境问题所处的社会环境，包括政治环境、经济环境和社会心理环境都影响环境政策的执行。

总之，环境政策作为解决环境问题的重要手段必然受到经济、社会、文化、政治的制约和影响。而环境问题是一个多层面的各种社会问题的关节点，是"世界问题复合体"。环境与人口、资源彼此作用，共存于一个复合生态循环中，环境问题是一个人口与资源问题。而人口、资源、环境又主要通过生产、消费和分配环节进行联系，因此环境问题又是一个经济问题。如何在社会化大生产的同时实现环境与社会的协调，关系到全社会的整体发展，因此环境问题又成了一个社会问题。环境问题带来人们生活方式与人生价值的变化，解决不好就会使社会人文与社会道德伦理受到威胁，因此环境问题又反映为一个文化问题。环境问题要求以可持续发展理念来指导整个社会实践，强调转变政府的社会管理服务职能，因此环境问题又成了一个政治问题。全球环境资源的有限性决定了国际冲突发生的必然性，为占有更多环境资源，各国在方方面面进行着激烈博弈，环境问题已成为一个国际问题[25]。因此，环境政策执行的外在环境也是错综复杂的，涉及的方面越多执行难度越大，执行效果也越难保证。

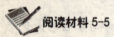
阅读材料 5-5

退耕还林的政策环境解析

退耕还林政策的政治影响力：从 2004 年开始，正在实施的退耕还林政策出现了静悄悄的变化，政府的工作重点转向了"振兴东北"。政府工作重心在一定程度上的转移，使一路高歌猛进的退耕还林政策在 2004 年的年度任务中发生了猛缩，国家分配的指标难以满足庞大的退耕补贴的需求。

经济的影响：粮食安全问题的再次提出对正在实施的退耕还林政策提出了质疑。

2004 年政策的调整给农民带来的深重影响：对于已经退耕但无法兑现指标的这些农民来说，他们大都表现出非常无奈的神情，而他们也只有在内心默默承受由此带来的损失。当然也有部分退耕农户采取不缴纳农业税费的方式消极地予以回应。

(资料来源：兰州大学社区发展中心.《甘肃省退耕还林政策调研报告》.内部资料，2004)

5.1.4 环境政策执行的地位和作用

环境政策执行在环境政策过程中具有重要的地位和作用。具体表现在以下几个方面。

---

[25] 潘岳. 和谐社会与环境友好型社会[EB/OL]. http://www.tianya.cn.

1) 环境政策目标实现的唯一途径

政府为了有效管理国家和社会事务，必须根据社会政治、经济、文化发展的需要和态势，针对现实生活中的重大政策问题，及时、正确地制定政策方案。而正确的政策方案要变成现实，则有赖于有效的政策执行[26]。如果制定的环境政策被束之高阁，则制定阶段所做的一切工作，耗费的一切资源都将失去任何意义；要实现环境政策目标，必须通过环境政策执行这一环节来完成。因此，环境政策执行是实现环境政策目标的重要阶段和过程，环境政策执行情况对环境政策系统的运行和环境政策目标的实现有着决定性的作用。

2) 检验环境政策正确与否的根本途径

实践是检验真理的唯一标准。环境政策执行作为环境政策系统的实践环节，正是将环境政策制定阶段的决策方案付诸现实活动，检验环境政策方案的正确性和科学性。环境政策执行得到广泛的支持而能够有效贯彻，并最终达到了预期的环境政策目标，说明环境政策是正确的，反之环境政策是错误的或不符合现实的。同时，在环境政策执行过程中，能够发现环境政策存在的不足，并向环境政策决策者反馈，使其能够及时修订和完善，使环境政策具有高度的针对性和现实的可行性及提高环境政策的质量，保证最终促进环境政策目标的实现。因此，环境政策执行是检验环境政策正确与否的途径。

3) 环境政策过程的中介性环节

任何政策都需要在执行过程中不断修正、充实和完善，以提高政策的可行性和有效性。另外，任何政策都有时效性，只能在一定的时空范围内起作用，超过这一范围，这个政策就失去效用，被新政策代替，因此，制定新政策要以事实为依据，尤其要以前一项政策执行后的反馈信息为基本依据。可见，环境政策执行在政策过程中起中介作用[27]。

5.2 环境政策执行模式

环境政策体系不能遏止环境状况恶化的趋势，多是环境政策执行过程存在不足使然。国家环保总局局长周生贤提及，我国环保法制工作仍存在四大"软肋"：第一，经济、技术政策偏少，政策普遍缺乏可操作性，在环境政策之间、环境政策与其他领域的政策之间缺乏协调；第二，现有环境法律法规偏软，对违法企业的处罚额度过低，环保部门缺乏强制执行权，造成违法成本远低于违法收益的后果；第三，地方保护主义干扰环境执法，有法不依、执法不严、违法不究的现象普遍，监管不力的问题还很突出；第四，执法监督环节薄弱，内部监督制约措施不健全，层级监督不完善，社会监督不落实等。这些因素造成的政策执行阻滞存在于政策执行的全过程中，它不仅意味着政策不能发挥其应有的作用，造成政策资源浪费，危害公众利益，损害政府权威，使得政策执行不能取得预想的效果。因此，必须完善环境政策执行模式，以保证环境政策目标的实现。本节将对环境污染防治与控制政策和生态环境保护政策适用的执行模式进行阐述。

5.2.1 多元参与的环境政策执行模式

多元参与执行模式需要有多个利益相关主体，适用于环境污染防治与控制政策。

26, 27 陈振明. 公共政策分析(第一版)[M]. 北京：中国人民大学出版社，2003：225～226.

笼统的政策系统包括公共政策、政策利益相关者和政策环境三个要素的相互联系。政策环境是围绕一个政策议题的事件发生的具体背景，它影响政策利益相关者和公共政策，政策环境也被公共政策和政策利益相关者所影响[28]，如图5.6所示。

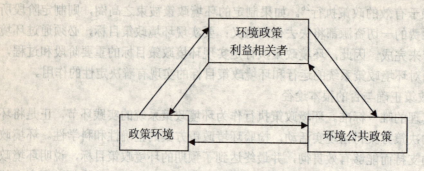

图5.6 环境政策系统要素

(资料来源：威廉·邓恩. 公共政策分析导论[M]. 北京：中国人民大学出版社，2002:80)

管制性环境污染防治与控制政策是污染排放者、承受者及政府这三大利益相关者之间综合作用的产物。但随着社会市场化改革的发展，政府、市场与社会化日益明显，并随着公民社会的发展而逐渐成长，因此需要构建多元参与的环境政策执行新模式。

1. 多元参与政策模式理论

1) 政府职责与权力分配

环境问题的解决需要相关部门的协作。但目前我国的行政体系结构决定了环境政策体系存在着责、权、利分化不清，阻碍了环境政策效果的有效发挥。

国家环保总局的职责包括控制污染和生态环境保护问题、部分环境政策的制定和监督，协调各部委之间的环境事务，是我国最高的环境政策执行主体。全国人大环境和资源保护委员会负责起草环境的立法，并监督政府对环境政策的执行力。省、市和其他地方政府负责发布各自管辖区域内的环境立法和规划。省环境保护局及县和市级环保局，监督国家和地方一级环境法规、立法和标准的执行情况。政治上的权力下放与分散，将更多的环境政策执行权转移到地方政府。省、市、县、乡政府，地方环保办公室和其他地方局，在保护环境和管理资源方面承担责任。而地方政府首要目标是发展经济。地方政府官员通过增加财政收入、保证低失业率和保持社会稳定来巩固政绩。在现有政绩考核体系下，改善环境对政绩起到一定的削减作用。这决定了多数情况下环境政策执行让位于经济发展，致使环境政策效果大打折扣。

现代企业改革调整了政府与企业的关系，使政府把更多的注意力置于协调重大经济关系、进行宏观调控、制定经济发展长远规划和产业政策、开展城市基础设施建设和环境综合整治等一系列只能由政府承担的全局性、长远性工作。

2) 污染排放者与承受者之间的利益分配博弈

微观经济学家把人类行为抽象为经济人的行为，这是经济分析的前提条件。西蒙也认为经济人的理性涉及根据价值体系进行行为方式的选择。经济人决策过程是在一个详细说

---

[28] [美]威廉·邓恩. 公共政策分析导论[M]. 北京：中国人民大学出版社，2002.

明和明确规定的环境中进行"最大化"选择或"最佳"的选择[29]。因此,每一个追求自身利益的团体都是在追求本身效用的极大而非社会效用的极大。

通过环境政策执行,由污染排放者担负污染成本以实现污染防治和环境改善,污染承受者由此获享环境权益。在这种方式下,承受者获得利益而无需担负成本。在"经济人"理性决策模式下,由于自身不需要担负成本,承受者会为了自身利益要求更高的环境品质,而常常忽略污染排放者的污染防治成本。另外,污染排放者并不能从管制中获得利益。因此,污染排放者偏向选择较不严格的污染防治法规,以降低生产成本,增加利润;而污染承受者偏向选择较严格的管制政策,以减少污染造成的伤害或损失。

在污染承受者与污染排放者这两个立场截然相反的利益团体间,政府面临着居中斡旋的困境,见图5.7。

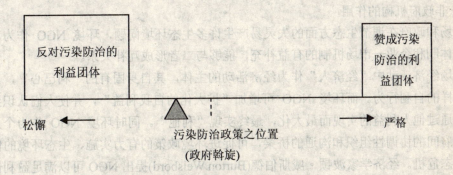

图5.7 污染防治政策的利益均衡

在环境保护政策下政治利益的均衡可视如跷跷板,对峙团体力量的大小用平衡板上的方形大小表示,为了平衡这两个团体间的相对力量,以三角形表示的支点必定较靠近影响力较大的团体。

(资料来源:Paul B.Downing. 环境经济学与政策(第二版)[M]. 黄宗煌,译. 台北:联经出版事业公司,1995:124)

3) 政府机构与企业(污染排放者)之间的博弈

环境污染管理系统是一个典型的两级系统。政府的权威管理机构处在高级别层次上,企业则处在低级别层次上。长期以来,城市环境污染管理系统中计划控制的主体是各个企业,它们存在着不同的能力条件和资源约束[30],而经过现代企业制度的改革,企业成为自主经营、自负盈亏的经济主体,按照市场经济规律运作[31],成为自利的经济人,在追求自身利益最大化的过程中不可避免地刻意忽视甚至损害系统的整体利益和社会利益。

在这两层级的运行系统中,一部分参与者不能够获取信息,环境政策就出现这样的困境,即规章制定机构的官员并不完全清楚特定工厂和企业采用削减污染的技术的不同意味着什么,也不能深刻理解改变环境标准对于一个企业意味着怎样的新成本。而一部分参与者能够获得信息时,就可能推动或阻碍环境政策的执行[32]。由于信息的公共性和机会主义倾向导致的信息不对称使得污染承受者更易蒙受环境权益不平等。例如,污染者受个人经

---

[29] [美]赫伯特·西蒙. 管理行为[M]. 杨砾,译. 北京:北京经济学院出版社,1988.
[30] 蒙肖莲. 环境政策问题分析模型研究[J]. 数量经济技术经济研究,2005,5:79~88.
[31] 张世秋. 政策边缘化现实与改革方向辨析[A]. 郑易生主编.中国环境与发展评论[C]. 北京:社会科学文献出版社,2004:498~507.
[32] [加]布鲁斯·米切尔. 蔡运龙等译. 资源与环境管理(第一版)[M]. 北京:商务印书馆,2004,5.

济利益的驱使往往对其生产过程、生产技术、排污状况、污染物危害等方面的信息进行隐瞒，实施污染行为。相反，受污染者由于信息缺乏，维护自身环境权益却需要付出很大的成本[33]。

企业作为一个经济实体，其"经济人"的角色决定了它必须追求利润，实现企业价值最大化。但这并不等同于利润最大化，而是在实现利润最大化过程中取得企业品牌、美誉度、社会形象等的最大化。同时，企业的经济活动存在外部性，需要企业由"经济主体"向"社会主体"转变[34]。因此，企业的社会责任(Corporate Social Responsibility，CSR)也要求企业必须超越把利润作为唯一目标的传统理念，强调要在生产过程中关注人的价值，强调对消费者、环境、社会的贡献。在企业与政府的博弈过程中，企业的社会责任也在一定程度上增加了环境污染政策的约束力。

4) 非政府机构的作用

市场和政府在调节生态方面的失灵易产生许多生态环境问题，环境 NGO 作为对政府—国家体制和企业—市场机制的有益补充，能够与二者形成互补关系。

市场经济活动中"经济人"作为经济活动的主体，其自身固有的"利己心"，易产生各种各样的自利行为。而环境 NGO 可增加"扩大化的自我利益"，并使人们认识到个人利益可通过他人利益的实现而最大化，最终实现"利他"。同时环境 NGO 作为个人或公众和政府间的协调性组织和沟通的桥梁，可促进环境政策的有力实施、生态环境的保护并减小生态危机。经济学家波顿·威斯伯德(Burton Weisbord)提出 NGO 可以满足盈利性部门因为无利可图而不愿提供、政府因为资金短缺而不能满足的需求。同时，政府也可以从环境 NGO 那里受益，如预算削减，公众需求增加，生态优化，从而促进经济发展等。

与政府部门的决策行为相比，环境 NGO 的组织运作因其具有的"草根性"和"亲和性"而具有更高的效率及效益。更重要的是，环境 NGO 克服了政府和市场在发展经济时出现的急功近利的弱点，克服了生态问题的政府反应式和危机式，可以坚持不懈地致力于特定问题的解决，更加强调大众观念转变和组织、制度创新的重要性，因而从根本上更有利于发展的可持续性。所以，环境 NGO 在生态经济发展方面的活动提供了一种补充性或替代性选择[35]。

2. 多元参与政策模式

政府、非政府和企业等不同角色间的比较优势逐渐明显。因此，多元参与的环境政策管理系统需要政府集中力量，注重框架和法规，并提供大规模的投资；非政府部门将着重于信息收集、监测、预警，并反映利益相关者的意愿，同时向污染承受者等弱势群体提供帮助，利用舆论效应对政府和污染排放企业施加压力，监督其对管制型政策的实施；而生产单位则将注重通过引进新的清洁工艺流程和处理设施来控制污染排放[36]。同时，随着公民社会的发展，企业高度的社会责任必然要求其提高自身的社会形象，企业不仅要对赢利

---

[33] 沈满洪. 环境经济手段研究[M]. 北京：中国环境科学出版社，2001.11.

[34] 徐耀强. 企业社会责任的价值与途径[J]. 中国电力企业管理，2007(1)：78~79.

[35] 张雅丽. 论生态非政府组织与生态经济的发展[J]. 湖北社会科学，2004.8：105~106.

[36] 联合国开发计划署(UNDP). 中国人类发展报告 2002：绿色发展 必选之路[M]. 北京：中国财政经济出版社，2002.

负责,而且要对环境负责并承担相应的社会责任,在改善环境中扮演积极角色,这必然会使得污染企业、政府、环境 NGO 之间达成的管制性自愿性协议增多,以弥补管制性政策的不足(参见图 5.8)。

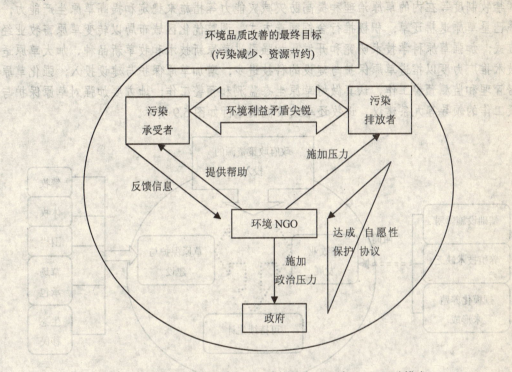

图 5.8 政府、污染承受者、污染排放者、环境 NGO 互动模式

5.2.2 以社区为本的环境政策执行模式

按照生态环境保护政策治理领域的不同,可将环境政策分为海洋环境保护政策、生物多样性保护政策、草地和湿地保护政策、防治沙漠化和荒漠化政策、水土保持政策及农村生态保护政策等。但这些以政府为主导的环境政策在执行过程中也可能出现一些不足,需要一种新的执行模式,即以社区为本的环境政策执行模式来弥补可能出现的不足。

1. 现行生态环境保护政策执行问题概览

与管制性环境污染防治与控制政策不同,我国的生态环境保护政策涉及生态、经济、社会和政治等诸多深层次问题,融合于环境法规和其他法规中,这必然要求执行过程中综合协调人口、资源、经济、社会等方面以使生态环境得到根本保护。现行生态环境保护政策在执行中出现的问题不尽相同,我们以如下几个案例来分析生态环境政策在执行中可能遇到的问题,试图达到抛砖引玉的作用。

案例 5-2

退牧还草政策执行的问题分析

2002 年 9 月 16 日,国家提出了草原生态保护的目标,发布了《国务院关于加强草原保护与建设的若干意见》，这是建国以来第一个专门针对草原出台的政策性文件，把草原保护与建设工作提到经济社会发展的突出位置。该文件指出，要充分认识和加强草原保护与建设的重要性和紧迫性；建立和完善草地保护制度、草畜平衡制度、推行划区轮牧、休牧和禁牧制度等在内的草原治理和提高防灾减灾能力等措施来稳定和提高草原生产能力；实施已垦草原退耕还草；积极推行舍饲圈养方式、调整优化区域布局以转变草原畜牧业经营方式；加强草原科学技术研究和开发、加强引进草原新技术和牧草新品种、加大草原适用技术推广力度以推进草原保护与建设的科技进步；增加草原保护与建设投入；强化草原监督管理和监测预警工作，认真做好草原生态监测和预警工作；地方要加强对草原保护与建设工作的领导等九条建议。退牧还草政策机制运行如图5.9所示。

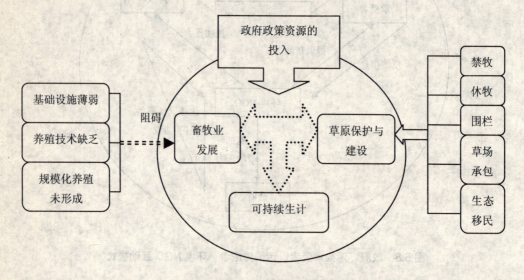

图5.9 退牧还草政策机制运行图

实践证明，对于大面积草原的生态治理而言，真正行之有效的方法是退牧，因为草地植被两三年时间就可以自然恢复，不用辅以人工种草来治理。对于畜牧业发展而言，退牧后实行舍饲圈养，也为利用科技提高养畜质量和效益提供有利条件。对于牧民而言，通过退牧转变靠天养畜、自然放牧的生产方式，既有利于提高生活水平，也有利于通过科学化、市场化经营增加畜牧业收入，同时也有利于牧户子女的教育和就业。这是政策执行初期牧户对该政策表示支持的重要原因。

自实行草场承包、围栏，至近年的全面禁牧，草原得到了休养生息的机会，植被开始恢复，生态环境也得到了改善；同时，由于草原承包明确了草原使用责权利，牧户对自属草场加大了资金、人力的投入，特别是牧草的补播，提高了产草量，有效遏制了草原退化；同时，改变了牧户的养殖方式，使传统的以放牧为主的低投入、低产出的养殖业向以舍饲为主的高投入、高产出的养殖业转变，并且一定程度上提高了牧民的生态意识。在禁牧措施实施的最初阶段，牧户碍于政府执行和监督力度的强硬，不得不放弃对草场的利用，实行圈养[37]。但这种养殖方式增加了劳动量，且使牧户的经济收入减少，这是导致违规放牧的最重要和最直接的原因。从最初少数人的大胆尝试，到人数不断增多的"偷牧"，退牧

---

[37] 齐顾波，胡新萍. 草场禁牧政策下的农民放牧行为研究——以宁夏盐池县的调查为例[J]. 中国农业大学学报(社会科学版)，2006(2)：13.

政策没有得到有效的执行。

禁牧地区的牧户从自身经济利益出发违规放牧。因当地人均耕地资源较少，特别是水资源少且分布不均，养殖业是牧民的主要收入来源。禁牧使牧民养殖成本大幅增加，加之当地经济结构单一，缺乏替代性收入来源，在面对市场进行生产决策和消费决策时，牧民就选择偷牧来降低成本。同时，由于草场使用权没有得到明确界定，这种违规放牧并不会因过多使用草场而付费，草场生态退化的后果也并非由其中的某一个人承担，这导致的共同放牧问题挫伤了牧户保护和改良草地的积极性。因此，政策执行并没有取得预期效果。

(资料来源：陈洁，《西部草原退牧还草政策研究》调研报告，2006)

【案例分析】案例5-2说明，当前在我国广大牧区实施的"退牧还草"政策是促进畜牧业和生态环境建设协调发展的良性措施。但我国牧区地理环境复杂，民族众多，文化多元，贫困人口多，贫困发生率高，各种政策性资金投入较少，牧民依靠政策和有限资金支持转变几千年传承下来的生产生活方式面临的挑战较大，"一刀切"式的退牧还草政策在执行过程中必然受到阻力。所以，环境政策的执行能够客观反映环境政策制定是否科学、是否具有广泛的参与性、是否体现了自上而下与自下而上的互动、是否将各民族的传统文化和本土经验与环境科学有机结合、是否及时调整政策制定过程中的不足。环境政策执行过程是检验环境政策是否科学的试剂。

案例 5-3

自然保护区政策执行的问题分析

我国的自然保护区建设是建立在政府针对现有自然资源无序利用造成自然资源的不可持续和对生物多样性的破坏而导致资源匮乏的现实基础上的，而当地社区则被社会和政府认为是造成这种状况的主要责任群体。正是基于这种设想，几乎所有自然保护区都企图通过总体规划的形式把社区从自然保护区中剥离出去，以行政、法律和宣传等手段来保护和管理保护区资源。这事实上忽略了社区对保护区资源管理和合理利用的权利，导致社区发展与保护区管理的人为剥离，并产生矛盾，阻碍政策执行，影响政策效果。产生这种现象的根本原因是保护区管理体制上存在缺陷。主要表现在如下几个方面。

(1) 保护区管理法规的制定程序存在问题。保护区的各项政策都是自上而下制定的，整个过程缺少社区的参与；制定者缺乏对保护区内或周围社区的实地调查，社区的基本利益被剥夺，保护政策甚至与社区发展相矛盾。其结果是保护政策执行遭到社区极大阻碍，社区居民拒绝参与资源保护，甚至掠夺保护区资源，而保护区管理部门按照保护区政策对破坏资源的行为采取强制性手段，造成社区与保护区管理部门的冲突日益激烈。最终使保护区政策难以得到有效执行。

(2) 自然保护区的管理模式中缺乏社区参与。自然保护区的现行管理模式是建立在高度行政指令基础上的，保护区管理部门过于强调对资源的保护，与社区之间缺乏必要的沟通与合作，忽视社区对资源的合理需求，导致保护区管理与社区发展脱节。通过参与式农村评估(Paticipatory Rural Assessment，PRA)调查发现自然保护区成立前，社区"靠山吃山，靠水吃水"，能够满足基本需要；而保护区成立后，当地社区资源供给发生危机，政府又没有相应的补偿措施，加剧了社区的贫困，社区为维持基本需要，不得不非法掠取保护区资源，这样既牺牲了社区的生存和发展，也不利于保护区资源的保护。

(3) 自然保护区的补偿机制不健全。自然保护区建立后，野生动物受到保护，种群得以恢复，某些野生动物数量的增加往往造成庄稼被践踏、啃食，这种损失成为保护区内或周围贫困社区的沉重负担。虽然《中华人民共和国野生动物保护法》第二章第十四条指出："因保护国家和地方重点保护野生动物，造成农作物或者其他损失的，由当地政府给予补偿。补偿办法由省、自治区、直辖市政府制定"，但该条例在执行中遇到了许多困难。首先，保护区所在的县多为贫困县，无力支付补偿费用；其次，一些省没有颁布相关的实施细则，也没有设置专项补偿经费。如，甘肃省白水江国家级自然保护区的农户每年因野生动物破坏造成的粮食损失高达 30%～50%，但国家及社会没有赔偿机制，这些损失成为社区为保护区承担的无偿成本。

(资料来源：Oxfam Hong Kong, 白水江自然保护区社区共管调研.内部资料, 2004)

【案例分析】案例 5-3 说明以下几个问题。

第一，缺乏与当地减贫活动结合的自然保护模式和管理机制，导致环境管理与减贫形成对立，不利于保护区政策的实施。

第二，在引导性环境政策执行中，环境政策执行的底层群体的参与是政策执行成败的重要影响因素，如何最大限度地激励执行群体的有效参与是政策有效执行改革的必然方向。

第三，实施生态环境保护政策的地区大多是环境退化严重、生态敏感脆弱的贫困地区，这些地区的表层特征是经济贫困，而其深层原因往往是环境贫困。贫困程度与生态环境状况存在着极为密切的关系，贫困与生态环境之间的恶性循环是造成贫困落后地区经济社会非持续发展的原因。

因此，正确处理生计改善与环境保护间的关系是生态环境保护政策有效执行的根本出路。在制定生态环境保护政策时，既要考虑环境保护战略，又要考虑如何改善贫困人口的生计。将生计改善与生态环境恢复很好结合起来的环境政策才能够显示出强大的生命力。

2. 政府在执行生态环境保护政策中的主导作用

我国的生态环境保护政策是政府主导型环境政策执行的典范。政府主导型环境治理确有其自身的优势，主要表现为高效率的组织和管理体制的建立为生态环境保护政策顺利实施提供了重要的组织保障。例如，根据退牧还草工程要求，从中央到省区、县市、乡村都成立了退牧还草建设领导小组，县与乡镇、乡镇与村、村与农户实行任务的层层落实，签订责任状，逐级严格考核。这种组织上的优势使得环境治理在一定程度上具有行政运动的色彩。大幅度的政府资金投入是政府主导型生态环境保护政策优越性的体现。但以政府为主导的环境政策在执行过程中也可能存在一些不足之处。

案例 5-4

退牧还草政策暴露的问题

1. 禁牧、休牧的统一补偿标准影响政策执行效果

按照草场面积实行的单一补偿，缺少配套补助办法(低保障、畜牧产业支持等)影响了生态移民户的积极性。补偿标准应以能弥补牧户因退牧还草带来的经济损失为准，保证牧户能维持基本的生活和生产，对转产转业的搬迁牧民的补偿应考虑其搬迁前后的成本收益差异。牧民能得到适当的经济补偿，获得更好的生存和发展机会，收入水平至少不低于放牧时的水平，才能保证牧户对退牧还草政策根本的认同。

2. 基础设施不能给予政策执行良好的配合

干旱半干旱牧区水资源稀缺，加上牧区水利设施落后，使得这些区域普遍面临人畜饮水困难和饲草料不足的问题。另外牧区地处偏远，地广人稀，基础设施建设难度大，这也是禁牧后牧民实行舍饲圈养时面临的最大困难，不仅影响到这些地区的畜牧业经济的发展和农牧民生计的改善，也阻碍了退牧还草政策的顺利执行。

3. 牧区后续产业发展滞后

由于牧区经济发展水平低，畜牧业生产的专业化、社会化、集约化水平不高，与真正意义上的现代畜牧业相比差距还很大。而牧民移民后放弃传统的生产生活方式转而从事非牧产业，不仅受制于自身较低的文化素质，也受制于当地较低的工业化和城镇化发展水平，就业容量小，因此国家应辅以推动牧区工业化和城镇化方面的政策或措施。

4. 草原管理体制存在缺陷

目前草原管理体系还不完善，草原管理机构职能不完备。草原生态保护事务牵涉到许多部门，而不同部门之间缺乏合作、职能重叠导致人力和物质资源的浪费，降低了管理效率。而退牧还草政策的实施仍然以行政方式为主，忽视了最有效的草原治理主体——牧民参与，以致高额的政策成本并不能换取良好的政策效果。监督环节薄弱也是影响退牧还草政策效果的一个因素。

5. 与退牧还草政策相配套的政策措施的缺失

草原生态作为公共产品，具有很强的"外部性"特征，牧民将其作为生产资料进行投资建设，取得了生态效益，却得不到有效补偿，有失社会公平，使广大牧民投资建设草原的积极性严重受挫。因此，必须对牧民给予适当的补偿，提高牧民保护和建设草原的积极性。

目前退牧还草政策实施过程中的生态补偿还只是以专项拨款的形式对牧民进行补偿，而当地其他公共政策中发展政策的补充及财政约束的解决措施，数量极为有限。

明晰产权是草地管理的现实需要，完善草场家庭承包责任制以保证牧民投资建设草原的积极性，草地资源才能得到有效的保护和合理的利用。由于自然条件的限制(如水源、草场质量和治理难易程度等)并不能将草地一次划归到户，常常是集体或村组共用草场，放牧时由牧民直接看守边界，非放牧季节则安排看守者来实现产权明晰，减少修建围栏的成本。同时，牧户内部也出现分化，一部分牧户实际占有集体或村组公共草场的面积比应有份额大，存在"大户吃小户"、"富户吃穷户"的问题，草地流转不规范，草地价值完全没有体现。而草场承包到户的关键是要落实以草定畜政策，合理利用草场。草场经营权流转不规范也成为完善草场承包政策亟待解决的重要问题。另外，基本的畜牧发展饲料得不到满足，致使牧民对政策表现冷漠、无动于衷甚至"捉迷藏"式地破坏资源，"偷牧"现象屡禁不止，形成了"边治理，边破坏"的怪圈。

(资料来源：陈洁，《西部草原退牧还草政策研究》调研报告，2006)

【案例分析】 案例 5-4 说明，虽然以政府为主导的环境政策在执行中有许多优势，但自上而下式的实施政策，将目标群体或政策受益者置于"被动"地位，缺少社区参与或认同，甚至可能遭到部分调适对象的抵触，导致政府主导型生态环境保护政策执行效果欠佳或不能实现政策的预期目标。

3. 以社区为本的环境治理模式

强调社区基础上的环境治理理念来自政府治理的既有背景。政府几乎包揽所有的公共事务曾被认为顺理成章，在自然资源管理上也表现为国家或政府部门的直接管理、控制或干预；当地人的管理地位被忽视或被排除，政府的管理能力被夸大。但随着政府责任制自上而下的转移，这种政府主导型环境治理模式逐渐发生了变化。

政府的能力限制仅仅是问题的一个方面，此外，当政府把权力下放到社区时，会得到社区强大的支持。一方面，社区治理具有民主化优势，这体现了一种时代精神。另一方面，管理权的下放将利于社区关注自身利益的要求，有助于调动积极性。

1) 以社区为本的环境治理理论

社区指在农村有共同地缘、文化背景、风俗习惯以及共同利益，并通过一定方法联系起来具有合作、互动的地域组织[38]。社区在行政区划上可以指行政村、自然村，也可以是由多个村的居民组成，但必须经过重新组织后居住在一起，是共同开发某一土地资源或其他资源的联合体。社区管理的目的是维持社区全体成员的共同利益，包括制定公共制度来控制由市场经济引起的外部性问题。

以社区为本的环境治理实质上是一种综合生态系统管理在社区层面的实践，是一个复杂的过程，涉及来自政府和非政府部门两方面的利益相关者，涉及各种各样甚至是相互竞争的目标，涉及多级政府机构，涉及多种甚至是相互重叠的管理权限。在许多情况下，不同利益群体之间存在对稀缺资源的竞争和不同的感应。而生态系统管理涉及运用制度、行政方法和科学方法管理整个生态系统，而不是管理小的、人为划分的管理单元。管理上的生态学方法包含了关于自然资源和环境的整体观和生态观。认为人类活动和生产发生于生态系统之中而不是游离于其外。因此，生态系统方法致力于获得长期经济效益而不是短期财政收益[39]。保护自然资本，长时期地保护生态系统和生态过程，可持续的利用和收获资源，认识和保护本土人民的传统知识、习俗和实践，都是生态系统管理的结果。

将这一系统规划应用于社区内环境政策的执行，进行资源环境的管理能够体现人与自然协调发展的可持续发展观。社区内，人们为了个人的私益结合起来形成特定的治理结构，这种结合方式不是在市场体系下出现，因而能够产生市场体系不能产生的结果。同时，在政府管理时冷漠、无动于衷甚至"捉迷藏"式地破坏资源的人们，在管理权下放给他们——甚至将资源真正地赋予他们之后，将产生出如同市场主体追求赢利一样强大的动机。然而仅仅依靠资源管理的权利下放并不能保证实现社区治理效果的最大化，还需要下列一些相应的条件。

(1) 最佳的空间尺度。较小的地区如集水区，自然资源具有整体性，且多种资源的组合可以提高资源的生产和利用率，而参与者很容易确定其中的利益并使之增值；较小的地区参与者的数量相对较少，能够进行有效的交流。社区成员之间既有利益区别，又共同生

---

[38] 陈安宁. 资源可持续利用激励机制[M]. 北京：气象出版社，2000.8：123~129.

[39] [加]布鲁斯·米切尔. 资源与环境管理(第一版) [M]. 蔡运龙, 译. 北京：商务印书馆，2004, 5.

存于同一地域，涉及同一个利害关系，需要他们的理性合作[40]；另外，较小的地区政府机构相对较小，且其托管权要特别涉及地方或区域尺度。

(2) 最倾向于协同管理的人群。现有人群已经固定为一个社会系统，常常基于血缘关系、种族划分或资源利用方式的相似性；使用者对资源和他们的行动(个人或集体的)将怎样影响彼此和资源本身有一个共同和共享的理解；使用者相信彼此都能信守承诺，互惠互利；使用者能够在没有外部权威挑战或可能破坏自身规则的情况下，决定取得资源和使用资源的安排；人群将资源作为他们生计的主要部分；拥有较高经济资本或政治资本的使用者同样受现有资源获得方式和使用方式的影响；人群能有效地确定其边界，以便清楚地确定在人群里的成员身份，也使资源的分配使用和申请核准变得容易。

(3) 最有利的前提。存在真实的或想象的资源退化危机或耗竭危机，如沙漠化对社区居民生存的威胁；资源退化没有严重到人们认为即使组织起来也毫无改善时，或资源尚未充分利用到即使组织起来也受益不大时，地方资源使用者自愿提供财务支持或其他形式的支持，为资源修复和管理任务作贡献。如，"在最近几年中，尽管在经济上处在贫困状态，但治理沙漠化的活动一直没有停止。在与沙漠化长期的斗争中，他们已经把治理沙漠作为生活中的一部分，如果能够得到外界的支持和帮助，将进一步推动治理沙漠的行动[41]"。

(4) 最有利的机制和条件。国家层面的责任是由政府机构通过法律来管理，并且有一个决定全局的政策，其执行建立在法律和规章所拥有的权威基础上；同时，国家管理系统拥有自然资源的所有权，而每个成员拥有获取和使用它们的权力。在我国特定的国有制和集体所有制下，资源均不能随意转让或买卖，开发利用资源的收益由国家或集体在全体所有者之间根据贡献大小分配[42]，这就使得由协同管理创造的部分财富能够返回到乡村社区。社区能够寻求外部支持，在制度建设方面，社区的努力方向是关注社区管理机制和监督机制的建立，以及人们组织能力的提高。如，为了监督集体基金的预销情况，既需要引导农户选出代表民意的管理组织，还需要引导农户实施监督，将外界提供的集体利益转化到社区内部。

(5) 人的因素。成功的协同管理协议还有赖于人际关系，包括培养资源使用者组成的社区中个人及团体的合作精神；社区成员承诺共担他们增强和保护资源所需的花费，并共享由此带来的利益；分配决策要能够解决冲突，以推动人们去商讨公平、共享的资源获取；在直接或间接接受资源分配决策影响的人们间确定一种谈判关系；培养资源使用者和政府官员间的信任与尊重，引导政府赋予更多的权利给当地居民。

2) 以社区为本的执行模式

以社区为本的执行模式框架(见图 5.10)包括社区历史、文化、经济、体制和生态环境背景状况；以社区为本的执行主体地位的合法化和可信性，需要通过政策、法令、经济支持或行政支持来取得合法性；将生态保护功能与社区获得的外界利益转化到社区内部中去；社区治理模式的组织机构包括社区组织、政府组织及外部非政府组织；在政府和社区资源使用者之间通过达成共识和参与性原则，共同制定政策执行措施、监督机制，鼓励社区发展。社区特性即社区成员具有地缘上的归属感和心理文化上的认同感[43]，决定其在社区综合资源管理中的积极态度。

---

[40] 陶传进. 环境治理：以社区为基础[M]. 北京：社会科学文献出版社，2005.5.
[41] 任晓东. 民勤参与式监测评估中的发现及建议(内部资料), 2002.
[42] 蓝虹. 产权经济学[M]. 北京：中国人民大学出版社，2005.4：80.
[43] 娄成武. 社区管理[M]. 北京：高等教育出版社，2003.

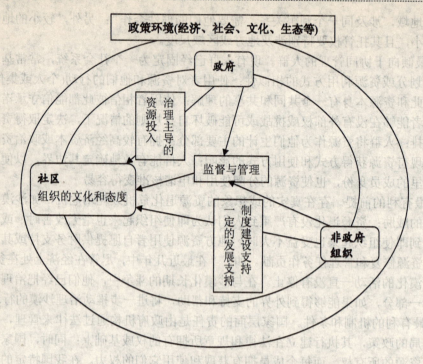

图 5.10　社区为本的执行模式框架(据 Mitchell 改编)

4. 以社区为本执行模式案例分析

为总结以社区为本执行模式的优势,通过案例 5-5 的分析以期能够从中借鉴有效的环境政策执行模式。

甘肃省民勤县绿洲沙漠化防治和社区生态扶贫项目

1. 项目概述

近年来,民勤县生态环境急剧恶化,引起国内乃至国际社会的广泛注目。民勤县生态环境的恶化以位于石羊河末端的湖区最为突出,也导致了严重的贫困问题。截止 2001 年底,湖区及南湖 6 乡镇的 92 个村中有 72 个村、491 个社、12734 户、53259 人处于贫困线以下,贫困面达 66%。其主要表现是农民收入下降、口粮严重短缺、群众负债较重、人畜饮水困难、人口外流严重。2001 年,湖区农民人均纯收入 795 元,较 1997 年下降 41.8%;有 9700 多户口粮短缺,缺粮 200 多万千克;湖区有 49 个村、5 万多人、8 万多头(只)牲畜严重缺水;10 年来湖区人口自然外流达 6489 户、26453 人,其中 2000 年以来外流 2111 户、8524 人,分别占总户数、总人口的 12.2%和 10.4%。

民勤县的生态环境问题引起了各级党政领导的高度重视。2001 年,时任国务院副总理温家宝曾严肃批示:"石羊河流域生态综合治理应提上议程","决不能让民勤县成为'第二个罗布泊'"。之后,全国政协副主席、原水利部部长钱正英,甘肃省省长陆浩等先后实地考察了石羊河流域及民勤县的生态环境问题,对生态保护提出了具体严格的要求。

为了积极贯彻落实中央及省级官员关于治理民勤县沙漠化的指示，为民勤县生态环境治理寻求理论依据和社区示范模式，兰州大学资源环境学院与民勤县农林办公室在 Oxfam Hong Kong(香港乐施会)资助下，共同实施了"甘肃省民勤县绿洲沙漠化防治和社区生态扶贫"的项目。该项目通过对民勤县绿洲沙漠化发生发展过程、机制的研究，了解以农牧业生产为主要内容的人类活动对沙漠化的影响，然后从改变人类活动的角度，提出改变生产方式和调整种植结构的对策，达到在保护生态环境的前提下消除贫困的效果。项目以参与性环境管理为主要工作手法，通过沙漠化防治、退耕还林、培育绿洲过渡带、居民生态意识培训、建立可持续的生态环境管理机制等具体措施，使项目社区生态环境明显改善、生活水平显著提高、后续发展能力有所增强。项目运行及环境变化改善如图 5.11 和图 5.12 所示。

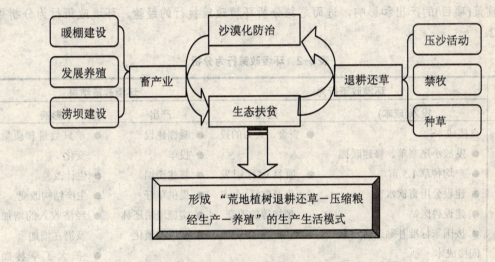

图 5.11　民勤县沙漠化防治与生态扶贫项目运行机制图

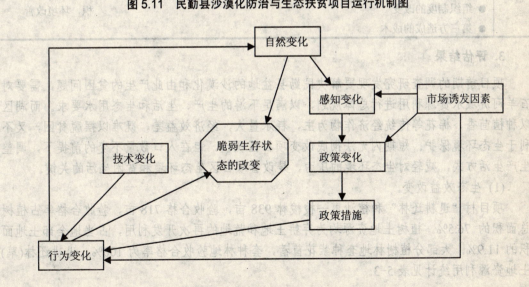

图 5.12　项目实施环境管理中变化过程图

2. 项目评估内容

政策行为可进一步细分为政策投入和政策过程。政策投入是为获得产出与影响而使用的资源(时间、金钱、人力、设备和供给品)。最典型的政策投入是项目预算。政策过程是促成政策投入向政策产出和政策影响转化的管理的、组织的及政治的活动与态度[44]。政策行为有规范和分配两个主要目的。规范行为是指那些确保符合特定标准和程序的政策行为。所有的规范行为都需要资源投入[45]。分配行为是需要投入时间、金钱、人力与设备的行为,可规范某种行为能带来的分配性和再分配性后果。对于农村环境的治理大多需要通过投入,增加项目受益人的参与,转变其行为方式,以达到环境治理的目的[46]。

监控能够提供政策行动过去和现在有关结果价值方面的信息。因此,我们对在甘肃省民勤县实施的以社区为本的生态扶贫项目主要从生态、经济与社会三个领域进行监测,以分析政策(项目)的产出和影响,进而总结分析环境政策执行的经验。环境政策行为分析见表 5-2。

表 5-2 环境政策行为分析

项目	环境政策行为		环境政策结果	
	投入(成本)	过程	产出	影响
民勤沙漠化防治生态改造	直接成本: ● 发放小尾寒羊、修建暖棚 ● 户均种草 1.5 亩 ● 建设公用畜饮水窖 ● 建设兽医站 ● 按国家标准补贴退耕还草 间接成本 ● 组织制度的改变 ● 第三方造成的成本	● 资金、人力的投入 ● 项目运行引发生产生活、个人精神等的改变	● 暖棚建设 ● 投羊 ● 修建涝坝 ● 提供草籽 ● 实施退耕还林 ● 减缓沙漠化	● 羊只数量和质量变化 ● 生计改善 ● 生产结构改变 ● 经济收入的增加及潜在增加 ● 扩大了草林面积,环境改善

3. 评估结果

项目前期的调查研究发现要解决民勤县盆地的沙漠化和由此产生的贫困问题,需要对石羊河流域水资源利用进行总体规划,以满足下游的生产、生活和生态用水要求。而湖区以种植茴香、棉花等传统经济作物为主,耗水量大,经济效益差,既难以摆脱贫困,又不利于生态环境保护。短期内无法彻底改变项目区现状,但在人口数量不变的前提下,调整生产生活方式,减轻对生态环境的压力,是改善项目区生态环境和贫困生活的关键。

(1) 生态效益改变。

项目村"退耕还林"种植沙枣—梭梭林 938 亩,验收合格 718 亩,验收合格率占植树总面积的 76.5%。植树土地资源均为弃耕土地和荒地的再次开发利用,占当地全部土地面积的 11.9%。大部分植树林地套种紫花苜蓿,套种林地验收合格率为 100%。退耕还林(草)土地资源利用统计见表 5-3。

[44,45] [美]威廉·邓恩. 公共政策分析导论[M]. 北京:中国人民大学出版社,2002.
[46] [美]丹尼斯·J·凯斯里,库玛,克里斯纳. 农业项目的监测、评价及数据分析[M]. 北京:中国财政经济出版社,1991.

表 5-3　项目村退耕还林(草)土地资源利用统计表

	土地面积(亩)	利用耕地面积(亩)	利用荒地面积(亩)	利用沙漠面积(亩)
紫花苜蓿		328		
沙枣—梭梭林			220	
林草套种			718	
压沙造林				410

备注：1 亩＝667m² 　　　　　　　(资料来源：民勤沙漠化防治生态改造项目结题报告)

图 5.13 表明，高耗水作物棉花、瓜类的种植面积有所下降，种草面积增加，茴香种植面积三年都位于第一位，而且总种植面积变化不大，占耕地面积百分比变化也不大，但种植结构有了较大改变。这种"荒地植树—退耕还草—压缩粮经生产"的模式，基本代表了民勤县退耕还林政策执行的基本情况。

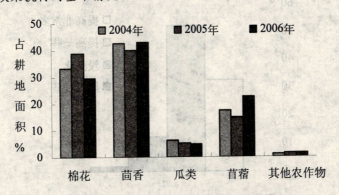

图 5.13　2004—2005 年民勤湖区种植结构

(资料来源：民勤沙漠化防治生态改造项目报告)

(2) 经济效益。

图 5.14 显示，2003—2005 年三年间农作物占收入的百分比持续下降，这说明以种植业为主的收入结构正在改善；而畜牧业的比率持续增加(2005 年由于务工收入较前两年有大幅提高，占总收入的近 10%)。这是由农业和畜牧业的特点决定的。但农业收入比例逐年缩小。图 5.15 和图 5.16 则表明了项目实施对家庭经济收入的影响。85%以上的项目户认为收入增加。

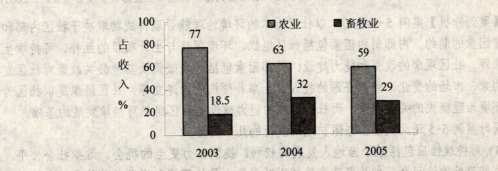

图 5.14　2003—2005 年民勤湖区农业与畜牧业收入对比

(资料来源：民勤沙漠化防治生态改造项目报告)

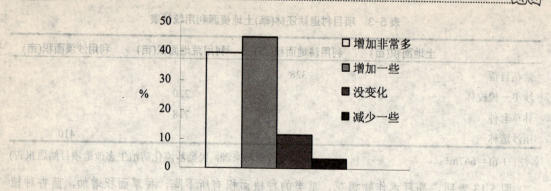

图 5.15 项目实施前后家庭收入变化

(资料来源:民勤沙漠化防治生态改造项目报告)

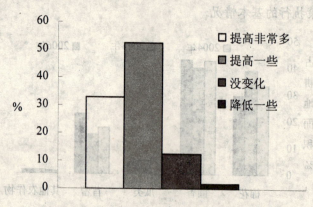

图 5.16 项目实施对家庭生活水平的影响

(资料来源:民勤沙漠化防治生态改造项目报告)

(3) 社会效益。

项目实施后养殖业的增收使得农户的直接经济收益增加,改变了其对传统经济收益依赖的观念。且项目区 78.8%的村民愿意增加养殖,继续扩大耗水少的苜蓿种植面积,因此养殖业在当地还有很大的发展空间。畜牧业发展与植被增加形成良性循环,这也将会在当地带来"样板"示范的社会影响。

(资料来源:兰州大学资源环境学院.《甘肃省民勤沙漠化防治生态扶贫项目报告》,2005)

【案例分析】案例 5-5 说明,以社区为本的环境治理能否取得成功取决于社区内部和外部诸因素的制约。内部制约因素包括社区组织、环境项目与生计项目的互补、可持续生计的来源、社区观念的改变和能力建设;外部因素包括环境政策及其他公共政策对社区发展的约束、市场的变化、外部资源的投入、生态补偿机制的建立等。社区组织是以社区为本的环境治理模式的关键因素,而社区组织的能力建设是社区组织可持续发展的基础。

同时案例 5-5 还反映出生态保护政策执行的几个内涵。

(1) 可持续性应包括赋予当地人发展的权利,提供自力更生的机会,维护社会公平。实现这些目标的途径之一就是要改变传统以政府为主导的环境和资源政策的决策和执行形式,转向集不同群体的经验、知识和理解力一体的方法。通过与受生态保护政策、计划影响的人们协商,可能会取得以下几方面的效果:①更有效地明确政策执行面临的问题;

②获得环境领域之外的信息和知识；③找到为利益相关者所接受的执行方法；④主人翁意识能够推动政策的实施。虽然这使得分析、规划的早期阶段可能耗费的时间延长，但这种投资通常在后期可避免或最低限度地减少冲突[47]。

(2) 在我国，生态脆弱、环境退化严重的地区大部分是贫困地区，因此，环境治理必须与当地社区生计相结合，开发非资源依赖型的产业才能减少当地的环境压力。

(3) 公众在成为政府机构的合作伙伴时，也愿意承担赋权带来的责任和风险，这有利于维持或改善环境政策的执行效果。

5.3 我国环境政策执行的思考

我国的环境形式日益严峻，环境政策执行依然任重道远。综合以上对我国环境政策执行的分析，可以得出如下结论。

(1) 我国虽然建立了完备的环境政策体系，但是环境政策的执行没有取得预期的效果，这是由环境问题的复杂性决定的。因此，环境问题的解决需要综合协调人口、资源、环境、文化、政治等因素。

(2) 环境政策的有效执行不仅受宏观执行背景的发展变化的影响，同时还受政策执行子系统内部相关利益群体的影响。

环境政策作为公共政策的一个重要组成部分，其在宏观层面的实行是由我国的经济、社会和政治背景决定的。在我国，环境政策执行背景的变化导致了环境政策执行主体间的关系发生了显著变化，从原来政府独立颁布政策性法规和党的政策文件到市场经济体制确立后，企业自愿性环境政策的实施，环境 NGO 蓬勃发展并发挥越来越重要的作用。在环境政策执行内部，政策执行主体互相影响，其有效参与是政策有效执行的重要保障。

(3) 目前，我国政府担当着环境政策执行的重任，这种政府在环境保护中的角色定位弱化了其他执行主体的责任，缺乏多元参与的执行体系，政策执行的反馈机制不健全导致了政策执行互动性较弱，是我国环境保护政策执行效果不理想的重要原因。因此，必须构建多元参与的环境政策执行体系。

(4) 根据政府、非政府和企业的比较优势构建环境污染政策的执行理论体系势在必行。

总之，在环境政策执行过程中，要充分发挥政府、市场、社区与环境 NGO 的作用，采取多种手段和措施保证环境政策的有效执行，更好地促进人类社会与环境的可持续发展。

思 考 题

1. 环境政策执行的影响因素有哪些？
2. 多元参与的环境政策执行模式与社区为本的环境政策执行模式的异同点有哪些？

---

[47] 陶传进. 环境治理：以社区为基础[M]. 北京：社会科学文献出版社，2005.5.

第 6 章 环境政策评估

本章教学要求

1. 掌握环境政策评估的概念及作用；
2. 了解环境政策评估的过程；
3. 掌握环境政策评估模式及方法的适用条件。

环境政策评估起源于公共政策评估。政策评估也被某些学者称为政策评价。在环境政策周期中，政策的制定和执行过程往往耗费很高的政策成本，因此需要对政策执行的效果做正确、可靠的判断，否则就无法评价环境政策的有效性。

6.1 环境政策评估概述

6.1.1 环境政策评估的概念

评估是"就公共政策的因果关系的陈述"，分析政策对政策问题产生的影响及效率，决定政策是变更还是终止，或政策实施后政府对政策执行情况加以说明、检验，以确认政策是否正确，旨在衡量政策目标的实现程度，并修正执行方案，为改进改进政策提供参考；因此，政策评估是完善政策的手段，是"有系统的应用各种社会研究程序，搜集有关的资讯[1]"，"按照一定的标准和程序，对政策的效益、效率、效果及价值过程进行判断的一种政治行为[2]"，是"政治主体为实现一定的政治目的而从事的政治活动[3]"。因此，政策评估的主体是政府，但是随着公众参与"全球化"的到来，国家政策系统以外的第三方评估在诸多政策评估中发挥的作用越来越大，特别是环境政策的评估中，公众的广泛参与对完善环境政策，维护生态环境的良性循环发挥的作用日益增强。当然，这是建立在国家政策允许的基础上，即以政治权力为载体，但并不以国家政权的运作为中心，其评估结果可为政策决策者采纳，也可不采纳。因此，现阶段政策评估已突破了政治行为范畴，可以有独立的外部评估人员。

尤其是环境政策评估领域，由于环境问题是以人类的生存发展为前提的，因而所涉及的利益相关者在诸多公共政策中最为广泛。在现行法律政策环境下，各利益相关者有权利对关乎自身的环境政策做出评估，尽管在某种程度上这种评估结果的可靠性存在疑问。因此，环境政策评估既可以看作是一种政治行为，也可以看做是政治行为以外的社会行为。

环境政策评估是一项特殊的公共政策评估，这是由环境问题在时间和空间上的长期性、复杂性和不确定性决定的。因此，环境政策评估是政府组织、非政府组织或利益相关群体

---

[1] 林水波，张世贤. 公共政策[M]. 台北：五南图书出版公司，1982：499.

[2] 陈振明. 政策科学[M]. 北京：中国人民大学出版社，2003：309.

[3] 周治滨. 政治行为[EB/OL]. http://www.lzmpa.com/Article/ShowArticle.asp?ArticleID=17.

的评估者利用系统评估方法和技术，对特定环境政策的目标、实现目标的措施和指标、政策执行力、效率、效益、影响、受益群体、公平性、公众参与性和文化多样性等进行综合分析，并根据分析结果提出完善政策的具体建议，从而推动环境政策目标实现的行为。

6.1.2 环境政策评估的作用

任何事物都有两面性，环境政策评估也不例外。但环境政策评估中的负面作用往往是环境政策的评估主体造成的。正如夏洛克·福尔摩斯所说："你们应该庆幸我是一个侦探而不是一个罪犯"，评估主体的角色和行为的性质可以决定环境政策评估的性质。但这并不绝对，在特定环境及因素的影响下，即使评估主体以正确的立场进行评估，也不能保证其结果一定能够起到正向的作用。可见，评估的目的决定了环境政策评估有正向和负向两方面的作用。

1. 正向作用

环境政策评估的根本目的和最重要的作用是检验环境政策效果，决定政策去向。环境政策评估之所以在政策运行过程中被安排在执行之后，目的就是为了判断环境政策是否获得了预期的效果，政策目标实现程度如何，环境问题的解决程度如何，环境问题的性质有没有发生变化，政策是否有必要继续存在，是否需要做出调整，如何调整等。这是环境政策评估必须回答的问题。

(1) 完善环境政策运行机制，推动环境政策科学化。评估是一个发现问题、解决问题的过程。环境政策评估就是一个检验环境政策误差，提出政策调整建议的政策活动。通过评估总结政策制定和执行过程中的经验和教训，在以后执行阶段或在下一个政策周期中注意改进，逐步提高政策能力，完善政策运行机制，日益减少环境政策过程中的主观成分，向政策科学化的方向发展。

(2) 维护公众的环境权益、公平性和文化多样性，完善环境政策的参与机制，促进环境政策民主化。首先，环境政策制定者有可能兼顾不到部分利益相关者的利益包括经济利益、环境权益、弱势群体的利益以及文化多样性等从而损害了利益相关者的权益。在政策反馈机制尚不完善的情况下，通过恰当的环境政策评估可以弥补由此造成的失误，同时也可以为完善我国环境权益的申诉机制提供经验。其次，公众这种自发的评估行为是基于自身在环境和环境政策中的角色和地位维护其环境权益和经济权益的体现，能够促进规范这种行为的政府规范的出台，有利于使环境政策的制定和执行过程更加民主和透明。

2. 负向作用[4]

环境政策评估的结果在很大程度上取决于评估者的主观态度、评估方法、信息和数据的可靠性、评估者是否独立于环境政策的制定者和执行者等。以下是常见的几个负向作用。

(1) 夸大政绩的手段。政策评估的主要功能就是判断政策效果的好坏多寡，也是衡量环境政策决策者和执行者政绩的活动，因此环境政策体系的内部评估就有可能弄虚作假。

(2) 追加环境政策活动预算的机会。政策评估在某种程度上是一种技术性工作，有时需要聘请专门人员或者对参与评估者进行培训，需要有专门的技术设备，成本较高，但这

---

[4] 宁骚. 公共政策学[M]. 北京：高等教育出版社，2004：409.

无可厚非，关键是在申请评估经费时，给某些人提供了中饱私囊的可乘之机。

(3) 拖延时间，逃避责任的借口。地方政府追求经济增长往往以生态环境为代价，但公众的环境意识已有很大提高，会通过各种方式给政府施加压力，而政府为了应对这种社会危机，就有可能以政策评估为借口，作为不制定或不执行某种环境政策的理由。

案例 6-1

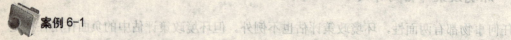

高中生抨击"治污秀" 万人治刁江只是做样子

2006年12月26日，《人民日报》刊登了一封署名"广西南丹县高中学生"的来信，反映当地县政府为搞面子工程，组织人员假装治理刁江污染。

我们是广西南丹县高中的学生。今年11月19日，南丹高中、南丹二高的老师和学生，县教育局的领导，县直单位的领导和工作人员，还有车河镇的工作人员、学生，参加了由县政府组织的"万人治理刁江污染大行动"。早上县政府派来40多辆车接我们，去位于车河镇的刁江。一路上，我们看到沿河有很多家企业，如冶炼厂、选矿厂等。这些企业排出的废水含有很多有毒的重金属物质，如铅、镍、锗、锡、金、铜等，还有大量硫酸，砷含量高。整条河的河水、沙子、石头因污染而变成了黄红色，很多尾矿坝也被污染了。河水很臭很脏，河里早已见不到鱼虾和其他水生物。据大人们说，牛喝了刁江的水就拉肚子，鸭子长成畸形，沿河很多老百姓都患上了奇怪的病，例如肌肉萎缩，常年起不了床，河两边数以万计的良田无法种植。

到了刁江边，我们本以为真的是来参加治理河水污染活动的，没想到却是来做假的。人们被分到各个河段，沿河10多里到处挂着标语，各单位的车子排满了沿河的公路，人山人海，看起来确实很壮观。大家都站在河边假装用铁铲、钉耙捞着什么，铲车从河左边把矿石推到右边，又从右边推到左边，还把河里的石头、沙子捞起来又放下去，说是把河里的沙石翻翻，让别人知道我们"治理"过就得了。县领导让电视台以大家假装劳动为背景，拍了很多画面，说要宣传已经治理刁江了。我们终于明白，参加这次活动，实际上是要我们来充人数的。我们想不通为什么要这样做。

(资料来源：新华网.2006-12-26)

【案例分析】案例6-1反映了媒体在《水污染防治法》执行阶段进行评估的负面作用。评估主体是媒体，评估的目标是反映刁江污染治理情况。其负面作用的根源在于媒体与当地县政府之间可能存在的两种截然不同的关系。第一，媒体不是独立的第三方，受县政府的行政管辖，通过电视媒介进行的环境政策评估是迎合地方政府的指令，直接成为夸大政绩的手段；第二，媒体是完全独立的第三方，与县政府没有行政上的上下级关系，但由于媒体不具有进行环境政策评估的专业技能，不能正确判断环境政策执行的有效性，这个弱点被当地政府利用，间接成为夸大政绩的手段。

6.2 环境政策评估过程与方法

正式的环境政策评估包括两大方面，信息汇总和分析评估。其中信息汇总涵盖了环境政策的制定和执行过程及其结果，既包括政策目标，又包括政策执行的效能、效率和效益；

既包括政策的预期效果，又包括政策的非预期影响；既包括各种可量化的客观数据，又包括政策制定和执行人员的主观态度；而分析评估则包括了评估方法和标准的确定，政策建议的提出。所以评估一项环境政策是一件很繁琐复杂的工作，需要有计划有步骤地进行。

6.2.1 环境政策评估过程

逻辑上，正式的环境政策评估包括三个阶段：评估准备、实施评估、结束评估(参见图 6.1)。

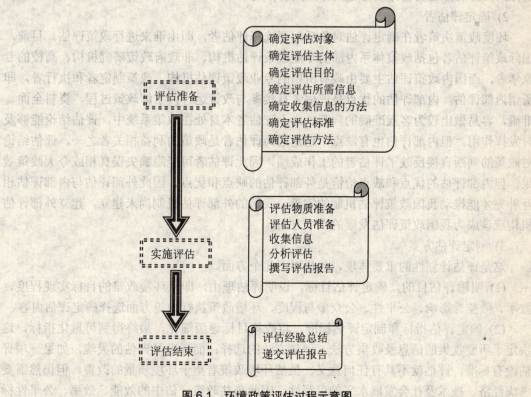

图 6.1 环境政策评估过程示意图

1. 评估准备阶段

环境政策评估本身就是一种要求严谨的行为活动，由于政策影响的广泛性和深远性而使得政策评估结论的科学性和准确性更为重要，因此在启动政策评估之前，进行周密、可行的计划和准备是必要的。

1) 确定评估对象

环境政策评估是政策动态运行周期的一个必须环节，适时进行评估对评估的顺利进行和保证评估结论的准确性是非常重要的，但并不是任何一项环境政策在任何时候任何区域都可以进行评估，因此确定评估对象要回答三个问题：第一，确定对哪些环境政策进行评估；第二，确定在政策运行过程的什么时候进行评估；第三，确定对政策覆盖的哪些区域进行评估。

在确定评估对象之前，应该对环境政策的基本信息有所了解，主要是环境政策的进度及有效性方面。确定政策评估对象一般应遵循以下原则：第一，选择微观环境政策进行评估，因为从环境政策的纵向分类来看，环境战略是宏观环境政策，但必须通过具体的各种政策采用可操作的措施才能实现，因此单纯对这种宏观政策进行评估也是没有意义的，评估的政策必须可以直接影响到环境状况的变化；第二，短期政策执行结束或长期政策的某一阶段结束，则应按照政策运行周期理论进入评估阶段；第三，政策在执行过程中，政策效果与政策目标相去甚远的政策应及时进行评估，因为这样的政策可能引起社会更多的关注。评估在于发现问题，做出调整，避免政策问题恶化或变性，从而造成更严重的社会问题及避免政策资源的浪费；第四，政策执行过程中发现的政策效果显著的地域应予以评估，以便通过评估总结经验，予以推广。总之，不论是评估时间、区域的选择还是评估模式的选择，其目的都是要使评估结论发挥更大的作用。

2) 确定评估者

环境政策决策者在确定评估对象后，要选择评估者，即由谁来进行政策评估。目前，国际政策评估者包括政策体系内部的专业政策评估机构、非政府政策研究机构、高校的专家学者，而国内政策评估主要由政府所属的专业政策评估机构、政策制定者和执行者，即所谓内部评估。内部评估的优点是评估者直接参与政策运行，了解政策过程，资料全面、准确，容易做出较为客观准确的判断。由于评估者本身处在政策系统中，评估结论能够及时发挥作用。但内部评估也有缺点，这是因为评估者是政策的利益相关者之一，评估结论对政策的判断直接反映了评估者的工作成绩，因此评估者可能隐瞒失误真相或夸大政策效果。但内部评估的优点和缺点恰恰是外部评估的缺点和优点，因此外部评估与内部评估相互补充才能推动我国政策评估机制的完善。我国的外部评估机制尚未建立，建立外部评估机构应该成为我国政策评估发展的一个方向。

3) 制定评估方案

这是评估计划性的重要体现，包括以下几个方面。

(1) 明确评估目的，确定评估目标，说明评估理由，即从环境政策的目标实现程度、效率、效益、影响、公平性、公众参与程度、环境政策执行力等方面选择确定评估内容。

(2) 确定评估指标和制定评估标准，将政策目标逐级细化，最终得到可量化指标，这决定了所要收集的信息及收集方法、评估方法的选择；而标准是评估的灵魂，如果一项评估没有标准，评估就不具有任何意义。虽然环境政策着重于环境质量的改善，但仍然需要考虑经济、技术及社会发展水平的可行性，因此公共政策评估中的效能、效率、公平性标准同样适用于环境政策评估。

① 效能标准，指环境政策目标的实现程度，这是评估一项政策所必须采用的标准，但环境政策目标精确实现并不等同于这项环境政策的效能很高。政策的出台是为了缓解政策问题而并不是要彻底解决政策问题，这是因为能够成为政策问题的环境问题必定是其影响或严重程度成为社会发展的主要障碍，在社会矛盾中处于主要地位，而政策实施后环境问题能够得到一定程度的缓解，在各社会矛盾中降低到次要地位时，政策资源就会转向后果严重的政策问题，环境政策的使命就此完成。

② 效率标准，指环境政策的成本和收益的比率。确定这项标准应参考以往取得成功的同类环境政策的成本—收益比率水平，还应参考国际上取得成功的同类政策的成本—收益比率水平，根据环境政策投入的技术、资金、设备、人员素质实事求是地制定该项标准。

③ 公平性标准，指一项政策的成本和收益在相关利益群体中分配的公平程度。这对于环境政策尤其重要，因为环境是人类生存和发展的基础，环境政策不能为部分人的发展而牺牲其他人的环境权益，事实上就是保证生存权和发展权的公平；但公平不等同于平均，

而是环境政策的实施不仅应使环境政策成本的承担者都能够从中受益,同时还应使环境政策的受益者都承担环境政策成本,并且兼顾到不同地区或群体的承受能力,保证不会阻碍各地区或群体的发展。

以上三个评估标准是包括环境政策在内的公共政策评估所共有的。此外,还应制定能满足环境政策特性的评估标准,包括以下两个方面。

① 公众参与性标准,指环境政策制定、执行过程中利益相关者的参与程度,尤其要尊重弱势群体的参与权和话语权。

② 文化多样性标准,指环境政策制定和执行应将所涉及的少数民族的生活方式、生产方式、宗教信仰、传统观念纳入考虑范围,将其对这些因素的影响降低到尽可能小的程度。

(3) 环境政策评估方案应确定评估所需信息及收集信息的方法,这由政策评估目的及政策目标的细分指标决定,包括客观和主观的各种数据和资料,然后确定是从环境政策相关各部门收集二手资料,还是通过问卷、访谈等方式从环境政策的调适对象那里获取政策信息。

(4) 选择评估方法,根据评估的目的、评估结论的使用者在政策体系中的角色及评估所需信息确定评估方法,若评估结论的使用者是政府,应更注重政策目标的评估,若是维护环境权益的公众,则应注重政策影响的评估,若是环境NGO,则应根据机构的宗旨而有所选择。

(5) 确定评估预算、人员及其分工、场地、设备,根据以上评估方案的各项内容,确定评估使用场地的要求,人员是否需要信息收集方法和评估方法的培训,收集和整理信息(如问卷的设计、发放、回收和统计)、信息资料的分析、评估报告的撰写、评估活动总结报告的撰写等任务的详细的人员安排,确定评估所需设备,如专业的技术设备或计算机,以便于估算评估所需要的成本。

(6) 制定详细的评估进度计划。

2. 评估方案的实施

(1) 评估的物资准备。根据评估方案设计的要求,选择并确定评估场所,进行人员培训,问卷设计及印刷,租借或购买设备,为进行评估做准备。

(2) 收集信息。信息收集是评估的实质性工作。根据评估方案,由指定人员采用既定方法进行信息和资料的收集和整理。务必确保信息的准确性,这是整个评估的基础,否则评估的结论对政策产生的影响可能导致评估成本的浪费,甚至导致政策问题激化,引发更严重的社会问题。

(3) 分析评估。利用收集的信息,按照评估方案中确定的评估模式根据评估标准对政策进行分析评估,注意切合评估目的,灵活运用评估模式,无需生搬硬套,确保评估结论满足评估结果使用者的需要。

(4) 撰写评估报告,提出政策建议。将评估结论,即环境政策在评估标准的衡量下是成功还是失败的明确说明,并针对某些不足提出具有可操作性的建议,切忌使用笼统、含糊不清、表意不明的语言。

3. 评估结束

(1) 对评估活动进行评价,撰写总结报告。找出评估活动本身成败的原因,以便在以后的环境政策评估中吸取经验和教训，提高环境政策评估水平和完善环境政策评估方法、程序，为环境政策评估的法律化做准备。

(2) 将评估结果递交给环境政策决策者等环境政策评估结论的使用者，使之发挥作用。这是整个评估活动的目的之所在，因为一旦评估报告被束之高阁，不仅浪费人力、物力、财力、信息等各种资源，整个评估活动也因此失去了其存在的意义。

6.2.2 环境政策评估模式

在政策评估的理论研究和实践中，政策的评估者总是试图将政策评估的方法规范成各种各样的模式，以期评估更为有效快捷。但总体上，环境政策评估的模式还处在公共政策评估在环境政策中的简单应用阶段，"且仅为一般性方法，针对某项公共政策评估方案的制定可以提供指导性思路，但尚不足以用于评估方案设计的实际应用[5]"。而且由于环境政策的交叉学科特征，评估方法的多样性趋势日渐明朗，这种趋势体现在四个方面：其一，社会学方法的应用，环境政策以人为中心，因此环境政策评估不可避免的引入社会学的研究方法；其二，经济学方法的应用，环境政策的运行在社会经济活动的大背景中，环境政策的产出需要经济投入；其三，数学方法的应用，环境质量的可量化特征使得数学方法在环境科学中的应用成为可能，如环境危害的蝴蝶效应[6]也要求应用定量方法进行研究和实际工作，而根据经济学"路径依赖"理论[7]，应用数学方法对环境政策进行定量评估也势在必行；其四，环境政策评估综合化，这是由各评估主体的优劣势、各评估方法的优缺点及评估目的的多样性决定的。我们按照环境政策评估发展的四个趋势将评估方法概括为四类，即社会评估模式、环境经济评估模式、数学评估模式和综合评估模式（列表见6-1），同时，以模式的实用性为出发点，选取各类模式中较常用、效果较好的方法加以介绍。

表6-1 环境政策评估模式及其适用范围

评估模式类别	评估模式	适用范围
社会评估模式	目标评估模式	评估环境政策目标的合理性
	SWOT分析	评估环境政策目标的实现程度
	利益相关者模式	环境政策实施区域选择的合理性
	政策执行力模式	评估环境政策对利益相关者的预期和非预期影响
	参与式监测评估	评估环境政策执行过程中的有效性
	第三方评估	综合评估环境政策的效果、影响
经济评估模式	成本收益分析	由环境政策系统之外的主体对政策进行的
数学评估模式	模糊评价法	环境政策要素的单项或综合评估
	层次分析法(AHP)	评估环境政策的有效性
综合评估模式	评估主体综合	评估环境政策的效率
	评估对象综合	评估环境政策效果
	评估方法综合	评估地区环境政策效果差异

---

[5] 宁骚. 公共政策学[M]. 北京：高等教育出版社，2004：409.
[6] 蝴蝶效应：是混沌学理论中的一个概念。它是指针对初始条件敏感性的一种依赖现象；输入端微小的差别会迅速放大到输出端
[7] 路径依赖理论：类似于物理学中的"惯性"，一旦进入某一路径(无论是"好"的还是"坏"的)就可能对这种路径产生依赖

1. 社会评估模式

环境政策学是一个边缘交叉学科，是建立在环境学、政策学和社会学等学科的理论和方法论基础上的综合学科，环境政策评估中应用社会学理论和方法的评估模式称为社会评估模式。包括目标评估模式、利益相关者模式、SWOT 分析、参与性环境监测评估、第三方评估、环境政策执行力评估等 6 种评估方法。

1) 目标评估模式

目标评估模式是基于环境政策目标进行的评估方法，包括两个层次，即对环境政策目标的合理性和实现程度的评估，针对这两个评估对象，评估方法分别为 SMART 评估和目标与现实差异对比评估。

(1) SMART 评估。

SMART 评估方法是针对环境政策制定时所确定的目标的合理性进行定性和定量评估，包括对实现目标的措施、实现目标的指标、实现目标的方法、实现目标的时间及与目标相关的内容进行评估。SMART 是一种比较理想的目标评估模式，第 4 章环境政策目标确立原则中已经详述。

案例 6-2

天然林保护工程近期目标的 SMART 评估

天然林保护工程(以下简称天保)近期目标(到 2000 年)：

以调减天然林木材产量、加强生态公益林建设与保护、妥善安置和分流富余人员等为主要实施内容。全面停止长江、黄河中上游地区划定的生态公益林的森林采伐；调减东北、内蒙古国有林区天然林资源的采伐量，严格控制木材消耗，杜绝超限额采伐。通过森林管护、造林和转产项目建设，安置因木材减产形成的富余人员，将离退休人员全部纳入省级养老保险社会统筹，使现有天然林资源初步得到保护和恢复，缓解生态环境恶化趋势。

(资料来源：国家天然林保护工程网.http://www.tianbao.net/)

表 6-2　天保近期目标的 SMART 分析

SMART 指标	分　析	分析结果
S 明确的 (Specific)	总目标： 　使现有天然林资源初步得到保护和恢复，缓解生态环境恶化趋势 分目标： 　<u>禁止长江上游、黄河中上游一定区域</u>的森林采伐 　<u>减少</u>东北、内蒙古国有林区的森林采伐量 　安置富余人员，离退休人员**全部**纳入省级养老保险社会统筹	
M 可度量 (Measurable)	针对分目标： 　禁伐区域面积：公顷/亩 　森林采伐调减量：立方米，% 　富余人员：人	✓

续表

SMART 指标	分析	分析结果
A 可实现的 (Achievable)	森林资源属于国有,国家有权力决定是采伐还是保护 1998年天保前,大规模开采森林资源都是国有森工企业,计划性强	
R 相关的 (Relevant)	禁伐、限伐是保护天然林的主要手段 安置富余人员是天保的衍生问题,保证社会安定是每项政策的前提	◇
T 时间限制 (Time-bound)	至 2000 年止	

注:▷——目标符合 SMART 原则;
　　✓——通过 SMART 分析,即合理;
　　◇——未通过 SMART 分析,即不合理;

【案例分析】SMART 分析结果(表 6-2)表明,就天保近期目标本身而言,在明确、可度量、可实现、时间限制四个方面是合理的。但是在相关性方面,考虑不全面,仅关注了天保的直接影响群体中的一部分,即国有森工企业的员工,而在甘南藏族自治州畜牧兽医科学研究所进行的《甘南藏族自治州藏族传统环境伦理思想与生计关系调研项目》中对迭部县和卓尼县的实地调查发现,实施天保的林区不仅包括原有国有林场,还纳入了部分集体林场,因此受天保影响的还有当地社区。这种影响表现在:此前当地人对林区的拥有天然所有权,林区是他们重要的生活基础,主要有三个方面:(1) 具有地区特色和民族特色的民居,土木结构,但"外不见木,内不见土",需要大量木材;(2) 日常生活和生产中的各种原料和器具也源于林区;(3) 丰富的林下资源(野菜、药材、树种等)是当地人的重要的经济来源。天保实施后,当地人的这种权力被终止,但是国家在天保目标中设计的相关利益群体中并未将其纳入,更没有采取相应政策和措施来弥补天保对当地人的生计产生的影响,因此,按照 SMART 原则,天保目标在相关性上是不合理的。

(2) 目标与现实差异对比评估。

这种模式用于评估各类环境政策执行后政策目标的实现程度,即评估政策执行的结果是否与目标一致。应选择政策效果明显好或差的区域进行评估,以便迅速发现问题或总结经验,及时遏止不良事态的发展,或推广成功经验。但这种模式仅仅关注政策的直接效果,不考虑政策制定、执行过程中可能存在的问题,因此在进行评估时需要与其他评估模式结合使用,才能找出政策目标完成很好或很差的原因。这种模式在政府工作检查中较为常用。

目标与现实差异对比模式一般有三个步骤:第一,明确目标并进行重要性排序,再细分成可量化的指标。只有在客观的数字面前,纵向和横向对比才具有最强的说服力。第二,制定或选择评估标准,这个标准的意义在于确定政策目标实现到什么程度才可以说这项政策是有效的。一般来说,要参考国内环境类政策和国际同类政策的经验值,但不能照办照抄,而是一方面要注意向国际上更高的标准看齐,另一方面又要注意兼顾到本国的实际情况而有所降低。第三,根据已经建立的指标体系,进行测量或收集尽可能准确的数据。第四,将现实所得数据与政策目标进行对比,如计算比例或真实差距等。第五,利用各种定量方法将第四步所得数据计算或换算成与标准相同量纲的值,与标准进行比较,判断政策的有效性。这种模式的核心问题就是两个对比:现实结果与环境政策目标的对比,对比结果与标准的对比。

案例 6-3

广州、深圳饮用水源水质达标率全省最低

新华网广州 2007 年 6 月 5 日电 (记者陈先锋)广东省环保局 5 日发布的 2007 年第一季度环境质量报告显示,广州、深圳两市饮用水源水质未完全达标,其中广州排倒数第一、深圳排倒数第二。

报告显示,第一季度广东省城市饮用水源水质达标率为 84.3%。在全省 21 个地级以上城市中,水质完全达标城市为 19 个,但广州和深圳未完全达标,水质达标率分别为 60.1% 和 80.2%,低于全省平均达标率。

其中,广州的超标水源地为江村水厂、石门水厂、西村水厂、巴江水厂和秀全水库,深圳的超标水源地为石岩水库和罗田水库,主要超标项目为氨氮、粪大肠菌群、铁、氟化物和总氮。

与去年同期相比,广东省城市饮用水水源水质达标率下降 2.5 个百分点,其中广州市上升了 4.1 个百分点,深圳市下降 19.8 个百分点。此外,广州、深圳等 8 个城市也属于重酸雨区,一季度全省水源最低 pH 出现在广州。

(资料来源: 新华网,2007-6-6,http://www.gd.xinhuanet.com /newscenter/ 2007-06/06/ content_10217232.htm)

【案例分析】案例 6-3 是广东省环保局对环境质量标准——《生活饮用水水源水质标准》(CJ 3020-93)在广东省的执行情况进行的评估,是将各水源地水资源中的法定污染物含量与水质标准进行对比,得出饮用水水质达标率,然后进行横向区域对比,并针对较差地区进行了时间上的纵向对比。当然,必要的时候也需要与发达国家饮用水水质达标率进行比较,以反映我国水环境政策执行水平在国际中的位置。我国饮用水水质标准与发达国家存在差距,因此水环境质量也存在差距。

2) 利益相关者模式

将利益相关者概念引入政策评估领域,提出了一个政策制定和问题思考的新视角和框架。从利益相关者的角度出发评价政策影响及合理性,征求被政策影响和影响政策的社会成员的不同意见,通过权衡多方利益,提出各方都满意的政策,最大限度地回应公民诉求,使得政策制定更加科学、民主[8]。

利益相关者模式也是一种对环境政策或项目进行评估的参与式方法。通过使用参与式的各种工具来获取环境政策的利益相关者对环境政策的信息反馈,其过程是强调环境政策所涉及的各个主体的参与,目的是分析政策的实施对利益相关者造成的影响及利益相关者对政策产生的反作用,这些影响可能是早在政策制定时所预期的,也可能是非预期的,可能是直接也可能是间接的影响,可能是短期也可能是长期的影响,可能是事实存在的实际影响,也可能是象征性影响。因此它的适用范围既可以是在环境政策制定时用于了解利益

---

[8] 李瑛,康德颜. 政策评估的利益相关者模式及其应用研究[J]. 科研管理,2006,27(2): 51~56.

相关者对政策的期望和预测环境政策的影响，也可以是在环境政策执行过程中出现意想不到的影响并得到媒体、公众的广泛关注时，对环境政策加以评估，以采取措施加以调整或补充，排除环境政策执行的障碍，避免此类状况的再度发生，保证环境政策的顺利实施。

政策利益相关者是指与政策有一定利益关系或对政策感兴趣的个人、群体或组织。第2章论述环境政策系统时将环境政策的利益相关者分为政府和非政府的利益相关者两大类。在作为一种模式进行评估时应当进行细分：第一，调适对象，是环境政策直接作用的那部分人，会直接因环境政策而受益或利益受损。第二，环境政策制定者。第三，环境政策执行者。第四，环境政策评估者，包括政府政策系统内部进行正式评估的部门、非政府的高校或政策研究机构，因为利益关系或对环境政策感兴趣而对环境政策进行非正式评估的个人或团体，不划入评估者的行列。因为我们认为将他们划入受益者、受损者和其他对环境政策有兴趣的类别中对评估更有帮助。第五，环境政策受益者。第六，环境政策受损者。第七，对环境政策感兴趣的个人或团体，如公众媒体、环境NGO、研究环境政策的专家学者等。

利用这种模式进行评估一般有三个步骤：第一，按照以上利益相关者的分类，罗列环境政策的利益相关者。第二，收集二手资料或利用社会学方法进行调查，即选取一定数量的样本进行访谈或发放问卷，了解环境政策对各利益相关者的影响和他们的期望，及对环境政策的态度。第三，将调查结果进行统计分析，得出结论。特别需要说明的是，问卷调查只适用于初中以上文化的被访谈者，对初中以下的被访谈者最好的信息收集方法是"半结构访谈"（Semi-structural Interview）。因为，不同教育程度、不同文化背景的被访谈者对问卷中提出的同一问题的理解程度不同，为了避免信息遗漏、信息传递过程中的误解、信息反馈过程中信息的损失等，半结构访谈或参与性工具的应用比问卷访谈的效果要好。

利用这种模式进行评估的标准主要是公平原则。

阅读资料6-1

天然林保护政策的利益相关者分析

图6.2是天保利益相关者坐标系，其中，圈内是对天保有影响或受天保影响的利益相关者，矩形框内是影响方式，箭头表示产生影响的主动方和被动方，横轴表示利益相关者受天保影响程度的大小，纵轴表示利益相关者对天保影响力的大小。

按照图6.2中箭头的方向将天保的利益相关者分为三类。第一类，决策者，即国家林业主管单位，其指令性行为对天保有决定性影响。第二类，木材消费者，天保实施后木材供应量减少，他们的需求量保持不变或增长，按照市场规律，木材价格上涨，事实上，这会导致盗伐林木现象的增多，木材消费者和天保之间的影响是相互的。第三类，受天保影响的利益相关者，他们在决策上处于弱势，因此不会因为天保对其产生的影响而对天保发生反作用，这类利益相关者受到天保的影响程度从左至右逐渐增强，这里再次表明案例6-2中天保近期目标中设计的利益相关者是远远不够的。

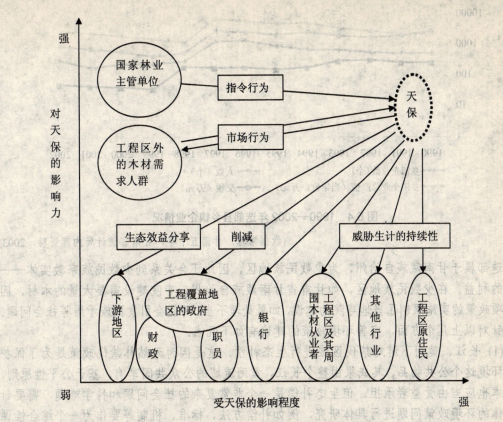

图 6.2　天保工程相关利益者及影响力分析

下面以甘南藏族自治州迭部县为例，说明天保工程对部分利益相关者的影响。

影响到当地的相关从业者的生存发展，在这项政策实施之前的近半个世纪的时间里，这些地区的天然林一直是国家林业生产原料的主要来源，在当地形成了一系列依托林业生产的产业，图 6.3 表明，天保实施(1999 年)后，当地政府的财政收入减少明显。图 6.4 显示，1999 年天保实施后，迭部县的乡镇企业数量、总产值、乡镇企业从业人员数量以及税收都有明显的下降趋势，且增长缓慢，这说明林业是当地经济的重要支撑。而天保工程的实施使得当地经济陷入危机，需要寻找替代产业才不至于陷入发展死角。

图 6.3　1990～2002 年迭部县财政收入情况(一般预算收入/当年价)

(数据来源：甘南五十年，甘肃省统计局内部资料，2003)

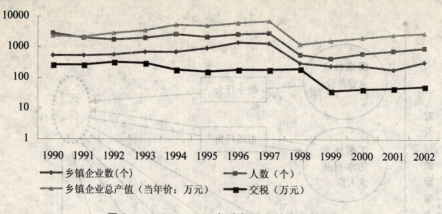

图6.4 1990—2002年迭部县乡镇企业情况

(数据来源：甘南五十年，甘肃省统计局内部资料，2003)

迭部属于甘南藏族自治州，为少数民族地区，因此还会关系到少数民族宗教实体——寺院的利益。在少数民族地区，如甘肃省甘南藏族自治州，寺院建设需要大量的木材，因此这项政策的实施限制了当地寺院的建设，如果处理不当，可能会引发民族矛盾等社会问题。

针对以上几个方面，完善环境政策的建议有如下几点。

(1) 长江、黄河下游对禁伐区域进行生态补偿。这是因为天然林禁伐政策是为了保护生态环境这个公共物品，其成果由整个长江、黄河流域的公众共同享有，基于公平性原则，其成本也应当由受益者承担。但生态补偿是一个非常复杂的社会问题和科学难题，需要针对具体的环境政策问题进行具体研究，例如补偿方法、标准、机制等要作为一个综合性课题进行研究。

(2) 加强政策宣传，尤其是政策目的的宣传。很多少数民族自身文化体系中就包含有环境思想的内容，甚至在某些宗教教义中集中体现，通过宣传，使宗教人士认识到政策与其宗教思想并不矛盾，便于搞好团结。

(3) 加大各利益相关者的参与程度，尤其加强图 6.2 坐标系右下方的利益相关者的参与，以保证政策的公平性。

(资料来源：甘南畜牧兽医科学研究所.《甘南藏族环境伦理思想与生计关系项目》调研资料. 2006)

3) SWOT 分析

SWOT 分析由四个英文单词首字母组合，即优势(Strength)、劣势(Weakness)、机遇(Opportunity)、风险(Threats)，是战略管理学中的一种分析方法，"用来寻求组织内部能力和外部环境相匹配的战略制定模型，即通过 SWOT 分析来评价组织所处环境中存在的机会、威胁及组织内部的优缺点"[9]。最早被用于企业发展决策，后来应用范围扩大到区域发展决策，而在进行环境政策评估时，对一个较小的区域做 SWOT 分析，可以判断出环境政策对该区域发展的影响及是否有必要继续该政策。它是通过对当地环境政策的利益相关者之间的讨论和分析，在不考虑所评估的环境政策的影响的前提下，识别其自身所处的社会的、自然的环境和条件及已有的经验和内外部现存的资源，在此基础上，判断这项环境政策的实施是否有助于对抗其劣势和外部风险，而最终能够改善其环境质量和生计

---

[9] 唐春晖. 战略管理理论演化——企业战略观的发展与比较[J]. 生产力研究，2004(10)：150~152.

(Livelihood)。改善评估区域的环境质量是每项环境政策的目标,也是评估的基本标准。因为某些环境政策与实施区域利益相关者的生计密切相关,甚至会改变当地持续千百年的传统生活方式,完全切断当地人的生活来源。如果环境政策评估只着眼于环境的改善,而丝毫不考虑当地人的生计问题,生态环境改善的成果可能由于当地社区生计得不到改善而毁于一旦。执行环境政策的目的是要改善生态环境,但并不要人类重新回到茹毛饮血但生态环境绝佳的原始社会,而是要环境质量和生活质量同时提高。没有生计改善的生态环境政策可能会剥夺一部分公众的发展权力。因此在对此类环境政策进行评估时要考虑政策如退耕还林政策、自然保护区政策、天然林保护政策对当地人生活水平的影响。

SWOT 分析方法需要了解环境政策利益相关者的想法和态度,其步骤包括:第一,评估人员识别环境政策的利益相关者;第二,将这些利益相关者组织在一起,讨论并列出不考虑该政策的影响时他们在发展方面的优势、劣势、机遇和风险四个方面的详细内容;第三,讨论并分析这项政策的实施是否有利于帮助他们利用内部优势对抗外部风险,是否有利于帮助外部机遇对抗其劣势;第四,由利益相关者决定是否继续实施该政策;第五,评估人员将第四项活动的结果加以总结,提交政策建议。

案例6-4

天然林保护政策对甘肃省迭部县发展影响的 SWOT 分析

阅读资料 6-1 分析了天然林保护政策对甘肃省迭部县的影响,由于天保的实施,迭部县的经济一度陷入低谷,通过 SWOT 分析,利用自身优势对抗外部风险,利用外部机遇削弱自身劣势,确定发展策略,判断天保政策对迭部县的发展的抑制作用是否致命,以确定天保政策是否在迭部县继续实施的政策建议。SWOT 分析矩阵见表6-3。

表6-3 天然林保护政策对甘肃省迭部县发展影响的 SWOT 分析矩阵

	优势 Strength	劣势 Weakness
内部	● 森林资源丰富 ● 林副资源丰富 ● 水力资源丰富 ● 矿产资源丰富 ● 农产品具有区域特色 ● 藏族聚居区社区的凝聚力强 ● 文化资源丰富	● 地处偏远,交通不便,信息闭塞 ● 居住分散,基础设施建设薄弱 ● 公众文化水平低 ● 公众思想陈旧,市场经济意识弱,发展观念落后
	机遇 Opportunity	风险 Threats
外部	● 国家西部开发政策扶持	● 天保实施,林木依赖产业链断裂 ● 农村富余劳动力增多,就业形势严峻 ● 社区和公众思想转变难度大

(资料来源:甘南畜牧兽医科学研究所.《甘南藏族环境伦理思想与生计关系项目》调研资料.2006)

【案例分析】通过 SWOT 分析，确定迭部县发展战略主要有以下方面。
(1) 发展以森林生态为基础的生态旅游、民俗旅游、古文化旅游。
(2) 发展水电和矿业开采。
(3) 发展区域特色的生态经济产业链。
(4) 借助国家农村基础设施建设投资建设新农村。

由此可见，迭部县的发展并未因天保政策的实施而进入死角，替代产业仍有发展潜力，因此，在甘肃省迭部县，天保政策可以继续实施。

4) 参与性环境监测评估(PEM&E：Participatory Environmental Monitoring and Evaluation)

这种模式形成于国际机构在中国实施的社区发展类项目，但是通过考察其理念、评估过程及方法，实践证明它同样适合于对环境政策的评估。它是监测评估专家和环境政策利益相关者对环境政策的执行效果进行评估的一种模式，采用参与式监测评估(PM&E)的方法，也就是将 PRA 的方法和工具，包括共同讨论、共同参与以及定性描述和定量分析相结合，用于观察环境政策实施的过程、相关活动和环境政策输出，掌握环境政策问题在环境政策影响下的发展趋势，以确定环境政策的实施效果是否符合环境政策的方案设计。它注重评估过程中环境政策利益相关者的参与，最终目的仍然是完善政策，不但了解环境政策对评估区域的影响，也可以了解评估区域利益相关者对环境政策及其要素的影响。这个模式可以提升这些群体对环境政策的认同感和拥有感，便于推动环境政策的顺利实施。虽然参与式方法的应用对数据精确度的要求有所降低，但并不影响评估结论的准确，且提出的建议将更具有可操作性，更能体现各利益相关者的意愿，从而使环境政策评估结果在完善环境政策方面发挥更大的作用。同时评估过程中各种参与式工具的应用会帮助环境政策的调适对象思考自身的发展问题，开拓思维，这作为环境政策评估的"副产品"，在贫困社区非常重要且非常必要。

评估标准的选择应根据利益相关者的不同而有所调整，因为在不同的立场上，同一项政策成败的外在表现不同，在注重公平原则的同时还应兼顾受环境问题危害最严重者优先的原则。

参与式监测评估适用于长期政策，只有政策周期较长时，监测才有意义，评估所提出的政策建议才有发挥余地。参与性环境政策监测评估包括以下几个步骤。

(1) 成立监测评估小组并进行培训。监评小组应由监测评估专家、政策的多级执行人员、一线技术人员、评估区域协作者组成。监评专家主要负责指导监评程序和 PM&E 工具的使用；环境政策执行人员和技术人员主要负责将必要的环境政策信息告知监评小组其他成员及评估区域的利益相关者。协作者负责监评小组与利益相关者的沟通和交流。开始监评前要对监评小组进行相关内容的培训，包括：①环境政策背景，这主要是针对监评专家和评估协作者，因为他们有可能不是所要评估的环境政策的利益相关者，对该项环境政策知之甚少，因此需要让他们了解环境政策出台的原因和评估区域实施该环境政策的背景资料；②评估区内的风俗文化，若评估区存在特殊的民族文化、宗教观念，尤其是有关禁忌的各方面，在进行监评前有必要对监评小组进行培训；③PM&E 要求评估小组成员明确自身在整个环境政策评估中的角色和作用，避免行政力量的过度表现，从而违背评估初衷，影响评估效果;④PM&E 工具的使用,如通过饼图表示评估区内受环境政策影响的利益相关者的数量、年龄、职业、文化程度,通过流程图表示环境政策作用的方式,通过矩阵打分并根据评估标准判断环境政策实施效果,通过半结构访谈了解利益相关者的政策意愿。

(2) 由监评专家、环境政策执行人员和环境政策技术人员共同讨论制定初步的监测评估框架;监测评估指标和分析方法(定性或定量)。

(3) 深入评估区,与利益相关者分析讨论环境政策对他们造成的正面和负面影响,并据此确定最终的环境政策监测指标体系和框架,注意不同利益相关者的指标应当有所区别。

表6-4 PM&E 的原则

PM&E 原则	具体内容
参与式	项目社区应参与到监测评估的所有方面,包括选定指标和分析数据。当地人是积极的参与者,而不仅仅是信息的来源。
讨论及协商	项目社区和项目办应当讨论、协商并同意监测及评估什么、如何、在什么时候收集并分析数据,数据是什么意思,如何分享发现结果,并采取行动。
学习及能力建设	参与和讨论集体学习。焦点是建立利益相关者分析和处理问题的能力。
灵活性	参与式监测评估的宗旨是提高学习效果,引起连续的变化、适应能力和更好的执行能力,灵活性显得很关键。评估的蓝点方法,事先设置进度标准指标并保持不变,以测量随着时间而发生的变化。
所有权与适当的行动	社区拥有他们自己监测的数据和外部监测反馈给他们的数据,并能够根据监测采取纠正的行动。本地利益相关者监测并评估,外来者协助。

(资料来源:ITAD 公司 PRCDP 项目共同完成,农村贫困社区开发项目参与式手册:51~61 http://www.itad.com/prcdp/PM%20Chinese%20version%20final.pdf)

(4) 进入评估地点,进行监测和资料收集;注意评估过程的监控并及时做出调整,见表6-5。

表6-5 参与式环境政策监测评估的监控

- 对于多民族聚居的社区:指标是否涵盖了不同民族的观点?评估不同的少数民族,特别是那些数量较少的少数民族,是否参与了监测过程?
- 指标是否涵盖了融合评估区内最边远、最贫困行政区的观点?他们是否积极参与监测过程?
- 指标是否涵盖了妇女的观点?她们是否积极参与监测过程?
- 指标是否涵盖了受环境问题危害最深的利益相关者的观点?他们是否积极参与监测过程?
- 在评估区,利益相关者是否能够经常将他们对政策的意见和评价反馈给政策执行部门和人员?这些意见和评价是否能够反映到更高的政策决策层?

(资料来源:ITAD 公司 PRCDP 项目共同完成,农村贫困社区开发项目参与式手册:51~61 http://www.itad.com/prcdp/PM%20Chinese%20version%20final.pdf)

(5) 对监测评估过程中获得的资料进行整理分析,并根据分析结果提出完善环境政策的建议。

案例6-5

甘肃白水江国家级自然保护区

大熊猫栖息地森林资源社区共管示范项目参与式监测评估

保护区政策与当地社区的相互影响见案例5-5,这里主要说明参与式监测评估的方法。评估框架见表6-6。

表6-6 甘肃省白水江国家级自然保护区参与式监测评估框架

监评内容	<ul><li>自然保护区政策</li><li>保护区居民的经济状况和生活状况</li></ul>
指标	<ul><li>保护区面积</li><li>野生动物种类及数量</li><li>盗猎、盗挖案件中野生动物数量、破坏面积</li><li>引进外资数量</li><li>技术培训人次</li><li>劳务输出人数</li><li>基础设施建设:修路(千克)、桥(座)、引水工程(立方米)、卫星接收塔(座)</li><li>保护区居民收入</li><li>粮食产量</li><li>新垦耕地面积</li><li>使用农药的种类、成分、数量</li></ul>
工具	● 访谈/问卷/二手资料
信息来源	● 保护区居民/保护区管理部门/保护区所在政府

(资料来源:Oxfam Hong Kong. 白水江自然保护区社区共管调研.内部资料,2004)

【案例分析】首先由监评人员与自然保护区政策的直接利益相关者——保护区内社区居民共同讨论确定保护区政策与社区之间的相互影响,结果见案例5-4;然后确定衡量上述影响的可量化指标,见表6-6;再由评估人员使用各种必要的调查方法或PRA工具,获取预定的一系列数据进行评估。这个案例是要简略示范PEM&E的过程,并不注重对自然保护区政策评估的结果。

5) 第三方评估

"第三方"的概念源于管理领域的"第三方物流",目的是通过物流外包,可减少存货,扩大市场,减少合同,改善服务,帮助企业快速降低成本,提高竞争力,增加效益,改善顾客的服务水平[10],是在买方和卖方之外出现的第三方,专门从事物质的运输。第三

---

[10] 白丽, 刘晓东. 第三方物流理论研究国内外之比较[J]. 商业现代化,2006(9):114~115.

方评估的方法也适合于环境政策评估,即由政府政策体系和政策的利益相关者[11]之外的第三方进行正式的政策评估,一方面可避免政策体系内部评估可能导致的不公正、不客观评估结果的出现,另一方面,与政策利益相关者的非正式评估相比,其发挥作用的可能性更大。这是因为随着20世纪70年代公民社会的逐步兴起,政策评估领域也出现了顾客导向模式及参与式监测评估等方法,其目的就是满足公众在公共政策领域日益高涨的权益意识和参与意识,这给第三方评估的出现奠定了思想理论基础;另外,科学技术的发展和普及削弱了政府在评估技术上的垄断地位,给第三方评估的出现提供了技术环境。

第三方评估之所以作为一种模式单独出现,并不是要采用比政策体系内部评估更科学的评估方法和技术,而是其评估主体的独立性和特殊性。

案例6-6

《寂静的春天》出版:警示人们善用农药

从20世纪40年代起,人们开始大量生产和使用六六六、DDT等剧毒杀虫剂以提高粮食产量。到了20世纪50年代,这些有机氯化物被广泛使用在生产和生活中。这些剧毒物的确在短期内起到了杀虫的效果,粮食产量得到了空前提高。

然而,这些剧毒物的制造者和使用者们却全然没有想到,这些用于杀死害虫的毒物会对环境及人类贻害无穷。它们通过空气、水、土壤等潜入农作物,残留在粮食、蔬菜中,或通过饲料、饮用水进入畜体,继而又通过食物链或空气进入人体。这种有机氯化物在人体中积存,可使人的神经系统和肝脏功能遭到损害,可引起皮肤癌,可使胎儿畸形或造成死胎。同时,这些药物的大量使用使许多害虫已产生了抵抗力,并由于生物链结构的改变而使一些原本无害的昆虫变为害虫。人类制造杀虫剂,无异于为自己种下了一枚毒果。

美国海洋生物学家蕾切尔•卡逊(Rachel Carson)经过4年时间,调查了使用化学杀虫剂对环境造成的危害后,于1962年出版了《寂静的春天》(Silent Spring)一书。书中,卡逊阐述了农药对环境的污染,用生态学原理分析了这些化学杀虫剂对人类赖以生存的生态系统带来的危害,指出人类用自己制造的毒药来提高农业产量,无异于饮鸩止渴,人类应该走"另外的路"。

《寂静的春天》是一部划时代的绿色经典著作,它的出版对那些把剧毒杀虫剂作为"杀手锏"的人来说,无异于一种挑战。那些既得利益者们对卡逊进行了围攻,说她是"极端主义者"、"大自然的女祭司"等,使卡逊承受了不亚于达尔文当年发表《物种起源》的压力。然而,日后的事实却证明了卡逊的预言,这些剧毒物对环境及整个生物链造成的巨大破坏是无法弥补的。

《寂静的春天》是一部警示录,由于它的广泛影响,美国政府开始对书中提出的警告进行调查,最终改变了对农药政策的取向,并于1970年成立了环境保护局。美国各州也相继通过立法限制杀虫剂的使用,最终使剧毒杀虫剂停止了生产和使用,其中包括曾获得诺贝尔奖的DDT等。令人遗憾的是,目前虽然这些剧毒杀虫剂已从生产和使用的名单上被清

---

[11] 这里的利益相关者仅指狭义的利益相关者,不包括对政策感兴趣的个人或团体,因为他们可以作为第三方。

除，但人们却仍不得不依赖其他农药来维持粮食产量的提高，有些地方，包括中国某些地区，人们至今仍在非法地生产和使用着被禁止使用的农药。据统计，发展中国家由于农药使用不当而发生的死亡事故每年都有上万起，约有150~200万人急性农药中毒。

《寂静的春天》可以说是一座丰碑，是人类生态意识觉醒的标志，是生态学新纪元的开端。由于它在美国历史上产生了巨大的作用和影响，被列为"改变美国的书"之一。

《寂静的春天》在阐述杀虫剂对生态环境的危害的同时还告诫人们：关注环境不仅是工业界和政府的事情，也是民众的分内之事。围绕《寂静的春天》引起的广泛争论为民间环保运动的蓬勃兴起奠定了坚实的基础。

(资料来源：自然之友. 20 世纪环境警示录[EB/OL]. 人民网，http://www.people.com.cn/GB/huanbao/41909/ 42116/ 3082724.html)

【案例分析】案例 6-6 中的事件虽然发生在环境政策出现之前，但我们认为《寂静的春天》的意义更能反映第三方评估的作用及其在环境政策评估应用中潜在的发展趋势。评估主体是生态学界的研究人员卡逊，属于独立于政策系统的第三方，通过实地调查，从生态学角度科学分析了农药的环境影响和可能产生的社会影响。卡逊与一系列从农药生产、销售和使用中牟利的企业和个人没有经济利益关系，并且足够勇敢，因此能够客观公正地将评估结果公布于众，最终导致了美国环境保护局的成立和联邦政府及各州政府许多农药禁令的颁布。有两个重要原因使得评估活动的作用得以发挥，其一，卡逊描述的农药危害的真实性和科学性；其二，农药通过食物链对人体的危害使得公众广泛参与了农药问题的讨论，这种社会压力推动政府对该事件做出反应。卡逊事实上是充当了环境代言人的角色。

6) 环境政策执行力模式

政策执行力是政策主体使政策执行达到预期的政策执行程度的能力，是政策执行的各种资源的组合，它所衡量的并不是政策的有效性，而是衡量政策的落实是否达到了预期要求，即政策得到了十分准确、顺利的实施[12]。因此，可以利用政策执行力模式对环境政策的执行过程进行评估。这种模式既可以作为环境政策执行完毕的后评估的一部分，与其他模式结合使用，找出环境政策执行因素与环境政策效果的相关性，总结经验，加以推广；也可以在环境政策执行过程中出现严重偏离政策执行方案的时段和区域进行执行力模式的评估，以便发现问题，及时调整。

这种模式的步骤如下。

(1) 根据评估目的，选择所要评估的环境政策执行的资源类别，即选择要进行评估的环境政策执行力的分力，并不是每项执行力评估都要对所有分力进行评估，应当根据经验判断有所选择。黄卉等认为，执行力可以分解为九个分力[13]（图 6.5）。①人力，指政策执行者的数量和质量，其中质量指执行者的素质和权威；②财力，指政策实施必要的经费；③资源力，指政策实施必要的物资；④组织力，指执行机构的工作效率、组织结构的合理性、执行人员的积极性和忠诚度；⑤技术力，指执行主体选择执行方式、设计执行程序的能力；⑥理解力，指执行人员对政策内涵的理解能力；⑦信息力，指执行政策需要的信息资源在执行系统内传递的效率、纵向和横向沟通的有效性；⑧监控力，指执行主体在减少

[12,13] 黄卉，苏立宁. 公共政策执行力初探[J]. 科技与管理，2006(4)：24~26.

执行偏差、及时调整和采取补救措施、保证政策目标实现的能力;⑨创新力,指执行主体具体执行过程中的灵活变通、执行体制的创新能力。

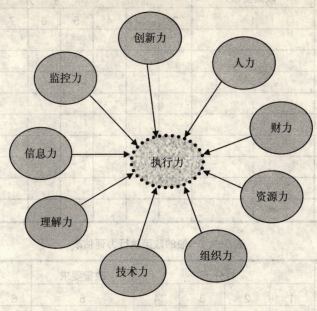

图 6.5 执行力及其分力

(2) 选择执行力评估方法。执行中存在问题和执行良好的政策所采用的评估方法是不同的。表 6-7～表 6-9 是针对政策的不同情况使用的评估方法。表 6-7 的适用环境是政策执行过程中或已经结束,政策效果偏离目标较远,根据经验判断,造成这种结果的原因是政策执行的问题,因此将政策对各执行力的要求定为 10 分,实际的分值应低于 10 分。表 6-8 的适用环境是政策效果佳,为找出执行经验所进行的评估,因此将政策对各执行力的要求定为 1 分,各执行力的分值应大于 1。表 6-9 的适用环境是政策效果佳或政策效果偏离预期较远,但不能判断是否是政策执行所致,因此将政策对执行的要求定为 5 分,各执行力可以超出政策要求,即大于 5 分,也可以没有达到政策要求,即低于 5 分。

表 6-7　执行出现问题的政策的执行力评估表

执行力类别	打　分									政策要求
	1	2	3	4	5	6	7	8	9	10
人力										10
财力										10
资源力										10
组织力										10
技术力										10
理解力										10
信息力										10
监控力										10
创新力										10

表 6-8 政策执行最佳的执行力评估表

执行力类别	政策要求	打分								
	1	2	3	4	5	6	7	8	9	10
人力	1									
财力	1									
资源力	1									
组织力	1									
技术力	1									
理解力	1									
信息力	1									
监控力	1									
创新力	1									

表 6-9 一般的政策执行力评估表

执行力类别	打分				政策要求	打分			
	1	2	3	4	5	6	7	8	9
人力					5				
财力					5				
资源力					5				
组织力					5				
技术力					5				
理解力					5				
信息力					5				
监控力					5				
创新力					5				

(3) 根据第一步所选的执行力类别确定调查或访谈对象的数量,这个数量要满足统计学对社会科学方法的要求,调查对象应从政策的利益相关者中选取,然后印制评估表。

(4) 着手调查或访谈,发放、回收评估表,整理资料并进行统计分析,找出执行中最佳或最弱的环节及其原因;事实上,这是将问卷调查应用于环境政策评估,具体操作方法和分析方法请参考社会学研究方法的有关专著。

(5) 根据分析结果总结经验和教训,提出建议。

2. 环境经济评估模式——成本收益分析

美国是最早将成本收益分析技术应用于公共项目的国家,先是用于大坝建设等公共工程,随后的 20 世纪 50 年代,经济学家对此做了广泛的理论研究,自此,成本收益分析在理论和实践方面都发展成了一套完整的体系。自 20 世纪 70 年代开始,西方国家已将成本收益分析确定为公共项目最基本的方法[14]。因此,成本收益分析被当作政策方案选择的方

---

[14] 王雍君. 公共政策支出实证分析[M]. 北京:经济科学出版社, 2000: 244.

法,它要求在政策效果相同的情况下,选择成本最小、效果最好的方案;存在成本和收益均有差别的方案时,应选择收益成本比最大的方案。而环境政策作为公共政策的一种,进行成本收益评估,将生态效益或环境效益量化、转化成货币,是许多环境经济研究者的梦想之一。

因此,通过各种方法对环境政策实际运行产生的成本和生态、环境效益进行核算,与政策方案做比较进行政策评估。这种评估方法的标准就是政策方案,通过对比,找出现实与方案差异,并判断差异对政策效果的影响及原因,总结经验和教训,提出建议。

实际上,进行政策评估时的成本收益核算仅仅是在选择方案时成本收益分析的基础上,利用方案的成本收益分析时确定的指标和方法,将环境政策执行完毕后的各种信息和数据加以套用即可。成本收益分析不是环境政策评估所包含的范畴,但如果在环境政策制定时没有采用成本收益分析方法进行环境政策方案的选择,在进行环境政策评估时使用该方法就会缺少评估依据。这里仅将成本收益评估方法加以介绍。

这种评估方法分为两步:成本评估和收益评估。环境政策成本包括直接成本和间接成本,在设计环境政策方案时对直接成本已经做了预算,评估时只需将实际成本与预算作比较,查找多于或少于预算的原因,并且在评估报告中注明成本偏高的必要性及成本偏低时对政策效果有无影响,影响是什么。而间接成本是在不实施该环境政策的假设前提下进行环境改善所必需的支出,要用与环境政策收益同样的方法估计出货币价值。

收益就是政策带来的环境改善使得社会生产的增殖和减少的总和。如大气污染控制政策的目的是改善空气质量,其收益包括减少的医疗费用和人们在为就医而损失的时间内创造的价值。但是如何将没有市场价格的环境收益换算成实际的货币是成本收益评估的关键,下面介绍一些成熟的方法来估计无形的环境产品的货币价值。

(1) 消费者剩余法[15]。指环境政策目标群体的最大支付意愿与其实际成本之差。比如一项改善城市空气质量的政策的收益计算方法如下:环境政策的实际成本除以城市纳税人的数量即得到公众对空气质量改善的实际支出,通过询问一定数量的公众(兼顾收入等级)愿意为达到同样效果的最大支付愿意(见后面影子价格部分的意愿支付法),进行正态分布拟合,取95%的置信区间内意愿价格的平均值作为公众的最大支付意愿,将其与计算出的实际支出的差乘以纳税人数量就是这项政策的收益。用公式6-1简单表示。

环境政策收益=环境政策实际支出-城市纳税人数量×最大支付意愿 (6-1)

(2) 房地产价值法[16]。利用房屋价格来估算政策的环境收益。这里仍用空气质量做例子。首先选定背景区域作为对比标准,要求其空气质量达到法定标准;然后,收集评估区域影响房屋价格的各种因素,即房屋的特征,包括地点、户型、房子周围的基础设施配备、空气质量等(收入除外),划分为不同等级,与背景区域同类房子特征对比,得到空气质量影响时的房子价格的差异,根据不同类型房子的数量按照权重计算两个区域的价格的有效差异,然后乘以总户数即是空气质量控制政策的收益,见公式6-2。

$$环境政策收益=\sum_{i=1}^{n}(P_{0i}-P_i)c_i \; (i=1,2,\cdots,n) \quad (6-2)$$

P_{0i}——政策实施后,各等级房屋的价格,也可以是选定的与政策实施后空气质量相当

---

[15] 王雍君. 公共政策支出实证分析[M]. 北京:经济科学出版社,2000:260.

[16] 克尼斯. 环境保护的费用——效益分析[M]. 北京:中国展望出版社,1989:123.

的背景区域内各类房子的价格；

P_i——政策实施前，各等级房屋的价格；

c_i——各等级房屋数量权重以下几种。

(3) 影子价格[17]。前文将人们在就医损失的时间里创造的价值当作环境质量改善的一部分收益就是影子价格的一种。其他影子价格的方法有以下几种。

① 消费者选择，公众在有形物品与良好环境质量之间做出选择，有形物品的最高价值就是公众对环境政策期望收益的价值。

② 间接成本，公众为享用好的生态环境而产生的成本，这个成本在环境政策实施并产生效果后可以节约下来，因此这个成本就是政策的收益。如，河流上游工业废水的排放使得下游的地下水受到污染，下游公众不得不到其他地方获取清洁水以满足生活所需，他们取水所花费人力、时间、物品(盛放水的容器、运输工具)换算的货币价值就是进行河流水污染控制所产生的收益。

③ 意愿支付法，指公众愿意为改善环境支付的价格。这种方法需要说明两点：首先根据"搭便车理论"，环境是最典型的公共物品，因此在进行意愿支付询问时，这种搭便车现象出现的几率很大，从而导致与实际偏差较大；其次，由于我国的公共政策包括环境政策的运行的不透明使得公众无法判断常规情况下用于环境改善的费用，在没有标准可参照时，各个个体的支付意愿不具有可比性，因此需要准备一个背景值。这个背景值可以国内环境政策效果较好的其他地区的实际换算价格，即背景区域进行空气质量改善的实际支出除以城市纳税人的数量即得公众对空气质量改善的实际支出，以供公众在对比中做出更理性的选择，尽量避免搭便车现象的出现。

④ 补偿成本，指在不利用政策强制性的遏止环境恶化的趋势时，为维持环境质量不下降而采用的其他措施所产生的成本。如果国家不实行能源政策以控制大气污染，减少二氧化碳、二氧化硫、粉尘的排放，防治大气污染时将要产生的成本就是能源政策的收益。或如果不对工业废水的排放进行控制，要维持水资源的良性循环就要对这些污水加以处理，这个处理产生的成本就是控制工业废水排放的政策收益。

需要说明的是，影子价格较多的采用询问公众的方法，因此均需要做正态分布拟合，取95%的置信区间内意愿价格的平均值确定为用于计算的影子价格，否则将所有样本的平均值作为最终的影子价格计算出来的收益不具有实际意义。

采用以上方法换算出实际成本乘以当年的存款利率，即该款项存入银行而产生的收益，称之为"虚拟收益"。这些成本和收益都是某一年份的，还应按照环境政策执行时间来计算总的成本和收益。但要考虑单位货币实际购买力的变化，引入经济学中折现率 r 的概念将评估前各年的成本收益折为现值。环境政策解决的是公共问题，不产生实际的利润，因此对环境政策成本和收益进行折现时，采用折现率为10%，则各年的折算系数 DF 为见公式6-3。

$$DF = \frac{1}{(1+r)^n} (n\text{为发生年数})^{[18]} \quad (6-3)$$

前面计算出的各年环境政策实际成本、"虚拟收益"和政策收益乘以折现系数得到收益现值。分别将成本和收益的各年现值相加，再计算出差额 λ，与虚拟收益折现 σ 对比，当

---

[17] [美]威廉·邓恩. 公共政策分析导论[M]. 北京：中国人民大学出版社，2002：335~336.

[18] [美]威廉·邓恩. 公共政策分析导论[M]. 北京：中国人民大学出版社，2002：340.

$\lambda>\sigma$，政策的收益大于成本；当$\lambda<\sigma$，政策收益小于成本；$\lambda=\sigma$，政策收益等于成本。

环境政策收益大于成本是每项环境政策预期的。采用成本收益方法进行评估需要大量人力进行调查以求证环境的价值，评估人员要有专业技能才能从事这项工作，需要的数据资料非常详尽，数据处理复杂，因此只有政府或专门的政策分析机构才有足够经费进行此类评估。

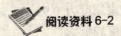

美国南海岸盆地空气达到国家环境标准的收益

南海岸盆地氧化剂和氮氧化物一直超出国家标准，氧化物的标准是最大浓度0.12ppm，这项研究完成后，标准基准由氧化剂转化为臭氧(氮氧化物标准为平均浓度0.05ppm)。除一些距离海滨很近且具有良好空气质量的地区外，如果整个南海岸盆地空气全部达到环境标准，则空气质量一般和较差的地区应达到良好水平，整个盆地达到环境标准而取得的总收益是利用外推法得到的。正如采用房地产价值法和调查法确定的，收益为所有空气质量"很差"和"一般"地区的家庭为达到良好空气质量支付意愿的总和。

分析表明，用于公路汽车污染源控制措施的效果比固定污染源控制效果好。所以，在研究中只检验属于公路汽车污染源控制的成本问题，收益计算也只涉及总排放削减量的一部分，即公路汽车污染源控制的收益。

虽然研究者希望仔细研究控制汽车污染源而得到执行环境标准的工程费用，但通常情况下，只能在有限资料如生产报告和政府出版物的基础上进行估算。

应用这些方法和数据可以发现，南海岸盆地1979年将空气质量达到环境标准的收益每年为15亿到30亿美元之间。其中控制公路汽车污染产生的成本约为14亿到26亿美元。相比之下，整个盆地控制全部污染的成本为60万到13.2亿美元。很显然，由于包括了所有不确定因素，南海岸盆地由于控制汽车污染源的收益可能大于成本。一个主要的不确定因素是要求的排放削减量是否能够满足环境标准，如果还需要进一步削减排放量，成本就会迅速提高。

(资料来源：克尼斯. 环境保护的费用——效益分析.北京:中国展望出版社，1989:78~80)

3. 数学评估模式

数学评估模式是将数学分析方法或数学模型应用于环境政策评估的方法。用定量方法对环境政策进行评估是环境政策评估的又一个发展趋势。能够用于环境政策评估的数学定量方法会随着研究的深入越来越多，这里介绍较成熟的模糊评价法和层次分析评价法。

1) 模糊评价法

模糊评价方法源于模糊数学。美国加州大学L.A.查德(L.A.Zadeh)教授针对经典集合理论只能描述"分明概念"和只能表现"非此即彼"的局限，提出了模糊集合概念，宣告了模糊数学的诞生[19]。

模糊评价就是利用模糊数学，对受到多个因素影响的事物，按照一定的评判标准给出事物获得某个评语的可能性[20]。将模糊评价方法用于环境政策评价可以综合考虑环境政策

---

[19] 碧野之灵. 模糊数学的经典简介[EB/OL]. http://www.shumo.com/forum/archiver/?tid-5613.html.

[20] 李建良. 模糊评价[EB/OL]. http://www.chinavalue.net/wiki/showcontent.aspx?titleid=33922.

的众多因素，根据各因素的重要程度和评价结果将原来的定性评价定量化，较好地处理环境政策多因素、模糊性及主观判断等问题。

查德教授创立了隶属度 $\mu A(x)$（即属于某集合的程度）的概念来描述边界模糊的事物的性状。当 $\mu A(x)=0$，x "不属于" 集合 A；当 $\mu A(x)=1$，x "属于" 集合 A，这时集合 A 就属于经典集合；当 $0<\mu A(x)<1$，x 代表那些边界模糊的事物，这时的集合 A 就成为模糊集合。这样人们可以用 "0～1" 之间的小数，描述边界模糊的事物的性状。如隶属度为 0.99，表示隶属于某集合的程度相当高；隶属度为 0.01，表示隶属于某集合的程度较低[21]。

在环境政策评估中，用 x 表示评估指标，y 表示该环境政策对该评估指标的影响效果，环境政策对该评估指标影响的高水平点表示为 (x_1, y_1)，低水平点表示为 (x_2, y_2)，则环境政策评估指标直线方程为：

$$\frac{x-x_1}{x_2-x_1}=\frac{y-y_1}{y_2-y_1} \tag{6-4}$$

在环境政策影响效果好坏区间，即 [0，1] 区间中方程简化为：

$$y=\frac{x-x_1}{x_2-x_1} \tag{6-5}$$

y 就是该指标的隶属度。这是将环境政策对评估指标的影响效果进行定量。

概括地说，应用模糊数学方法进行环境政策评估有以下几个步骤。首先建立环境政策评估的指标体系 $I_i(i=1, 2, \cdots, n)$，然后对环境政策的利益相关者、政府部门、感兴趣的第三方进行问卷调查，就指标的重要程度进行打分排序，有 n 个指标，则排在第一位的指标分值就是 n 分，依次递减，统计各指标分值 N_i，计算各指标的权重 $Q_i(\sum_{i=1}^{n} Q_i = 1)$，再根据式 6-5 计算隶属度 μI_i，最后求和即得环境政策效果指数 P_i，公式为：

$$Q_i=\frac{N_i}{\sum_{i=1}^{n} N_i} \tag{6-6}$$

$$P_i=\sum_{i=1}^{n} \mu I_i Q_i \tag{6-7}$$

模糊评价是要确定环境政策实施后，特定区域的各项指标在国际或国家范围内所处的水平。

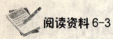
阅读资料 6-3

甘肃省退耕还林生态林工程效果模糊评价

确定评价的指标体系[22]，共 9 个指标，并就指标的主次顺序对退耕还林的主管部门及其他利益相关者进行调查，得出指标打分排序表，见表 6-10。需要说明的是，对退耕还林

---

[21] 刘进才，孙耀. 关于政策评估的模糊数学方法及计算机程序处理研究[J]. 苏州大学学报(哲学社会科学版)，2004(6): 118.
[22] 钟石强. 广西退耕还林工程实施效果评价指标体系探讨[J]. 林业调查规划，2004(5): 119～120.

的评价是针对其综合的社会效益和生态效益而言的,并非专门的林业评价,因此不会将具体的林业指标,如树木的平均直径、平均高度等纳入进来。

表6-10 甘肃省退耕还林生态林效益评估

指标	第三产业占GDP的比重/%	森林覆盖率/%	自然灾害发生频率/%	生物种类数量增率/%	农民人均纯收入/$	劳动就业率/%	人均GDP/$	水土流失面积/(t/hm²)
指标排序	⑧	①	④	⑥	③	⑤	⑦	②
N_i	1	8	5	3	6	4	2	7
Q_i	0.278	0.222	0.139	0.083	0.167	0.111	0.056	0.194
1970's 先进点 x_1	59 [U.S, 1970]	31.8 [U.S, 1976]	*	*	5219 [U.S, 1990]	*	8661.6 [U.S, 1977]	7.4 [U.S, 1982]
1970's 后进点 x_2	14 [Nigeria, 1975]	2.38 [Pakistan, 1990]	*	*	37.1 [India, 1978]	*	183 [India, 1979]	39.9
退耕还林前甘肃省 x	32.83	9.37	*	*	174.1	*	432	53
20世纪末先进点 x_1	72 [U.S, 1997]	32.32 [U.S, 1994]	*	*	5859.6 [U.S, 1994]	*	34046.8 [U.S, 1999]	5.5 [U.S, 1992]
20世纪末后进点 x_2	28 [Nigeria, 2000]	4.51 [Pakistan, 1994]	*	*	126.3 [India, 2000]	*	450 [India, 1999]	31.1
退耕还林后甘肃省 x	39.28	9.9	*	*	273.6	*	1073.3	25
退耕还林前 μI_i	0.418	0.238	*	*	0.0264	*	0.029	0
退耕还林后 μI_i	0.256	0.194	*	*	0.0257	*	0.018	0.24
退耕还林前 P_i	0.175							
退耕还林后 P_i	0.166							

注:①*表示部分指标数据难以获取;②部分数据来源:刘进才,孙耀.关于政策评估的模糊数学方法及计算机程序处理研究[J].苏州大学学报(哲学社会科学版),2004(6):118.

根据表6-10利用公式6-5计算两个时间点各指标的隶属度。如第一个指标,第三产业占GDP的比重,退耕还林前的隶属度为:
$$\mu I_1 = \frac{32.83-14}{59-14} = 0.418。$$

以此类推,结果见表6-10。再根据公式6-4计算出退耕还林前后的政策效果指数P值,结果见表6-10。退耕还林工程的实施使得政策效果指数从0.175下降为8年(国家退耕还林补助的第一个周期)后的0.166,导致P值下降的可能原因有两个:首先,其他指标的缺失,即如果指标数据完整,P值增加,显示退耕还林的实施使甘肃省的生态环境和经济水平都有提高,即生态效益、社会效益、经济效益协调发展,换言之,就是退耕还林政策对甘肃省实现可持续发展有促进作用;第二种可能就是即使数据完整,P值仍然减少,也许从甘肃省自身时间序列上的纵向发展来看，退耕还林的效果确实带来了巨大的生态效益和经济效益，但是由于模糊评价选定的对比点是国际范围的，而美国、英国、德国、法国和芬兰等欧美国家对营造生态林都实行了长期支持补助政策，如美国 1985 年启动的 CRP 项目(Conversation Reserve Program)就是为减少水土流失进行的有偿退耕还林(草)。这个例子说明国际上的先进点并非一成不变，发达国家的生态环境和经济水平仍然向更可持续的方向发展，因此这个 P 值减少的结果说明我国退耕还林工程的效率低于国际先进水平。

(资料来源：刘进才，孙耀. 关于政策评估的模糊数学方法及计算机程序处理研究[J]. 苏州大学学报(哲学社会科学版)，2004(6):118)

2) 层次分析评价法

层次分析法(Analytical Hierarchy Process，简记为 AHP)是由美国运筹学家、匹兹堡大学教授 T. L. Saaty 于 20 世纪 70 年代初提出的，是一种将定性与定量分析相结合的多目标决策方法，已被较多应用在环境政策方案选择中，但 AHP 也可以用于对实施环境政策的不同区域内政策效果的评比，相对于简单的比较方法而言，层次分析法更科学、更准确。这里用一个案例说明 AHP 的应用。另外，模糊评价法和层次分析法也可根据评估需要加以综合应用。

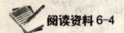

水环境质量管理的 AHP 法评价

濠河是南通市的主要内河，共设有五个监测断面：北濠桥、跃南桥、三元桥、长桥、和平桥，其中北濠桥、跃南桥为"城考"和"一控双达标"考核断面，从管辖级别看，北濠桥断面为国控断面，跃南桥、三元桥为省控断面。和平桥和长桥为市控断面。进行 AHP 评价的步骤如下：

(1) 建立指标结构，见图 6.6。

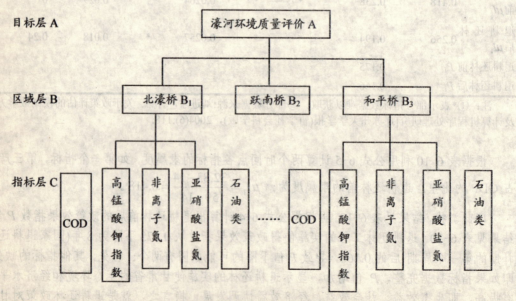

图 6.6　AHP 评价指标结构图

(2) 确定根据相对重要性指标权重。权重的取值采用指数标度法,可引用 1-9 标度对重要性结果进行量化,标度如表 6-11。

表 6-11 指标相对重要性标度

标 度	定 义
1	i 指标与 j 指标相同重要
3	i 指标比 j 指标略重要
5	i 指标比 j 指标较重要
7	i 指标比 j 指标非常重要
9	i 指标比 j 指标绝对重要
2, 4, 6, 8	以上两个判断的中间状态对应的标度值
倒数	若 i 指标与 j 指标比较得到标度为 $\alpha_{ij}=1/\alpha_{ji}$,则 $\alpha_{ji}=1$

得到的指标权重 A-B 矩阵及用方根法计算其最大特征值和特征向量:

$$\begin{pmatrix} 1 & 5 & 5 & 7 & 7 \\ 1/5 & 1 & 1 & 5 & 5 \\ 1/5 & 1 & 1 & 5 & 5 \\ 1/7 & 1/5 & 1/5 & 1 & 1 \end{pmatrix} \quad \begin{matrix} \overline{\omega}=4.146 \\ \overline{\omega}=1.380 \\ \overline{\omega}=1.380 \\ \overline{\omega}=0.356 \\ \overline{\omega}=0.356 \end{matrix}$$

经规范化处理得到特征量 $\omega=(0.544, 0.181, 0.047, 0.047)^T$ 最大特征值:

$$\lambda_{max}=\frac{1}{n}\sum_{i=1}^{n}\frac{(A\overline{\omega})_i}{\overline{\omega}}=5.265$$

(3) A-B 矩阵一致性检验。

$$CI=\frac{\lambda_{max}-n}{n-1}=\frac{5.265-5}{5-1}=0.066$$

$$CR=\frac{CI}{RI}=\frac{0.066}{1.12}=0.059<1.10$$

检验结果说明该矩阵具有很好的一致性。

(4) 建立 B-C 判断矩阵,计算最大特征值和特征向量。

① 单因子评价。

根据 1999 年濠河各断面的监测结果,按照评价标准计算各断面单因子污染指数,结果见表 6-12。

表 6-12 濠河 1999 年各断面单因子评价结果

断 面	CODMn	CODC	非离子氮	NO_2-N	Oil
北濠桥	0.76	0.30	18.5	1.84	1.42
三元桥	1.09	0.52	37.0	1.94	1.18
跃南桥	0.96	0.50	24.5	1.39	1.26
和平桥	0.69	0.49	18.0	1.33	0.30
长 桥	1.35	0.52	25.5	1.91	1.28

② 建立判断矩阵。

由表 6-12 的结果，将各断面污染物两两单因子指数的比值作为判断矩阵的元素，则北濠桥断面及 B_1 的判断矩阵为：

$$(B_1-C)=\begin{pmatrix} 1 & 0.39 & 24.34 & 2.42 & 1.87 \\ 2.56 & 1 & 61.67 & 6.13 & 4.73 \\ 0.04 & 0.02 & 1 & 0.10 & 0.08 \\ 0.41 & 0.16 & 10 & 1 & 0.77 \end{pmatrix}$$

计算其特征向量和最大特征根分别为：

$$\omega=(0.221,\ 0.562,\ 0.01,\ 0.09,\ 0.12)^T$$

$$\lambda_{max}=\frac{1}{n}\sum_{i=1}^{n}\frac{(A\overline{\omega})_i}{\overline{\omega}}=5.216$$

$$CI=\frac{\lambda_{max}-n}{n-1}=\frac{5.216-5}{5-1}=0.054$$

$$CR=\frac{CI}{RI}=\frac{0.054}{1.12}=0.048<1.10$$

说明该矩阵具有很好的一致性。同理可得：

(B_2-C): $\omega=(0.216,\ 0.454,\ 0.006,\ 0.122,\ 0.202)^T$,

$\lambda_{max}=5.762$

$CR=0.016<0.1$

……

(5) 确定各断面总排序。

濠河各断面水质 AHP 评价层次总排序，见表 6-13。

表 6-13　濠河各断面水质 AHP 评价层次总排序

层次	B_1 0.544	B_2 0.181	B_3 0.181	B_4 0.047	B_5 0.047	层次总排序 权值	排序
C_1	0.221	0.562	0.01	0.09	0.12	0.234	2
C_2	0.216	0.454	0.006	0.122	0.202	0.216	4
C_3	0.227	0.435	0.010	0.157	0.172	0.219	3
C_4	0.286	0.403	0.011	0.149	0.151	0.245	1
C_5	0.184	0.480	0.009	0.131	0.195	0.204	5

进行总排序一致性检验：

$$CI=\sum_{i=1}^{5}B_I C_I=0.065$$

$$CR=\frac{0.065}{1.12}=0.058<0.10$$

结果说明层次总排序具有一致性。

各断面水质状况总排序为：和平桥＞北濠桥＞跃南桥＞三元桥＞长桥。

(资料来源：参考：葛刚.层次分析法评价濠河水质研究[J].环境保护科学，2000，26(102):38~42)

4. 综合评估模式

环境政策评估包含三个要素，即评估主体、评估对象、评估方法，因此其综合评估模式也应有评估主体的综合、评估对象的综合、评估方法的综合。

1) 评估主体的综合

很多政策科学的研究者都曾将政策评估划分为正式评估和非正式评估，其原则就是根据评估主体的不同划分的。环境政策评估的主体与公共政策评估主体是一致的，包括环境政策制定者、执行者、政府或高校的专业政策分析机构、利益相关者、媒体、其他组织和公众。主体的综合评估就是上述主体中两类及两类以上的环境政策评估主体对同一个评估对象进行的评估。

2) 评估对象的综合

根据路径依赖理论，环境问题在时间和空间上的不确定性使得环境政策评估具有区别于其他公共政策的特殊性。相对于其他公共政策，环境政策可能要求在更长的时间范围和更广的空间范围内进行评估，在时间上可能跨越环境政策过程(环境政策制定、执行、评估、监督和控制、终结)的多个环节，在空间上可能跨越多个环境政策单元，这需要对多个环境政策评估对象进行综合。

3) 评估方法的综合

环境政策评估方法的综合取决于环境政策评估的目的，单一的评估方法往往不能满足环境政策评估的要求，需要多种评估方法的综合应用。

6.2.3 环境政策评估模式及方法的选择原则

上述环境政策评估方法并非在每项环境政策评估活动中都要涉及，而应选择适当的评估方法实现评估目的，进行环境政策选择时一般应注意以下原则。

(1) 根据评估目的进行选择。每种评估方法都有其着重点和适用条件，应选择能够满足评估目的的方法。

(2) 根据技术水平和资金预算进行选择。政府对政策的记录、统计并不能满足很多评估方法的信息需求，需要掌握一手资料和数据，如执行力评估方法、模糊评价法都需要从大量问卷中获取环境政策的相关信息，利益相关者模式和 PEM&E 需要实地调查，成本较高，且在问卷分析和评估技巧方面要求较高，非职业评估人员的技能水平有可能阻碍评估活动的进行，必要时对相关人员进行培训，增加评估成本，因此环境政策评估方法选择要考虑技术和资金因素。

(3) 根据评估活动中涉及的非职业评估人员的群体特征进行选择，如生态保护和建设政策评估，依赖于农村社区的参与，而目前农村经济仍是部分自给的经济形式，在评估中要获取准确的数字信息是不现实的，因此要选择适当的定性评估方法；同时一些需要问卷调查的评估方法也应尽量避免。

(4) 根据可收集资料的完备程度进行选择，由于我国的环境政策评估并未像制定和执行那样已形成了一整套体制和模式，还处于起步阶段，在制定和执行时不考虑或不完全考虑后期评估需要的资料,因此在评估时常常出现资料信息不足的情况,这时要根据所掌握的信息资料进行评估方法的选择。

6.3 对目前我国环境政策评估的思考

政策评估本是政策周期的必要环节,但是在环境政策评估时为什么要进行评估对象的选择?为什么要进行评估主体的选择?为什么要进行评估方法的选择?这些都是基于我国环境政策的制定、执行水平,政策决策者、执行者、公众的法制意识的水平而做出的现实选择。因此,从上述几方面逐步推动环境政策评估机制的完善是非常值得思考的问题。

6.3.1 环境政策评估存在的问题

(1) 环境政策评估缺少政策强制。由于没有认识环境政策评估的重要性,我国现行的多数环境政策中没有将环境政策评估的目的及一系列程序纳入政策强制范围。这使得环境政策从根本上偏离了"政策过程"这一政策运行的基本规律,必然影响环境政策目标的实现。

(2) 没有专门的环境政策评估机构。这种"重"政策制定和执行,"轻"政策评估的情况成为目前我国环境政策的"正常"状态。尽管中央或一些地方政府设立了政策研究机构和评估机构,但对环境政策的评估仍然是被动的、形式的。而没有政策评估,就没有政策调整。这种现象能够说明我国的环境政策的完善非常缓慢。如自 20 世纪 60 年代至今,美国修订生活水质标准有 10 多次,而我国仅修订过 2 次。

(3) 环境政策评估资源不足。政府对环境政策评估不够重视,导致对环境政策的评估在经费、设备、人员和技术等方面的支持都非常有限。即便是政府内部的政策研究机构认为有必要进行环境政策评估时,也会因为经费缺乏、设备不足和评估人员技术水平的限制而影响评估活动的进行。

(4) 环境政策评估中的公众参与不足。公众环境意识的提高使其表达环境意愿和环境政策观点的要求增强,这说明公众已经具备参与环境政策评估的意识,但目前,环境政策评估中公众参与机制不健全,这必将激化社会矛盾。如 6.1 所述环境政策评估是公众维护自身环境权益的最有效的途径,由于公众找不到维护自己环境权益的渠道,往往采取过激方式,影响社会正常秩序,政府机关动用其他政策领域的力量来维护局面,结果必将导致公众与政府的矛盾更加激化。其根本原因就是环境政策评估体制的缺失。

(5) 相关部门的消极合作。环境政策评估的结论直接关系到政策制定者和执行者的工作绩效。如果环境政策的制定者或执行者认为评估结论对他们不利,可能威胁到他们的职位升迁或工资待遇的提高时,会拒绝提供相关资料,甚至教唆其他有关人员参与抵制评估活动,这将阻碍评估的顺利进行,导致整个评估流于形式甚至中止。

6.3.2 完善环境政策评估的思考

(1) 环境政策评估法制化和机制化。在现行《环境保护法》中应制定关于强制执行环境政策评估的条款,并制定专门的环境政策评估细则,明确环境政策评估的程序、标准、方法、人员及其应负的法律责任等,甚至以单项法律的形式出现。《环境影响评价法》便是一个很好的典范。环境政策评估机制的建立包括设立独立的环境政策评估机构、规范环境政策评估程序、设立环境政策评估基金、推动环境政策评估职业的发展、建立环境政策评估信息系统、鼓励公众参与环境政策评估等。环境政策评估法制化和机制化是随着环境政策评估实践逐渐走向正规的不断完善的过程,即形成一个环境政策和环境政策评估政策双螺旋上升并最终完善的过程。

(2) 在环境政策制定和执行阶段制定评估计划。目前我国的环境政策评估多是事后评估,很多评估必需的重要信息在制定或执行阶段不被记录,严重影响了评估结论的准确性,甚至实际完全相反。前期评估资料准备工作能够为后期的评估活动提供尽可能完备和准确的信息和资料,使评估结果尽可能准确,这样才能发挥环境政策评估的作用和效力。

(3) 促进中国非正式评估、第三方评估的发展。第一,由于第三方在政策体系之外,利益关系相对于政策的制定者和执行者等政府的内部评估主体来讲不甚紧密,在立场上更容易保持中立,评估结果更能够保证客观;第二,第三方处在政策体系之外,站在环境政策系统之外看问题,更容易发现环境政策的非预期影响和间接影响,兼顾到各方面的利益;第三,由于第三方评估的发展也是市场化机制,因此存在优胜劣汰,这种竞争必然促进他们努力采用国际先进的评估方法、技术和设备,以保证评估的结论具有更强的针对性和实用性。

(4) 随着我国公众环境意识和法律意识的提高,非正式评估在环境政策体系中发挥的作用也日益增强,但媒体巨大的引导作用往往能够起到意想不到的效果,从2005年怒江大坝事件中看到,绿家园创立者以其中央人民广播电台记者的身份充分利用媒体的力量,对政府决策产生了不可忽视的影响。

(5) 引导公众积极参与环境政策评估。公众往往是环境问题的第一发现者和真实体验者,环境脆弱区域的公众在环境政策方面更有发言权。因为他们处于环境政策体系的最底层,对环境政策的执行效果有最直接、最深刻的感受,因此公众提供的反馈信息更真实、更可靠。倡导公众参与环境政策评估,能够将环境政策评估"自上而下"与"自下而上"的方法结合起来,达成互动评估,获得信息的反馈印证,促进民主参与和民主决策机制的发展。强调公众参与并不完全摒弃诸如德尔菲法之类的专家评议方法,而是在涉及众多利益相关者生存于其间的环境问题时,建议政府聆听他们的声音,而不是封闭式的主观决策。

思 考 题

1. 环境政策评估在环境政策系统的运行过程中的作用和地位怎样?
2. 你是否有更好的环境政策评估模式的分类方法?分类原则是什么?
3. 将"第三方"的概念引入环境政策评估中的优缺点是什么?
4. 练习利益相关者评估模式。

第 7 章 环境政策监控

> **本章教学要求**
> 1. 了解环境政策监控在环境政策系统运行中的地位和作用;
> 2. 了解环境政策监控的主体及监控的权限。

环境政策监控是环境政策过程的一个特殊环节,伴随并影响着环境政策的其他每一个环节直至环境政策终止。如果说,环境政策评估是对环境政策产生的效果和影响进行的判断和评价,那么环境政策监控就是对环境政策过程各环节进行纠错的活动,其作用是能够及时发现并调整环境政策的不适应,确保环境政策按照预定方案运行。

7.1 环境政策监控概述

环境政策监控是对环境政策运行进行监督和控制两种活动的合称,是为保证环境政策合法化及其制定、执行、评估和终结等活动达到预期目标,避免出现不必要的错误而进行监督和控制的过程,旨在保证环境政策的顺利运行,促进环境政策目标的完成,提高环境政策制定与执行的水平和质量。

环境政策监控源于控制论(Cybernetics),是一门研究系统调节和系统控制规律的科学,而系统是由相互制约的各个部件组成的具有一定功能的整体,其核心概念是信息和反馈(Feed-back),系统通过双向信息流进行调整以维持系统的运行。随后,维纳于 1950 年在其出版的《人有人的用处:控制论和社会》一书中论述了控制论与社会要素如法律和社会政策等的联系[1]。而政策科学也恰恰于这时形成雏形,在后来的政策实践中,经验和教训证明有必要引入控制论思想对政策过程进行适时适当的调整,以确保政策目标的实现。环境政策监控在政策运行过程中的角色和作用机制见图 7.1。

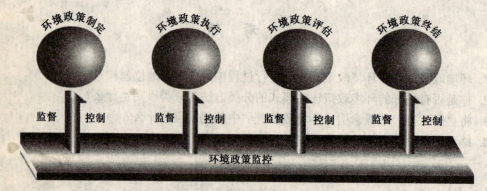

左边箭头表示获取环境政策信息用于环境政策监督;右边箭头表示环境政策控制措施作用于环境政策过程。

图 7.1 环境政策监控的角色和作用

---

[1] Sillyme. 控制论思想[EB/OL]. http://www.math.org.cn/forums/index.php?showtopic=182.

环境政策是公共政策的一部分，其监控体系具有公共政策监控的共性，但由于其对象是关系人类生存和发展的环境而具有自身的特殊性。

7.2 环境政策监督概述

《辞海》对监督的解释是"监察督促"，监察的目的是发现问题，督促的目的是解决问题。在英美法律中，很少使用监督的用语，因为无论是"Superintend"还是"Supervision"，都具有上对下进行控制的含义，这些词既指监督，也包括指挥、主管、控制的含义。而在"三权分立"理念的支撑下，人们比较忌讳这种上位权力的监督，而习惯于使用"Checks and balances"，即制衡，认为制衡体现了分权、制约的原理[2]。

在我国法制中，"监督"是一个广泛使用的术语，准确释义的"监督"包括五个要素，即监督主体、监督客体、监督内容、监督权利和权力、监督规则。环境政策监督是指环境政策监督主体依据一定的制度、法规对环境政策系统的运行包括政策的制定、执行、评估及终结活动进行监察，并及时将偏离环境政策目标的情况告知环境政策控制主体的行为。第6章的环境政策评估也是一种监督方式，若将评估结果传递给环境政策控制主体，就完成了一个监督的基本过程。

这里对环境政策监督主体及其权利和权力、监督方式加以介绍。环境政策监督主体包括立法机关、行政机关、司法机关、非政府组织、媒体和公众、政党系统。各监督主体因其职能及扮演的社会角色不同，对环境政策进行监督的方式就表现出多样性。

(1) 立法机关。立法机关是部分环境政策，即环境法律制定的主体，通过审议、审查、质询、诘问、调查、罢免等方式在环境政策制定阶段对其合法性进行监督。在西方议会制和总统制国家中，立法机关是议会或国会。我国的立法机关是各级人民代表大会，而全国人民代表大会常务委员会有权撤销各级政府制定的同宪法和法律相抵触的环境法规、决定和命令[3]，各级人民代表大会有权监督同级及下级政府环境政策的制定。国务院2001年底颁布了《行政法规制定程序条例》，规定了立法程序，为环境政策制定的监督提供了更规范的依据。另外，立法机关还须保证环境政策不能损害公众利益及各相关利益者的利益均衡，确保环境政策的公平。

(2) 行政机关。行政机关是环境政策的执行者及环境法律以外的环境政策的制定者，在环境政策系统中处于上层决策地位，在环境政策过程中需要自我监督，依法行政，保证环境政策的合法性及环境政策执行的有效性。依照宪法和法律规定，行政机关上、下级之间是监督与被监督的关系，上级行政机关享有对下级行政机关行政行为的监督权。在环境政策制定和执行中则表现为上级环境部门对下级环境部门的监督。1999年10月1日起施行的《中华人民共和国行政复议法》就是规范行政系统内部对行政权的监督形式的法律。行政复议运用行政机关系统内部的层级监督关系，由上级行政机关纠正下级行政机关的违法或不当的行政行为，以保护相对人[4]的合法权益。

(3) 司法机关。司法机关出于其维护环境法律尊严的职能对环境政策制定、执行进行监督。司法监督包括对内监督和对外监督两方面。对环境政策制定、执行的监督属于对外

---

[2] 张智辉. 法律监督三辨析[EB/OL]. http://www.chinalegaltheory.com/homepage/Article_save.asp?ArticleID=1715.

[3] 付辉. 论我国权力机关对行政立法的监督[EB/OL]. http://xfx.jpkc.gdcc.edu.cn/show.aspx?id=371&cid=33.

[4] 即行政相对人，是指在行政法律关系中与行政主体相对应，处于被管理和被支配地位的机关、组织或个人。

监督,是其依诉讼程序对本系统外的环境政策制定、执行机关及社会组织、公民行为的合法性所进行的监督[5]。我国的司法机关包括法院和检察院,检察院是国家专门法律监督机关,其监督称检察监督。法院行使监督职能称审判监督。司法监督具有强有力效果,但是目前我国的司法监督还不完善。

马骧聪[6]认为,"应该大力推动法院、检察院及公安机关加强环境司法和执法。现在,行政和立法机关已经越来越重视环境保护,而司法机关重视得不够,法院利用各种借口拒绝对环境诉讼案件立案就是突出的表现。司法机关是公平、正义的化身,是国家强制力的主要体现,如果不积极主动地办理环境案件,如果污染和破坏国家生态环境、侵害人民利益的环境违法犯罪行为得不到应有的惩罚,那就是在纵容污染"。

(4) 政党系统。政党是由具有各种职能的组织实体、工作部门及社会公众等要素按一定的结构方式而组成的政治工作系统。政党监督是指关注环境的政党对执政党环境政策过程的监督制约,是有组织的、相互配合的监督体系,包括执政党监督、参政党监督、在野党监督。执政党可利用其占有的各种资源优势影响甚至决定环境政策的各个环节,而参政党和在野党可通过其在立法及行政机关的成员、受其影响的社会力量对环境政策过程进行监督。

(5) NGO、媒体和公众。将NGO、媒体和公众三个监督主体归为一类是因为三者对环境政策的监督往往需要两者或三者的联合行动才能产生广泛的社会舆论和压力,形成良好的监督效果。

案例7-1

把破坏环境置于公民监督之下
——访中国政法大学环境法专家王灿发教授

蔡方华(记者,以下简称蔡): 国务院《关于落实科学发展观加强环境保护的决定》提出,要发挥社会团体的作用,推动环境公益诉讼。

王灿发(以下简称王): 如何运用法律武器加强环境保护一直是我们的一个瓶颈。让环境违法者承担刑事责任,是一个较为严厉的手段,这个手段会很有成效。毕竟罚款和蹲监狱对违法者来说,感受太不一样了,但刑法有关条款在现实中运用不够。1997年修订的刑法规定了重大环境污染事故罪,但是根据我观察,1998—2002年的5年间,全国共发生重大、特大环境污染事故387起,而因重大环境污染事故罪受到刑事追究的至多不超过25起。

蔡: 也就是说,我国法律中最具威慑作用的条款形同虚设,原因是什么呢?

王: 一是地方保护主义作祟,二是一些条款不够明确。比如,造成公私财产重大损失的和造成人身伤亡的可追究其刑事责任,但多少财产算重大?死几个、伤几个才追究刑事责任?由于对此没有做出具体规定,所以检察院很难起诉。现在环保总局和最高法院起草

---

[5] 佚名. 司法行政工作简介[EB/OL]. http://dgyz.dgjy.net/homepage/zhengzhi/jiandu/06032703.doc.
[6] 马骧聪,中国社会科学院法学研究所研究员、曾任国家环保局法律顾问、国务院第三届环境保护委员会科学顾问。

相关的司法解释,我们正在研究什么是直接经济损失,达到多少需要承担刑事责任,死几个、伤几个就会被追究刑事责任抓起来,这个司法解释估计今年就会出台。

环境公益诉讼是强化环境监督的重要手段

蔡:除刑法的强制性没有用足之外,环境公益诉讼的状况如何?

王:近年来,环境公益诉讼在许多有关环境法的论坛和会议上屡屡被提及,今年"两会"上,又有政协委员就此提案,但现实情况不容乐观。环境公益诉讼是强化人民群众对环境保护监督的重要手段,谁污染了环境,每个公民都有权去告他,这样就没人敢轻易排放污水废气了。但在我国,环境公益诉讼面临一些法律上的困境。

蔡:前不久,松花江污染事故发生之后,北大的六位师生提起了一桩公益诉讼,原告有鲟鳇鱼、松花江、太阳岛等自然物,这个很新鲜。不过好像法院没有受理。

王:法院没有公开裁定不予受理,而是口头上表示的。其实,法院根据我国的民事诉讼法,是可以以原告不适格为由而不予立案的,也就是说,按照现行的民诉法,诉权问题是环境公益诉讼举步维艰的原因所在。但也不是说,公益诉讼官司真的不能打,按照环境保护法的规定,对于环境污染行为,任何单位和个人都有权检举和控告,这个控告就是诉权,也就是说,法院是可以根据环保法这个实体法对环境公益诉讼进行审理的。

蔡:去年两会上,梁从诫先生就环境公益诉讼递交了一个提案,但是司法界有个人大代表认为,不能操之过急,因为,如果要由检察院作为公益诉讼主体的话,就涉及司法资源的配置问题。

王:赋予检察机关诉权没有实际意义,因为检察机关本来就应该对环境污染事故提起公诉。关键是要赋予公民和团体以诉权,才能把破坏环境和司法不作为置于公民的监督之下。

蔡:除了原告不适格的法律障碍之外,环境公益诉讼是不是还有别的制约因素?

王:司法机关尤其是法院对开展公益诉讼存在顾虑,担心大量的官司会涌向法院,这可能也是一个障碍。实际上,因为打公益官司需要时间、精力和财力,不是所有人都有能力提起环境公益诉讼。

蔡:前面说到松花江公益诉讼,原告诉讼标的为100亿,官司打输了,诉讼费很惊人啊。

王:公益诉讼如果胜诉,诉讼费可以申请由被告方支付,但败诉了就非常棘手,原告会面临极大的经济压力。一方面,诉讼费可以限制滥诉,但另一方面,诉讼费问题也可能导致公民无力提起公益诉讼。这可能是一个两难局面,需要法律从程序上进行安排。

环境公益诉讼的瓶颈亟待突破

蔡:看来,要运用好环境公益诉讼这个武器,还面临很多问题,立法和司法解释就有很多工作要做。

王:修改民诉法这个过程恐怕比较漫长,我希望能在实体法或单行法方面有所突破。国务院《决定》中明确规定的两个"优先"应该在环境立法中得以体现,因为政策是法律的灵魂,政策只有变为法律才能保证它的稳定性和国家的强制性。如果环境保护法或正在修订的水资源保护法能够赋予公民以诉权,环境公益诉讼是可以发挥它在环保方面的作用的。今年"两会"上,也有一些代表提交了环境立法的议案,希望能够有所推动。

蔡:王教授,乐观地看,你预计第一起环境公益诉讼会在什么时候发生?

王:我相信,随着舆论宣传的影响进一步扩大,随着法官素质的提高,两三年内出现环境公益诉讼是完全可能的。我举个例子,以前在污染侵权案中是没有精神损害赔偿的,但前不久丰台的一位法官在审理地下室水泵噪音污染的案件中,就判了10万元的精神损失费，而且得到了执行，这就是一个很好的先例。环境公益诉讼方面的这种先例也非常值得期待。

(资料来源：郭峰. 把破坏环境置于公民监督之下[N]. 北京青年报，2006-03-15)

【案例分析】案例 7-1 涉及两类环境政策监督主体包括司法机关和社会团体，反映了司法机关对待环境纠纷、环境问题和环境本身的态度，事实上这侧面反映了我国环境政策司法体系在环境法律和政策监督方面不完善；社会团体出于机构的使命和宗旨已经认识到我国环境政策司法监督存在的问题，但如果可持续发展的观念不能深入人心，监督体制就不会起到应有作用，经济发展和环境保护间的矛盾就永远存在。

7.3 环境政策控制概述

控制论中，控制是指为了改善某个对象的功能，需要获得并使用信息，以这种信息为基础而选出的，加于该对象的作用[7]。这个定义说明两点：第一，控制的前提是获取信息，而前述环境政策监督就是获取信息的过程。第二，很多公共政策研究者将政策监控的活动分裂为监督、控制、调整三个功能活动。但是基于这个理论对控制的定义，控制活动本身就包括了采取措施进行调整的行为。

将控制概念应用于环境政策就是环境政策控制，指环境政策监督主体在监督过程中发现的环境政策制定、执行、评估、终结过程中偏离预期环境政策方案的信息，传递给环境政策控制主体，后者为维护环境政策的权威性、合法性，及保证环境政策能够得到的正确有效的执行，为实现预定的环境政策目标而对偏差采取措施加以纠正的行为活动。其主体就是环境政策制定者和环境政策执行过程中的决策者，只有他们具有对环境政策做出调整的权力。环境政策监控主体对环境政策进行监督和控制的过程见图 7.2。

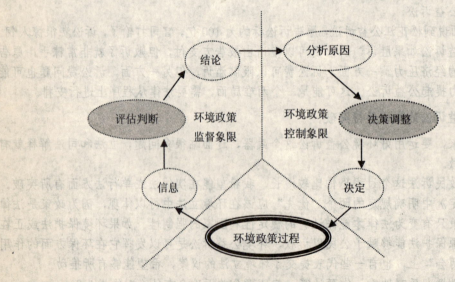

图 7.2 环境政策监督控制过程

---

[7] 杨莹. 控制论[EB/OL]. 北京大学系统控制与研究中心资料.

案例 7-2

圆明园事件中的环境监督和控制

圆明园湖底一层防渗膜搅动了湖底几百年的淤泥，更掀起了社会上对该工程可能破坏生态环境、有碍文物保护的一片质疑声。而国家环保总局为此事件召开的首次公众听证会却经历了一个复杂曲折的过程，在这个过程中有一个主角——质疑圆明园防渗工程的第一人某大学教授李明(化名)。昨天，李明接受了晨报记者的专访。

发誓"揭"掉湖底防渗膜

2005 年 3 月 22 日，世界水日。来北京办事的李明，下午来到了圆明园，对古典园林有浓厚兴趣的他每次来北京都要到圆明园转转。然而到了圆明园，却被眼前的景象惊呆了："到处是白花花的一片！惨不忍睹！"原来圆明园管理部门为防止湖水下渗，正给这 2000 余亩湖底铺防渗膜。据称，由于干燥等原因，圆明园管理部门每年都要花几百万元向湖里注水，为节省开支及保证湖水充足，就采用了防渗的办法。

"这将是一场生态灾难！"从事生态学研究的李明这样断定。经过观察，他发现施工者不仅在湖底铺设了防渗膜，还用水泥把湖岸边的所有缝隙都封死了。这样，湖水既不会下渗也不会侧渗，湖中的动物、植物甚至微生物将遭到灭顶之灾，就连岸边的、山上的树木花草也可能缺水而死。

这样做，圆明园的水将成为死水，山将成为死山，整个圆明园的基本风格和整体风貌也就被完全破坏了。帝国主义列强火烧圆明园已是中国人心灵上永远的伤痕，在李明看来，如今圆明园管理部门正在进行的防渗工程无疑是往中国人心灵伤口上撒盐。

盛怒之下的李明退掉了返回的火车票，他要"为国护园"，发誓揭掉圆明园湖底的防渗膜。

3 月 28 日上午，《人民日报》和人民网同时披露"圆明园湖底铺设防渗膜遭专家质疑"的消息。立即引起社会上的广泛关注，许多媒体纷纷跟进，纷纷来到了圆明园工程现场，随后很多大学教授、环保专家、文物保护专家及相关部门评价圆明园防渗工程的观点被媒体广泛引用，另有多家环境 NGO 积极介入调查，而且有近十名代表随后参加了听证会并联名提出五点推动圆明园善后的建议。很多人支持李明的观点，称圆明园的防渗工程破坏生态环境、有碍文物保护；也有人从经济角度揭露圆明园湖底铺设防渗膜是为了开办划船项目，增加收入；更有人从法律角度揭露圆明园的防渗工程违反《中华人民共和国环境影响评价法》，并没有按照法律程序，经过环保部门的环境影响评价审批。

3 月 30 日，国家环保总局的电话便打了进来，邀请李明到北京参加关于圆明园防渗工程的专家研讨会。

4 月 1 日，李明参加了一个圆明园保护研讨会。会后，他接受了央视记者的采访，节目播出后的当天下午，国家环保总局向圆明园管理部门下达停工令，并表示圆明园湖底防渗项目未依法报批建设项目环境影响评价文件，属于擅自开工建设。

4 月 5 日，国家环境保护总局发出公告，将圆明园防渗工程的公众听证会召开日期定于 4 月 13 日，至此，《中华人民共和国环境影响评价法》自实施以来国家环保总局举行的首个公众听证会诞生了。

公众听证会仅仅是一个开始

从 2005 年 3 月 22 日李明质疑到 2005 年 4 月 13 日国家环保总局举行首次公众听证会历时 20 余天，在李明看来，这个过程是中国长期积累的环保问题的总爆发。面对记者的采访，他总结说："圆明园环保事件已引起全国人民的广泛关注，这说明我们的环保意识已开始觉醒。在我国近 20 年来的现代化和城市化浪潮中，经济发展迅猛，然而生态环境的保护和历史文化的保护却显得非常薄弱，生态恶化、环境污染、文物破坏已经是神州大地普遍出现的一种危机。如果我们在追求经济发展的短期效益中破坏了我们的自然资源、丢失了我们的文化传统，皮之不存，毛将焉附？"基于长远的考虑，李明称："这次听证会仅仅是一个开始，未来的路还很长。"

李明认为此次圆明园防渗工程听证会的举行意义重大，他说："首先，听证会的召开说明政府部门已按法定程序办事，这就是一个很大的进步。"之所以说此次听证会意义重大，李明更看重的是它的示范作用。他分析称："这个听证会将为以后重大工程建设的环境评价程序做出示范；同时，它还会给以后的文物保护工作做出示范。"

(资料来源：申延宾. 圆明园事件[N]. 新闻晨报，2005-04-13)(有删简)

【案例分析】案例 7-2 展示了环境政策监控的一个周期，即监督主体将监督结果传递给环境政策控制主体，随后，控制主体做出反馈，采取行动促进环境政策的完善。

环境 NGO、媒体、公众在环境事件中的联合行动推动了环境政策公众参与的制度化和规范化。这是因为随着公众素质的提高和环境意识的增强，公众对以环境为核心的事件极为敏感，且环境是关乎个人的生存权益，因而环境 NGO 出于自身使命，媒体出于自身职能所采取的积极行动对公众有非常强的号召力，并且二者在该事件中的态度很大程度影响着公众的判断，因为即使在公众环境意识提高的现阶段，公众的环境知识，尤其是在环境、生态方面的专业知识仍然非常欠缺，他们不能像专家、学者、专门研究机构那样拥有专门知识和设备，能够被允许进入现场进行调查，他们只能对公开的种种观点做主观的选择。但公众监督的优势在于数量强大的社会舆论常常能够起到迫使环境政策制定和执行主体对事件作出回应，并采取相应的措施对事件加以调整，这就是控制，这时，监督才算发挥了作用。

在案例中，国家环保总局举办了圆明园湖底防渗工程的公众听证会，在 2006 年 2 月 22 日，国家环保总局出台了《环境影响评价公众参与暂行办法》，这使得中国公众进行环境政策监督有了政策依据。

7.4 我国环境政策监控的思考

我国的环境政策监控才刚刚起步，是一个逐步完善的过程。

(1) 环境政策在制定阶段或执行前期没有做或没有做好后期评估和过程控制的准备工作，以致评估或监督时不能获得准确、完整的环境政策数据，严重影响了评估和监控效果。因此，前期制定环境政策执行方案时，要考虑评估将要采用的各种资料、关键指标数据的采集和测量。在准确信息基础上的定量评估的结果更客观。

(2) 国家环境政策监控体系没有足够的独立性。我国的司法机关和检察机关受垂直上级和同级行政机关和立法机关的双重或三重约束，而且其财政经费、人员编制、人事任免等方面由监控客体,即行政机关控制,即监控主体受制于监控客体,严重削弱了监控的权威性,弱化了监控机构的职能。"没有经济独立就没有人格独立"同样适用于一个机构。因此,需要建立体系负责制,即在司法或检察体系内,下级司法或检察机关只对上级对应机关负责,完全独立于同级行政机关,包括由上级机关管理下级机关的财政经费、人员编制、人事任免等行政事务。

(3) 监督政策不完善,现有监督政策没有可操作性。虽然我国的监督政策已经发展了将近60年,但这些监督政策对于环境政策而言太过笼统,仅属于对监督宏观原则的说明,而不是具体的有针对性的、可以直接判断的硬性规定,且司法监督、立法监督、行政监督、社会监督方面的法规仍需借鉴发达国家的经验加以完善。因此,这些监督政策没有起到预期的作用。这是由我国目前的环境政策的精英决策模式决定的,决策者们过多的注重环境政策的理论研究,而要充分发挥环境政策司法监督作用,制定切实可行的环境政策监督制度,需要征求各级司法机关及环境部门尤其是一线工作人员的意见和建议,他们最清楚环境政策监督各环节中的弊端及其原因,最清楚危害环境政策发挥作用的各种内幕。

(4) 媒体监督不力。目前我国仍有很多区、县级政府以环境为代价的经济发展思路没有转变,不执行或虚假执行国家环境政策,而地方媒体往往受当地政府的行政约束,没有起到应有的新闻舆论监督作用。只有上一级媒体偶然披露一些基层出现的环境问题。

(5) 环境政策过程不透明。目前我国各项环境政策及其执行方案的制定、环境政策评估的过程和结果、环境政策终结的原因和结果等重要信息由政府通过官方途径正式公布的情况非常少,大多数环境政策监督主体只能被动地从环境质量的好坏来主观判断环境政策效果。当环境政策明显不起作用时,并不能判断这种偏差产生于环境政策过程的哪个环节,因此,应建立环境政策信息公开制度,加强环境政策监督主体对环境政策过程的监督作用,促进环境政策目标的实现和环境问题的解决。

(6) 环境政策监督和控制的信息传递不畅或延时,贻误最佳调整时机。主要是指公众监督的结果在向环境政策控制主体传递时没有政策保障,如环境信息举报制度、环境纠纷信访制度等提供信息渠道的制度保障不完善,且还存在地区不平衡。

(7) 环境政策决策主体具有控制惰性。一项环境政策从制定到终止的整个过程需要持续不断的监督和控制才能保证环境政策目标的实现,但是环境政策所要解决的环境问题与该政策决策和执行主体的现实生活多没有联系或关系很小,因此这些制定和执行主体在缺少职业道德和责任感的情况下,大多只注重环境政策的运行,忽视必要的过程控制。这种依赖于主观判断的环境政策行为常常使得很多环境政策虎头蛇尾,浪费大量成本,也没有解决政策问题。这需要建立环境政策效果负责制,对故意延误环境政策控制时机的人员进行处理,尽可能减少环境政策出现偏差的主观因素。

思 考 题

1. 环境政策监督与环境政策评估的异同点是什么?
2. 你是否赞同将环境政策监控分解为环境政策监督与环境政策控制两个环节?
3. 我国环境政策监控的主体和途径有哪些?
4. 你是否认为环境司法是环境政策监督的一部分?为什么?

第 8 章 环境政策终结

> **本章教学要求**
>
> 1. 了解环境政策终结的概念;
> 2. 掌握环境政策终结的类型及原因;
> 3. 了解环境政策终结的障碍、可行性及策略。

环境政策终结是环境政策运作过程的最后一个环节,也是环境政策更新、发展的逻辑起点。及时终止一项多余的、无效的或已完成使命的环境政策,有助于提高环境政策的绩效。如果没有环境政策的终结,将失去政策的严肃性,造成政策资源的浪费。环境政策作为公共政策中的一个不可或缺的部分,同样应遵循一个完整政策实施过程的每一个环节。

8.1 环境政策终结的概念与意义

8.1.1 环境政策终结的概念

环境政策终结既是一个环境政策周期的终端,又是新的环境政策周期的起点,在环境政策过程中有着特殊的作用和意义。政策终结是指政策与计划无法发生功能或已成为多余或过时,甚至不必要时,则将政策与计划予以终止或结束[1],是"政府当局对某一特殊的功能、计划、政策或组织,经过审慎评估的过程,而加以结束或终结[2]。因此,环境政策终结就是指经过由政府组织或社会自发的环境政策评估之后,环境政策的决策者或制定者采取一定措施,将过时的、无效的或多余的政策、计划、功能或组织予以终止或结束的一种政治(或政策)行为。该定义包括如下几方面内涵。

(1) 政策终结的主体是政策的决策者或制定者,其他任何组织或个人无权终结政策。

(2) 政策终结的客体,即政策终结的对象,除过时的、无效的政策外,还包括过时的、无效的和多余的计划、功能和组织。

(3) 环境政策终结的依据是环境政策评估。因为判断一项政策是否无效、过时或多余是环境政策评估的工作。所以,从某种意义上来说,没有科学有效的政策评估,也就没有科学有效的政策终结。

环境政策终结有三个特征[3]:(1) 强制性,一项政策的终结总是会损害部分利益相关者包括相关的个人、团体和机构的利益,遇到强烈的反抗,因此往往需要强制进行;(2) 更替性,环境政策终结意味着新旧政策的更替,是政策连续性的表现;(3) 灵活性,环境政策终结是一个复杂而又困难的工作,必须采取审慎而又灵活的态度,处理好各种动因和关系。

---

[1] 黄达强,王光明. 行政管理大词典[Z]. 北京:中国社会科学出版社,1989.

[2] 拉雷·N·格斯顿. 公共政策的制定——程序和原理[M]. 重庆:重庆出版社,2001.

[3] 陈振明. 公共政策分析[M]. 北京:中国人民大学出版社,2003.

环境政策终结在环境政策过程中占有重要的地位。政策分析学者对政策过程的阶段、功能活动环节做出了不同的划分。尽管他们所划分出的阶段或环节存在差异,但多数学者将政策终结放在政策过程的末端,即将之视为理性政策过程的最后一个环节或阶段,或政策(政治过程)的一个有机组成部分。然而,终结也往往被当作新的环境政策周期的开端而不只是末尾,即纠正一项错误政策或从另一个角度解决同一个环境问题的新的环境政策的开始。因此,环境政策终结不仅仅是一项环境政策的结束,而且意味着修正或调整。

8.1.2 环境政策终结的意义

环境政策终结工作在环境政策过程中意义尤为重要,但由于实际操作程序不像决策过程那样有一整套成熟的体制,至今环境政策终结仍然是环境政策过程的一个薄弱环节。其一,环境政策终结的程序不规范,环境政策的出台要符合法定程序,其终结也是如此;程序之所以重要,是因为程序是规范政府行为的经常性的、经过时间验证的现实有效的主要途径。其二,关于政策终结尤其是环境政策终结的研究成功的案例和讨论并不多,政府官员也对政策终结缺乏足够重视,将之视为简单的命令性过程,而在环境政策终结的实践过程中遭遇障碍时,往往又缺乏足够的心理和策略准备去应对面临的困境。

因此,了解环境政策终结的意义,有利于在执行环境政策终结程序中,确立明确的目标,严格执行。

(1) 有利于节约政策资源。执行一项应该结束的政策,对于解决环境问题所起的作用微乎其微,甚至产生相反的作用,同时政府付出的不仅是实际成本,还有机会成本,这样就造成环境政策资源的浪费。

(2) 有利于提高环境政策效率。不终结那些对解决环境问题贡献不大甚至失败或失效的环境政策,可能会给其他环境政策或其他领域的公共政策的执行带来负面影响,破坏环境政策的整个大环境。

(3) 有利于环境政策过程的优化和环境政策质量的提高。建立有效的环境政策评估和终结机制,有利于及时发现问题、纠正错误、总结经验、吸取教训。这对环境政策过程各个环节的工作改善和环境政策效果的提高都非常有益。

8.2 环境政策终结的类型与原因

环境政策终结并不是一件简单的政治行为,而有其深刻的经济、社会、环境背景,政策终结的对象也复杂多样。

8.2.1 环境政策终结的类型

环境政策终结的类型,从终结的对象来分包括功能的终结、组织的终结、政策执行的终结、政策本身的终结、政策执行的措施和手段的终结。

(1) 功能的终结,即终止由环境政策执行产生的服务。理论上,在环境政策终结的五种类型中,以功能的终结难度最大。这是因为,一方面,环境政策终结的时段选择决定了终结阻力的强弱,环境政策功能的履行是政府满足公众的生存环境质量需要的结果,当政策针对的环境问题已得到解决或有所缓和,在社会矛盾中随着环境政策的执行逐渐退居次要地位,则该政策功能的结束并不会有太大的阻力;否则,不能对环境政策终结的时机做出正确的判断,冒然采取措施进行终结工作,势必引起公众及环境政策的利益相关者的反对;因此应准确把握环境政策过程的进展,做出正确的终结决策,力求每项环境政策的圆满完结。另一方面,环境政策的功能往往不是由单个政府部门或单项政策独自承担的,终止工作往往需要大量的组织和协调工作。

(2) 组织的终结。环境政策执行与公共政策一样,往往需要在政策执行初期设置特定的组织和机构,赋予其必要的权利,明确其承担的责任,由其成员加以履行和承担。因此,环境政策相关组织的终结的核心就是其成员相应权力的丧失和相关责任的放弃。而权力即意味着利益关系,于是组织终结必然损害有关人员的利益,在实施时难免遭到他们心理上和行动上的抵制,往往使终结工作遇到阻力。

(3) 政策执行的终结。环境政策不等于环境政策执行,但环境政策必然要求政策执行,否则环境政策功能得不到发挥。环境政策终结必然要求政策执行的终结。而环境政策执行具有一定的惯性甚至依赖性,所以必须采取措施阻止政策继续执行。一般的,环境政策执行终结的难度较前两个终结类型小。

(4) 政策本身的终结。与前几种终结类型相比,环境政策本身的终结所遇到的阻力较小。这是因为,就某项具体政策而言,目标相对单纯,容易进行评估并决定取舍。另一方面,环境政策更改的成本远比功能转变、组织调整要少,因而容易得到政策相关部门的认可,再加上随着各种环境政策工具的应用,环境政策的可选择性较大,且往往会出台新政策来接替现有政策,因此环境政策本身的终结的操作难度较小。

(5) 政策执行的措施和手段的终结。在所有终结内容中,该项终结是最容易达成的。因为环境政策执行的措施和手段与现实环境问题联系最紧密,执行效果或影响的事实有目共睹,容易达成共识。更重要的是因为对效果不佳的措施和手段终结的同时采用其他更适合的执行措施进行替代,因此该项政策终结基本不影响有关人员的切身利益。政策执行的措施和手段的终结可以发生在环境政策执行阶段,也可以发生在环境政策过程结束阶段。

环境政策终结的五种类型不是互相孤立的,它们之间存有密切的联系[4]。其联系表现在两个方面:首先,不同终结类型难易程度不同,判断依据是潜在反对者的范围和反对程度的大小两个因素;其次,各个终结内容之间并没有十分明确的界限,但根据终结类型的特性可大体把握其间的关系,如环境政策执行的终结必然包含着执行措施和手段的终结,并且在根本上决定着政策执行的终结。总之,科学确定环境政策终结需要客观、全面的信息和准确的分析,绝不是一蹴而就的事情。从理论上明确环境政策终结的类型,无疑能够促进科学合理的确定环境政策终结的内容,有利于促进环境政策的科学决策。

8.2.2 环境政策终结的原因

环境政策终结作为一种政策现象,象征着一套期望、规则和惯例的终止,同时,也意味着新期望、新规则、新惯例和新组织等新的政策活动的开始[5]。因此,环境政策终结是政策更新、发展和进步的新起点。环境政策终结是必然的,但原因各不相同,有内在因素,也有外在因素。一般有以下几方面原因。

---

[4] 沈承刚. 政策学[M]. 北京: 首都经济贸易大学出版社, 1996.

[5] 林苍元. 政策终结: 依据、障碍及其对策分析[J]. 鲁行经院学报, 2001(5).

(1) 环境政策改变引起政策终止。环境政策受特定社会阶段主要矛盾的制约，当社会基本矛盾发生转化时，客观条件的变化引起政策终止，如资金困难、政策制定者的变换或政策执行者的效率等都会不同程度地影响决策，从而导致客观条件的变化或终止。这是引起政策终止的客观依据。

(2) 环境政策负向作用大于其正向作用引起政策终止。任何一项环境政策都不同程度地存在着负向作用，负向作用超过正向作用时说明该政策已失去了存在意义，也会导致决策者采取措施实施政策终止，否则，环境政策的性质就会改变，持续下去并不利于环境目标的实现。

(3) 环境政策局限性大于有效性引起政策终止。当环境政策不能在其适用范围内发挥作用或作用极为有限时，其有效性降低到一定程度，也会出现政策终止。政策的局限性是政策自身固有的属性，但环境政策决策者应采取措施突破局限性的制约，实现环境政策有效性最大化，因此不是所有的局限性都会引起环境政策终止的。

(4) 环境政策效力递减引起政策终止。任何一项环境政策的效果都存在一个"递增—稳定—递减—稳定"的变化过程，即在后期效力递减问题。所谓政策效力递减，是指一项政策在开始实行时是有效的，随后一段时期是最有效的，随着政策的推进，效果逐渐减弱甚至消失的现象。这时就需要政策终止，是政策的老化终止，一种自然终止。

环境政策的终结是一个不断更新的系统过程必不可少的环节。在某种程度上是政策可持续发展的关键和对政策错误的一种补救。

8.3 环境政策终结的障碍及可行性分析

环境政策终结涉及对既定的利益结构、组织关系、经济成本的改变，因此不可能一帆风顺，在终结一项环境政策时，需要分析终结活动的可行性。

8.3.1 环境政策终结的障碍

环境政策终结不仅是一种分析研究的过程，更是一种行动过程。当前，大量低效或无效的环境政策充斥于政策活动中，不是政府环保部门没有认识到这些，而是因为环境政策终结障碍重重，面临很多困难，这也是困扰当今各国政府的一个重大问题。归纳起来，政策终结的障碍主要有以下几个方面。

(1) 利益障碍。主要是环境政策受益者的阻碍。环境政策终结会打破原有的利益分配格局，损害现有政策受益者的直接经济利益，他们会利用掌握的各种资源，包括经济、社会甚至政治资源，对环境政策决策主体施加压力，企图阻止环境政策终结带给他们的利益损害。同时，环境政策终结也会损害现有政策受益者的间接经济利益，这是因为环境政策的终结可能触及现有的权力分配格局，权力的拥有者会把环境政策终结看作是对自身权力的威胁，从而对环境政策终结持否定态度。

(2) 组织机构障碍。无论环境政策制定还是执行，都由组织机构承担实施。组织机构的三个特性在某种程度上都能够成为环境政策终结的障碍。首先，机构的持久性。一个环境政策机构是伴随环境政策而存在的，如没有环境政策终结，这些机构将会一直存在下去，且存在时间越长就越难以终结；正如安德森所说，"某一机构持续的时间越长，它被终结的可能性就越小，经过一段时间，会形成对它继续存在的条件和支持"[6]，这是环境政策效力递减规律。其次，机构的适应性。机构一般具有动态适应性特点，它可以随着客观环境的变化和现实的需要而产生变动，甚至能根据环境政策终结的各种措施来调整方向，以阻碍政策终结；正如查尔斯所说，"组织机构是动态的而不是静态的，它能调整自己的方向以适应变化了的要求"[7]。最后，机构的惯性。当机构开始执行环境政策时，它就自然产生了惯性，这种惯性增加了环境政策终结的难度。因为惯性作用会使组织机构持续执行活动，拒绝任何变化要求。

(3) 程序障碍。环境政策过程的启动必须以政策合法化为前提，环境政策终结也必须通过法定程序来进行，在一项环境政策终结的时机成熟时，常常由于法律程序不完善而延误了终结的时机。

(4) 成本障碍。环境政策终结成本高昂是影响其终结的重要因素。政策终结的成本包括两方面的内容："现有政策的沉淀成本和终结行为本身要付出的代价。"[8] 环境政策开始运作就需要投入大量成本，这正是政策终结者处于两难境地的原因："进"即追加投资，只会造成更大的损失，因为政策已被确认是无效或失效的；"退"即不追加投资，要面对的是已投入的巨额资金将会由于政策终结而成为沉淀成本，无法收回。一般来说，政策投入的成本越高，终结者下决心终结的难度就越大。另外，环境政策终结行为本身也需要成本，不仅需要筹集政策终结行为所需的各项费用，以制定和执行新的政策或组建新的机构，而且为了减少政策终结的阻力，还需要对政策终结的利益受损者进行适当补偿。政策终结者面临重重压力，在权衡得失后可能放弃政策终结。

8.3.2 环境政策终结的可行性因素分析

尽管环境政策因存在诸多障碍因素而难以终结，但环境政策终结又完全是可行的。原因在于环境政策终结还存在一系列可行性因素，而这些可行性因素能够对环境政策终结产生巨大的推动作用。

1. 触发机制

拉雷.N.格斯顿将触发机制理解为一个将例行的日常问题转化为一种普遍共有的、公众反应消极的重要事件(或整个事件)。随后，公众反应就成为环境政策问题的基础，而环境政策问题随之引起触发事件[9]。大多数触发机制对环境政策过程的影响是通过事件反应过程的事后观察确定的。如果一个环境事件引起公众明显的关注和公众对变革的普遍要求，那么它就被认为是一种触发机制，能够引致环境政策的制定，从它出现的时段属于制定阶段中环境政策问题发现的环节。其实，在环境政策终结阶段也同样存在着引致环境政策终结的触发机制。过时的、无效的环境政策长期存在必然引发大量的社会问题、社会矛盾和社会冲突并以事件的形式表现出来。当这一系列事件中的某个事件引起了公众的广泛关注和强烈的变革要求时，这个事件就成了环境政策终结的触发机制。

环境政策终结的触发机制是环境政策终结的导火线，它是环境政策问题感知和环境政

[6,7] 张国庆. 现代公共政策导论[M]. 北京：北京大学出版社，2002.

[8] 兰秉洁. 政策学[M]. 北京：中国统计出版社，1998.

[9] [美]拉雷·N·格斯顿. 公共政策的制定——程序和原理[M]. 重庆：重庆出版社，2001.

策终结行动要求之间的联结点。环境政策终结的可行性之一就在于政府决策者或环境政策决策者能够敏锐地觉察触发事件的重要性,将已经引起广泛社会影响的、过时的、无效的环境政策予以废止。反之,若环境政策决策者无动于衷,不作任何反应或根本没有认识到事件在所针对的环境政策运行中的意义,则旧政策将会继续实施下去,但环境政策的合法性则将出现危机。

2. 环境政策评估

环境政策评估是环境政策过程中的一个重要环节,它既是环境政策终结的前提和依据,也是环境政策终结的可行性因素之一。这里的政策评估专指事后评估,即对环境政策实施后的影响的评估,而不是对环境政策决策可行性、科学性的评估,评估重点是环境政策实施的实际效果和效益等,以作为环境政策终结依据。这样,环境政策决策者将在相应的监控制度下自觉地实施环境政策终结。

3. 利益的分化与聚合

利益的分化与聚合因素是引发环境政策终结的根源和主要驱动力。利益因素既是政策终结的阻碍因素,同时也是政策终结的可行性因素。在自然生态系统和人类生态系统处于常态运行的情况下,既定的环境政策已经对生态环境的各要素和各个层面上成员的利益结构作了体制和规则上的安排,环境政策和组织结构都发挥着维护这种既定的利益结构的作用。这个框架内出现利益分化现象,就会导致原有的利益结构出现松动。尽管利益是社会行为的基本出发点,适度的利益分化是社会发展的根本动力[10],但是,一个社会的利益差别和利益分化过度时必然会影响社会稳定从而成为社会可持续发展的严重障碍。为有效避免利益高度分化和聚合,政府通过政策和法律来实现利益的协调发展。这正是导致政府政策决策者终结过时、无效的政策和出台基于平衡利益关系的新政策的根本原因和驱动力。

4. 政治领导者的领导力

政治领导者的领导力是领导者知识、智慧、意志和决断力等内在素质的综合表现。政治领导者的数量虽少,但他们掌握社会或政府多数的资源和能量,往往对社会各个领域甚至对一个时代的世界格局发生重大影响。在公共政策方面,他们的影响是举足轻重的,影响甚至决定政策的制定、执行、评估和终结的全过程,环境政策更是如此。政治领导者的领导力越强,意味着其对形势的判断能力,对新事物、新情况的分析能力及创新能力越强,越有可能促成过时、无效的政策的终结。理智的政治领导者会倾听来自专家学者、社会公众等各方面的意见和建议,且能敏锐地觉察到过时、无效的政策所带来的弊端和危害。据此,在环境政策决策者没有及时准确做出终结决策时,他们对其施加压力以促使对有问题的环境政策的评估,并将那些过时、无效的政策及时予以废止,同时,也将那些过时、无效的、不必要的组织机构予以撤销。

因此,政治领导者是国家政治、社会变革、环境管理的积极倡导者和推动者,也是过时、无效的环境政策得以终结和新政策得以推行的促成者。其在环境政策终结上的作用是无可替代的,但这种作用归根于其自身的领导力。因此,政治领导者的领导力是政策终结的一个重要的可行性因素,也是政策得以终结的保障之一。

---

[10] 桑玉成. 利益分化的政治时代[M]. 上海:学林出版社,2002.

5. 公共舆论的推动

公共舆论因素与公共政策过程紧密相连。它既能够影响和阻碍环境政策终结，也能够促使环境政策终结。环境政策终结的反对者借助媒体制造公共舆论就是阻碍环境政策终结的因素，反之，政策终结的赞同者借助媒体制造公共舆论就是推动环境政策终结的因素。因此，公共舆论的推动是环境政策终结的可行性因素之一。它是环境政策得以终结的催化剂。詹姆斯·E·安德森说过："公共舆论确定了公共政策的基本范围和方向。"[11]国内外的许多政策实践也表明，当公共舆论对环境政策终结持积极态度时，政策终结就显得比较容易；相反，当公共舆论对环境政策的终结持消极态度时，就会阻碍政策终结的进行。

公共舆论因其在政治生活中的特殊作用而被誉为"第四种权利"。公共舆论的这种作用源于媒体，媒体一方面直接影响着政府官员，另一方面又引导或影响着公众的判断。故要促使那些过时、无效的环境政策的终结，就需发动或借助媒体，不仅关注对这些环境政策进行评估的结果，还要关注这些政策的弊端和危害，并进而引发公众的广泛关注，形成强大的公共舆论，促使政策决策者关注并予以终结。

从以上五个因素中可以看出，利益的分化和聚合从根本上要求过时、无效的环境政策不断地被终结和淘汰。触发机制是环境政策终结的导火线；科学客观的环境政策评估结果是环境政策终结的前提和依据；利益的分化和聚合是引发环境政策终结的根源和主要驱动力；政治领导者的领导力是环境政策终结的助推力和坚实的保障；公共舆论作为催化剂则大大加快了环境政策终结的速度。这五个可行性因素在环境政策终结中的作用各不相同，但相互联系、相互作用，若这五个可行性因素同时发挥作用，则必将加速环境政策的终结。

8.4 环境政策终结的策略

过时、无效的环境政策不会自然消亡，它需要政策决策者人为废止。虽然存在着诸多终结政策的有利因素，但若不灵活利用，环境政策依然难以终结。一项环境政策在何时、何种程度上被终结，完全取决于终结这项政策所受的阻力和推动力的对比情况，其实就是一个赞成者和反对者双方的博弈过程。因此，为使那些过时、无效的环境政策得以终结，应当凝聚和增强终结政策的推动力，分化和削弱终结政策的阻力。而要增强终结政策的推动力，就必须充分挖掘和利用政策终结的可行性因素。环境政策由于其特有的长期性和广泛性，尤其需要重视对它的终结采取恰当的方式和策略。政策决策者和制定者应在以下方面努力。

(1) 善于把握并利用好环境政策终结的触发机制，以引发政策终结。

环境政策终结的执行者应掌握环境政策终结的触发点，明确需要终结的环境政策之不足，将注意力集中在环境政策的错误和危害上，并展示终结政策后可能产生的美好前景。考夫曼在《时间、机遇和组织》一书中认为[12]，机遇对成功的政策终结至关重要。的确，选择恰当的时机是环境政策终结成功的一个重要因素，有时甚至完全依赖于时间和机遇。如国家的重大政治事件的发生、战争的爆发、外交上的重要决议或因旧政策的执行所引发出的重大事故等。在这种事件中，公众往往会立场一致，支持政府的决策，从而顺利执行

---

[11] [美]詹姆斯·E·安德森. 公共决策[M]. 北京：华夏出版社，1990.
[12] 陈振明. 公共政策分析[M]. 北京：中国人民大学出版社，2003.

政策的终结。

(2) 健全和完善环境政策评估机制，适时公开环境政策评估结果。

环境政策评估和终结都是环境政策过程的一个环节。公开评估结果，能够争取潜在的支持者，包括非政策调适对象的个人或团体、社会舆论等，还能够争取因环境政策终结利益损失不大的个人或团体。通过公开环境政策评估结果，可以揭露某项环境政策的缺点，给出环境政策终结的原因及不终结的后果，如造成的危害和损失等；同时，提高评估对环境政策问题的分析能够使这些个人或团体认识到虽然短期内利益受损，但从长期和更广的范围来看，能够从中受益。可见，环境政策评估往往能够引导公众对政策终结的态度。

(3) 关注利益的分化和聚合，利用利益补偿机制促使环境政策终结。

环境政策终结的抑制力过于强大的一个原因可能是缺乏利益补偿机制。环境政策终结会打破原有的利益分配格局，而新的利益分配格局尚未建立，因政策终结而利益受损的个人或团体会联合起来阻止政策终结，而环境政策终结的受益者在没有获取既得利益而往往采取观望态度，不能形成政策终结的推动力以与阻力相抗衡。这样会导致环境政策终结的失败。但如果能够对政策终结的受损者进行适度补偿，失败的局面通常能够得以扭转。

(4) 充分发挥政治领导者的领导力，做好社会公众的舆论导向工作。

领导人具有较高的影响他人思想和行为的能力。环境政策终结应利用领导人的威望，公开他们对环境政策终结的态度与倾向，有助于说服组织成员并确立标准规范，克服和减轻政策终结的阻力。营造良好的、有利于政策终结的舆论环境，做好社会公众的舆论导向工作，对遵循政策终结而在实践中作出新行为、新表率的团体与个人予以积极肯定、宣传，扩大他们在群众中的影响，会对其他成员产生良好的示范效应。

(5) 适当妥协，必要时运用强制力推行。

若环境政策终结的阻力过于强大，政策决策者不得不作出必要的让步，放弃较高的目标期望，以换取较低目标的实现。虽然这在一定程度上降低了政策终结的目标，但毕竟比政策终结的失败前进了一步，因为在力量对比面前，做出适度的让步在某种程度上可以看做是"正和博弈"。在环境政策终结实践中，适当的妥协是必要的。

另一方面，当一项环境政策在利益得失等细节问题上难以取得完全一致，而政策终结又是唯一的选择，观望等待又可能错过政策终结的良机，这时需要政策终结的执行者运用强制手段。这也是改革者在策略选择上的一个有效办法。当然这需要政策终结的决策者具有政治魄力，能审时度势，当机立断。

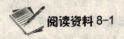

退耕还林补助政策将于2021年终结　后续政策拟订

国务院关于完善退耕还林政策的通知(国发〔2007〕25号)

各省、自治区、直辖市人民政府，国务院各部委、各直属机构：

实施退耕还林是党中央、国务院为改善生态环境做出的重大决策，受到了广大农民的拥护和支持。自1999年开始试点以来，工程进展总体顺利，成效显著，加快了国土绿化进程，增加了林草植被，水土流失和风沙危害强度减轻；退耕还林(含草，下同)对农户的直补政策深得人心，粮食和生活费补助已成为退耕农户收入的重要组成部分，退耕农户生活得到改善。但是，由于解决退耕农户长远生计问题的长效机制尚未建立，随着退耕还林政策补助陆续到期，部分退耕农户生计将出现困难。为此，国务院决定完善退耕还林政策，继续对退耕农户给予适当补助，以巩固退耕还林成果、解决退耕农户生活困难和长远生计问题。现就有关政策通知如下。

1. 指导思想、目标任务和基本原则

(1) 指导思想。以邓小平理论和"三个代表"重要思想为指导，坚持以人为本，全面贯彻落实科学发展观，采取综合措施，加大扶持力度，进一步改善退耕农户生产生活条件，逐步建立起促进生态改善、农民增收和经济发展的长效机制，巩固退耕还林成果，促进退耕还林地区经济社会可持续发展。

(2) 目标任务。一是确保退耕还林成果切实得到巩固。加强林木后期管护，搞好补植补造，提高造林成活率和保存率，杜绝砍树复耕现象发生。二是确保退耕农户长远生计得到有效解决。通过加大基本口粮田建设力度、加强农村能源建设、继续推进生态移民等措施，从根本上解决退耕农户吃饭、烧柴、增收等当前和长远生活问题。

(3) 基本原则。坚持巩固退耕还林成果与解决退耕农户长远生计相结合；坚持国家支持与退耕农户自力更生相结合；坚持中央制定统一的基本政策与省级人民政府负总责相结合。

2. 政策内容

(1) 继续对退耕农户直接补助。现行退耕还林粮食和生活费补助期满后，中央财政安排资金，继续对退耕农户给予适当的现金补助，解决退耕农户当前生活困难。补助标准为：长江流域及南方地区每亩退耕地每年补助现金105元；黄河流域及北方地区每亩退耕地每年补助现金70元。原每亩退耕地每年20元生活补助费，继续直接补助给退耕农户，并与管护任务挂钩。补助期为：还生态林补助8年，还经济林补助5年，还草补助2年。根据验收结果，兑现补助资金。各地可结合本地实际，在国家规定的补助标准基础上，再适当提高补助标准。凡2006年底前退耕还林粮食和生活费补助政策已经期满的，要从2007年起发放补助；2007年以后到期的，从次年起发放补助。

(2) 建立巩固退耕还林成果专项资金。为集中力量解决影响退耕农户长远生计的突出问题，中央财政安排一定规模资金，作为巩固退耕还林成果专项资金，主要用于西部地区、京津风沙源治理区和享受西部地区政策的中部地区退耕农户的基本口粮田建设、农村能源建设、生态移民以及补植补造，并向特殊困难地区倾斜。

中央财政按照退耕还林面积核定各省(区、市)巩固退耕还林成果专项资金总量，并从2008年起按8年集中安排，逐年下达，包干到省。专项资金要实行专户管理，专款专用，并与原有国家各项扶持资金统筹使用。具体使用和管理办法由财政部会同发展改革委、西部开发办、农业部、林业局等部门制定，报国务院批准。

(资料来源：国家环境保护总局网站)

思 考 题

1. 环境政策终结对于一项环境政策来讲是必须的吗？为什么？
2. 环境政策终结的障碍包括哪些方面？
3. 阅读资料8-1中，退耕还林政策的终结将会产生哪些影响？政府将采取何种措施来强化或削弱这些影响？

第9章 环境政策发展及环境公共治理

> **本章教学要求**
>
> 1. 了解国际环境政策的发展趋势和我国环境政策的发展历程;
> 2. 了解公共治理的含义及公共治理模式下环境政策的特点与发展趋势;
> 3. 了解我国环境治理结构的发展变化;
> 4. 掌握环境治理支持体系。

环境政策的发展过程也是政府与社会对环境与发展之间关系认识的不断探索与深化的过程。总结我国多年来环境治理实践过程中的成就和不足,充分借鉴和吸收各国环境政策发展的经验和教训,将有助于对中国未来发展过程中产生的环境问题及环境政策创新做出全面的把握。新形势下环境政策的内容也需要在理念、制度、操作及能力等诸多方面实现积极的转变,而公共治理模式则为环境政策的这一转变提供了一个广泛的支持架构。从广义的角度讲,凡是有助于达成环境目标与实现环境价值的各项措施,皆可纳入该范畴,其中包括政策法律体系、行政支持体系、社会支持体系、市场支持体系及科技支持体系等,这也是实现我国环境善治与可持续发展的关键所在。

9.1 环境政策回顾与展望

环境政策作为一种规范公众对待自然环境的行为与态度,正确处理人与自然的关系,解决生态环境保护与经济发展间的矛盾的手段和途径,在不同时期有着不同的内容。这是综合考虑每个时期社会、经济、环境的全面发展情况,同时兼顾新形势下出现的新问题,在原有环境政策基础上提出更加完善的政策体系,以实现环境管理与环境保护的目标,并制定一定时期内规范公众与团体行为与观念的一系列准则和依据。环境政策的演变过程不仅折射出世界各国对环境保护事业的努力过程,也是我国环境保护事业的发展史。因此,对国际环境政策的发展趋势和特点进行剖析,能够达到"他山之石,可以攻玉"的效果;同时结合我国环境政策发展的历史,对现有环境政策及未来环境政策的走向进行综合分析,是落实科学发展观建立新时期环境政策体系的必然要求。

9.1.1 国际环境政策的发展趋势和特点

综观世界各国环境政策的发展历史,虽然各国的社会、经济、政治、文化、科技、环境条件的不同,其内容和形式有很大的差异,但总体上国际环境政策有趋同性,即都经过了或正在经历由政府直控型向市场引导型的转变。

由于发达国家,如美国、欧盟、日本等国的环境保护经验、环境管理手段、环境政策理念、环境保护技术、公众环保意识都处于世界前列,其环境政策的发展趋势在很大程度上能够反映世界范围内未来环境保护的发展方向和趋势。通过对这几个发达国家的环境政策进行剖析，可掌握国际环境政策的发展趋势和特点。

1. 国际环境政策发展历程

20世纪50~60年代，保护环境的国际思潮逐渐形成；20世纪70年代，各国的环境运动开始蓬勃发展。国际环境政策从此发生了巨大的变化。

第一阶段，以强制性命令-控制型环境政策为主的。强制性命令-控制型手段是指政府运用政府手段或行政手段对环境进行治理，主要包括运动和行政措施、立法和法规框架等，目的是达到限期治理环境污染和限制污染物排放。这一阶段的环境政策明显具有行政意义上的强制性，对于实现短期的环境治理效果和污染物量减少目标起到的作用是直接和明显的。

为应对环境公害事件和工业污染，日本在20世纪60年代的环境政策中就采取了直接的行政管理方式对环境进行强有力的行政干预，以行政命令和环境法规的形式来防治公害和治理污染。日本于1967年和1971年分别通过了《公害对策基本法》和《水质污染防治法》，前者是污染防治的基本法，旨在通过制定严格的废水中氮与磷的排放标准和对公共海域的严格管制进一步保护水环境，后者以保障人体健康为目的。1972年斯德哥尔摩人类环境大会之后，随着国内环境问题的变化，日本环境政策的目标由防止公害扩展到对自然和生活环境的保护。1972年日本制定了保护环境的基本政策，即《自然环境保护法》，在行政管理上从重点保护一定地区的景观转变为保护全国的自然环境[1]。这个阶段制定的环境法规、条例和框架为以后日本环境政策的完善奠定了坚实的基础。

早在1970年，欧共体提出了"环境无国界"的口号，并于同年宣布该年为保护自然年，经济合作与发展协调组织(OCED)设立了环境委员会。1972年的欧共体成员国国家或政府首脑的巴黎高峰会议，首次提出在共同体内部建立共同环境保护政策的框架，接着制定了一个拥有标准规则和禁令的《欧洲共同体环境法》。该法包括200项准则和规定，主要涉及水源保护、空气保洁、化学药剂、植物和动物世界保护、噪声干扰、垃圾处理等环境保护领域。除环境法外，共同体还相继提出了一些环境政策指导思想和目标的行动纲领[2]。1973年和1977年通过的欧共体第一、二环境行动纲领，着重将减少和防止污染及由此造成的损失、改善环境和生活质量、强调环境保护行动与国际行动的一致性、预防和恢复环境破坏的费用由污染者负责的原则、推广环境教育等列为纲领的主要内容。可以看出，20世纪70年代的欧共体环境政策主要集中于法律领域，以制定大量指令为特征，带有明显的强制性命令-控制型手段特征。

第二阶段，在注重强制性命令-控制型环境政策的同时，鼓励以市场为导向的经济激励性环境政策。随着社会经济的发展，单一采取政府强制性命令-控制型手段已不能有效解决环境问题。它对早期工业化阶段的污染控制作用明显，但随着市场经济的兴起和迅速发展，已满足不了解决新出现的环境问题的需要，发挥空间和作用范围有限，因此需要辅以其他政策手段，以提高环境政策的执行效率、降低其执行成本。同时，人们认识到经济发展中存在的环境外部不经济性，使得各种环境问题层出不穷，因此开始把保护环境的希望寄托在对经济发展过程的管理上。这一时期环境管理思想和原则转变为"外部性成本内在化"，

---

[1] 元东郁. 趋同与分散——东北亚三国国内环境政策比较[J]. 当代韩国杂志，2004年夏季号：4.

[2] 万融. 欧盟的环境政策及其局限性分析[J]. 山西财经大学学报，2003，25(2)：7.

即将环境成本内在化到产品成本中去。它是实现自然资源有效配置和生态环境有效保护，达到可持续发展的一种市场工具。具体说就是通过对自然环境和自然资源进行赋值，使环境污染和破坏的成本在一定程度上由经济开发建设行为负担。在环境政策中不仅提倡谁污染谁负责，还要推行谁使用谁负责，谁受益谁负责的原则，以体现经济发展中的环境公平。国际环境政策中常用的经济手段包括环境税、补贴、贴息贷款或免(低)息贷款、排污收费制度、排污权交易、产品收费、储存金制度、押金返还制度等。这些经济手段首先在西方发达国家得到了广泛应用，有效的弥补了强制性命令-控制型环境政策存在的不足和缺陷，进一步完善了国际环境政策的内容和形式，从20世纪70年代末到80年代初已成为当代环境政策的特点。

美国虽然不是世界上第一个制定环境基本法的国家(该国于1969年颁布《国家环境政策法》)，但其已有的环境政策体系所涉及内容、政策作用范围、政策工具使用、政策框架等都达到了国际先进水平，其在环境保护领域所取得的成功经验，广为其他国家学习。并且，美国作为西方发达国家的代表，相对于其他国家特别是发展中国家有着较为成熟和完善的市场经济机制。

案例9-1

美国环境政策发展趋向之一：利用市场的力量

近年来美国环境管理领域发生的最重要的变化是，随着经济激励政策或基于市场的政策工具的使用，通过市场信号来改变企业行为比通过诸如污染物控制水平等直接的行政命令来改变企业行为取得了更大的进展。可交易的许可证、排污收费、押金返还制度等政策工具之所以借助于市场力量来发挥作用，是因为只要它们设计得科学合理并得到认真执行，就会促使企业或个人为维护自己的经济利益去采取措施削减污染物排放量，从而在整体上促进环境保护目标的实现。环境经济政策已经走上了环境管理的前台。很明显，环境管理领域的政策制定者已经把环境经济政策作为一种习以为常的手段加以采用，至少在美国是这样。

1989年，美国联邦政府建立了可交易的许可证制度，同时为了履行《蒙特利尔公约》规定的国际责任，开始对含有氟利昂(CFCS)的商品征收消费税。1990年，美国环保局开始在11个负有大量削减氮氧化物和颗粒物排放量义务的汽车引擎制造企业之间推行排污信用的购买、储存和交易机制。1990年颁布的《清洁空气法案修正案》建立了 SO_2 配额交易制度。同年还制定了可交易的许可证制度，这是基于市场的环境经济政策最重要的应用，并计划将 SO_2 排放量在1980年的水平上削减1000万吨。2000年发表的一项研究表明，一个健康的双边 SO_2 许可证交易市场已初步形成，这使得美国在削减 SO_2 排放上每年节省了大约10亿美元。后来，在美国环保局指导下，美国东北部的12个州及哥伦比亚地区建立了地方性的 NO_x 总量控制和排污权交易体系。据估算，这使得1999—2003年期间这些地区花费在 NO_x 削减上的资金节省了40%～47%。

在国家层面和地方，基于市场的环境经济政策得到了相当可观的应用。由加利福尼亚州南部4个县建立的旨在削减污染物排放量的南海岸空气质量统一管理区为了削减洛杉矶地区的 SO_2 和 NO_x 排放量，1994年1月份启动了可交易的许可证项目。据测算，该项目的实施可以为削减污染物排放量节省42%的资金,相当于每年5800万美元。从1989年开始,加利福尼亚州、科罗拉多州、佐治亚州、伊利诺斯州、路易斯安娜州、密歇根州、纽约州在美国环保局的排放权交易项目框架下相继建立了针对NO_x和挥发性有机化合物的排污信用制度。

(资料来源:李剑译.中国环境报, 2005-10-25)

【案例分析】从案例9-1能够看出美国也较早地在环境政策中成功利用市场的力量,鼓励以市场为导向的经济激励性环境政策,采用基于市场的经济手段和环境经济政策,推动了该国环境政策的完善和发展,也影响了国际环境政策的未来走向。

国际环境政策发展的第三阶段特征是提倡构建基于行政的强制性命令-控制型手段、基于市场的经济手段、自愿性手段和公众参与等多种手段共同作用的新时期环境政策。

1992年6月巴西里约热内卢环境与发展大会的召开,宣告人类进入可持续发展的新时代。可持续发展理论成为新时期指导世界各国社会、经济、环境协调发展的根本理论,并被世界各国广泛接受,成为各国制定新时期环境政策的理论依据。例如[3],美国于1993年6月在白宫设立了可持续发展评论会对经济、环境、社会等目标进行研究;在两轮报告的基础上,又于1999年5月提交了《走向可持续的美国》的报告。而欧共体于1998年通过的第五行动纲领就是基于里约会议的历史背景,明确地将可持续发展定为该纲领世纪之交要实现的主要目标。紧接着,英国自然环境研究委员会(Natural Environment Resarch Coucil, NERC)于2002年4月提出了《可持续未来的科学2002—2007年》(Science for a Sustainable Future:2002—2007)计划,经过对80个组织200多人的广泛咨询后,该计划确定了环境科学领域的战略重点及优先领域[4]。

可持续发展理论虽已成为新时期国际环境政策的指导理论,但如何将可持续发展理论付诸实践达到既定环境保护目标,却对各国提出了新的要求。各国有关环境政策的理论和实践表明,为了寻求解决环境问题的有效方法,环境政策工具必须朝向多元、互动、社会参与和自组织形式的方向发展。因此,自愿性手段和公众参与作为一种必需的市场化工具和社会化工具出现了,它们与其他环境政策工具一起,促进了新时期环境政策的发展。

自愿性手段主要是指自愿性环境协议(VEAs),有时也称环境志愿协议(EVAs)。自愿性环境协议是指企业、政府和非营利组织间的一种非法定的协议,它旨在改善环境质量或提高自然资源的有效利用[5]。即自愿性环境协议是在政府与企业间、政府和非营利组织间、企业与非营利组织间在规定时间内达到环境目标的协议。它具有自愿性、互惠性、互动性、相对正规性等特点,实现政府、企业和非营利组织的信息共享和良性互动,调动全社会的力量积极稳妥地应对长期和复杂的环境问题,不仅有利于提高企业的经济发展和环境管理水平,也有利于降低和减少环境政策运行过程中的高成本和低效率。最早的环境志愿协议起源于20世纪60年代的日本,1964年,日本的一家公司和当地政府达成了一项环境保护协议以保持低水平排放污染物。后来在20世纪80~90年代逐步遍及到欧盟、美国等西方发达国家。20世纪90年代,VEAs得到迅速发展。1992—1993年,日本地方政府的商业部门达成了超过2000个自愿性环境协议,目前已有3000多个。值得探讨的是日本的VEAs

---

3,4 赵晓英.部分国家和组织的环境战略和环境政策简析[J].环境科学动态, 2004(3): 2.

5 明正东,陈守奎.西方国家的一种新环境政策——自愿性环境协议及其思考[J].中国环境管理, 2001(4): 22.

几乎都是地方政府、企业和非营利组织间达成的,而其他国家和地区几乎都是建立在国家层次上的[6]。例如,20世纪80年代初,德国工业界已有了70个志愿协议,部分已发展成为正式的具有法律效力的条文。同时,保护气候,有19个德国贸易部门的协议被德国工业界实施。德国的自愿性环境协议比其他的欧盟国家多,最近几年仍呈现不断增长的趋势。自1990年开始,自愿性环境协议特别是在废弃物管理领域中涉及产品管理方面的协议起着越来越重要的作用。其中最重要的自愿性环境协议是在德国工业界实施的降低 SO_2 排放的协议[7]。

第三阶段,公众参与环境保护是世界上许多发达国家普遍采用的一种有效的环境管理方式,对保证环境政策的贯彻执行和有效实施,加强污染防治,促进自然资源保护和生态改善发挥着极大的作用和意义。它可以弥补和纠正环境政策执行过程中所出现的政府失灵和市场失灵现象,监督环境政策朝着良性的方向发展。公众参与环境保护,一方面可使公众的环境意识得到提高;另一方面也可提高政府制定的环境政策的可接受程度和认可度,有利于环境政策的执行。国际上公众参与思想初步形成于20世纪60~70年代。美国是世界上第一个在环境政策中提出公众参与思想的国家,1969年制定的《国家环境政策法中》明确提出了公众参与的原则。美国从将公众参与制度引入环境管理领域时起一直到现在,在引导公众参与环境保护的进程中一直处于世界前列,其在环境保护领域的公众参与取得的成就得到了国际社会的一致认同。其他发达国家如日本、德国、澳大利亚、荷兰等国在环境保护中的公众参与也引领着国际环境保护运动中的公众参与朝着更科学、更民主、更法制化的方向迈进。例如,日本将公众参与视为该国环境保护的一个重要"法宝",通过将公众环境法律化、制度化,把公众参与的程序纳入政策制定过程中,加强了社会制衡的作用,从公众参与机制的实施效果看,其作用是难以替代的[8]。随着国际社会公众参与环境保护的呼声越来越高,公众参与原则已成为或将成为各国环境政策中必不可少的一部分,其与其他环境政策手段和工具一起,构建了国际环境政策的未来走向。

总之,国际环境政策的总体发展趋势是明显的,即经历着从单一的强制性命令-控制型环境政策到多种手段共同作用的环境政策的转变,它指导着世界各国今后制定环境政策的内容和方向。各国只有紧密掌握国际环境政策的发展趋势和未来走向,在国际环境保护事业中取得主动地位,才可能在加强国际合作的基础上,促进该国社会、经济、环境的协调发展。

2. 新时期国际环境政策的特点

进入可持续发展时代后,国际环境政策从内容到形式都发生了巨大变化,目的是适应可持续发展要求,更有效地解决新的环境问题。新时期的国际环境政策呈现出关注气候变化、节能减排、循环经济、生物多样性和自然系统保护、人类健康、土地保护和退化土地恢复、环境与贸易、环境公平、环境信息技术交流与合作、"环境外交"等诸多特点,但其中有三大特点主要反映了当今国际环境政策的关注热点。

(1) 关注气候变化,提倡节能减排;发展循环经济,推动能源节约。

---

[6] 明正东,陈守奎. 西方国家的一种新环境政策——自愿性环境协议及其思考[J]. 中国环境管理, 2001(4): 22.

[7] 廖红,朱坦. 德国环境政策的实施手段研究[J]. 上海环境科学, 2002, 21(12): 749~750.

[8] 俞晓泓. 日本环境管理中的公众参与机制[J]. 现代日本经济, 2002, 126(2): 11.

环境政策与分析

气候变化是 21 世纪国际社会关注最多的世界性环境问题之一，逐渐成为国际环境战略和环境政策的重点领域(见阅读资料 9-1 和 9-2)。在应对气候变化问题上，发达国家和发展中国家均致力于温室气体减排，承担着"共同但有区别的责任"，这一原则在《里约环境与发展宣言》、《联合国气候变化框架公约》及《京都议定书》和《巴厘路线图》中都有明确规定。发达国家长期以来经济的发展是以牺牲环境为代价的，他们是造成全球气候变化问题的主要"责任人"。美国橡树岭国家实验室指出[9]，从工业革命开始到 1950 年，在化石燃料燃烧释放的二氧化碳的总量中，发达国家占 95%；截止到 2000 年，发达国家的排放量仍占总排放量的 77%。因此，发达国家应重点和优先承担节能减排任务，履行国际环保责任中应尽的义务。

要做好节能减排，除了用政策手段、法律手段、企业主动参与、金融机构主动投资等外，还要大力发展循环经济，推动能源节约。发展循环经济不仅可以节约能源，还可以实现能源再利用、利用可再生能源的目的，是世界各国实现社会、经济、环境协调发展的必由之路。德国是世界上最早进行循环经济立法的国家，日本则是世界上循环经济立法最完备的国家。发达国家的经验表明，走循环经济之路，是解决能源问题的唯一正确选择。

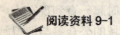

2006 年国际气候合作

2006 年 5 月，气候联盟中的 1360 个城市同意每五年降低 10%的 GHG，排放目的是到 2030 年时能够在 1990 年水平上人均降低 50%的 GHG 排放。

2006 年 8 月，启动了克林顿气候倡议－克林顿基金与大城市气候行动领导团体之间的一种合作，其设计目的是在全球城市中降低 GHG 排放，并鼓励提高能源效率。目前全球有 23 个大城市参加。下个月还将有更多的城市加入。

到 2006 年 12 月 28 日为止，已经有代表 5400 万美国民众的 353 位市长签署了美国市长气候保护协议，他们都承诺要达到或超过美国联邦政府在《京都议定书》中设定的 GHG 排放目标——到 2010 年要在 1990 年的排放水平上降低 7%。

(资料来源：黎勇译. 权威报告：降低碳排放增加利益. 世界环境. 2007 年第 3 期总第 106 期 第三版(下))

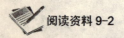

《"共同但有区别的责任"下的中国之选》节选

2007 年 2 月 2 日，政府间气候变化专门委员会(IPCC)发表第四个评估报告之"自然科学基础"篇，指出全球气温升高，90%是人为因素所致。之后，这一过去局限在科学研究领域和国际专业会议的话题迅速"侵入"社会经济、文化和政治领域，环境问题政治化上升到新高度。

2007 年 2 月 25 日，第 79 届奥斯卡金像奖揭晓，美国前副总统、环保积极分子阿尔·戈尔

---

[9] 贾峰. "共同但有区别的责任"下的中国之选[C]. 世界环境，2007，106(3)：卷首语.

主演的纪录片《难以忽视的真相》获最佳纪录片和最佳歌曲两项大奖。2007年3月，德国、欧盟、英国等先后提出促进可再生能源开发应用和减排温室气体的法律提案。2007年4月17日，英国利用联合国安理会轮值国主席之便，强力推动联合国安理会就能源、安全和气候变化进行公开辩论，开安理会讨论环境问题之先河。2007年5月底，在德国总理默克尔宣布把气候变化列入2007年度八国集团会议议程之后，一向对环境问题尤其是气候变化不感兴趣的美国总统布什，抛出了在华盛顿召开温室气体减排国际会议并要求印度、中国、巴西等发展中国家参加的提议。是否确定温室气体减排目标，似乎成了衡量一个国家是否担当国际环保责任的标杆。

2007年6月4日，在海利根达姆G8峰会召开前两天，《中国应对气候变化国家方案》公布，提出应对气候变化的系列措施。有评论指出，面对国际重压，中国未设定具体的减排目标，确需一定的勇气。事实上，中国不设定温室气体减排的量化指标，是要争取广大发展中国家人民的发展权，同时在力所能及的前提下承担应尽的国际义务和责任。

1994年，时任美国副总统的戈尔曾在联合国环境署的官方杂志《一个星球》上发表一篇名为"追寻可持续发展"的文章。他指出，一个美国人一生所消耗的能源是一个印度人的30倍。这一方面表明二者生活水平的巨大差异，另一方面也说明地球环境对发达国家的负荷远远大于发展中国家。

近十几年来，虽然包括印度、中国在内的发展中国家的经济有大幅增长，但与发达国家相比，差距依然明显。对广大的发展中国家来说，保持经济又好又快的发展，既是各国优先的目标，也是对实现联合国千年发展目标的最好贡献。

(资料来源：贾峰. 卷首语. 世界环境. 2007(3))

(2) 环境与贸易的关系问题日益凸现，国际环境政策面对全球化的挑战。

随着经济和环境的全球化、贸易的自由化，环境与贸易的关系问题已成为国际社会日益关注的焦点。由于与贸易有关的环境措施或与环境有关的贸易限制制约了国际贸易的发展，而贸易的自由化又导致了严重的环境破坏，早在1995年，WTO(世界贸易组织)专门成立了"环境与贸易委员会"用以处理环境与贸易问题。目前，国际环境贸易的主要措施包括环境标志、生态审核、生态标签、绿色补贴、环境技术和管理体系标准、环境关税、多边环境协议等。但由于各国制定的环境标准和措施不同，由环境问题引发的贸易争端或由贸易引发的环境问题越来越多。例如：在国际贸易中，发达国家将环境贸易壁垒作为一种非关税的贸易保护策略，通过制定严格的环境保护标准和法规，将发展中国家的产品拒之门外，以保护本国的利益。同时，发达国家鉴于发展中国家较低的环境标准和法规，通过贸易流动和投资活动向发展中国家转移污染性行业、危险废弃物等，加剧了发展中国家的环境污染和破坏。可见，统一和协调各国的环境标准和措施，是环境政策实现全球化必然面临的严峻挑战。

(3) 积极开展环境外交，推动国际合作。

随着环境问题的全球化和国际性环境合作的加强，"环境外交"逐渐成为各国对外关系的新手段。日本最早明确提出将环境外交纳入国家对外政策范畴，1989年日本外务省发表"外交蓝皮书"，首次将对环境等全球性问题的对策与日本外交原有的三大课题——确保日本安全、为世界经济健康发展作贡献和推进国际合作并列；此后，日本进一步表示，

"只有在地球环境问题上发挥重要作用,才是日本为国际社会作贡献的主要内容"。[10] "环境外交"不仅为日本开拓了更广泛的国际市场,还拓宽了其在国际舞台的活动领域,提升了国际竞争力和影响力。美国和欧盟在"环境外交"领域也主动采取措施推进国际合作。1997年4月22日,美国国务院发布题为"环境外交——环境与美国对外政策"的外交报告,并宣布从1997年起,今后每年都将发布美国环境外交报告,"以对全球的环保趋势、国际政策发展及美国来年的工作重点做出评估"[11]。欧盟是第一个在成员国之间就环境问题协调行动、统一规范的区域性组织,在很大程度上促进了全球环境保护事业的发展,同时也为其他区域性组织提供了有益的经验[12]。由此可见,"环境外交"正在成为全球国际战略合作中国际环境政策内容的一大新特点,支持和推动着世界各国在环境保护领域的交流与合作。

综上所述,国际环境政策的发展趋势和特点紧跟时代脉搏和可持续发展的要求,世界各国的积极努力和紧密合作使国际环境政策不断涌现出新特点,开辟国际环保事业的新领域,为世界各国的环境政策指明了方向,对我国环境政策的完善有很好的借鉴意义。

9.1.2 我国环境政策的发展历程

自1972年斯德哥尔摩联合国人类环境会议以来,以中国的六次全国环境保护会议为标志,中国的环境政策的发展变化大体经历了四个阶段。

1. 20世纪70年代我国的环境政策

1973年8月,第一次全国环境保护会议揭开了中国环境保护事业的序幕。会议通过了《关于保护和改善环境的若干规定》,确定了"全面规划,合理布局,综合利用,化害为利,依靠群众,大家动手,保护环境,造福人民"的环境保护工作三十二字方针。在全国重点展开工业"三废"治理和综合利用的环境保护工作。同年,成立了国务院环境保护领导小组及其办公室。此外,我国还先后实施了污染防治设施要与生产主体工程同时设计、同时施工、同时投产的"三同时制度",以及排污收费制度和环境影响评价制度,即"老三项制度"。我国于1979年颁布的《中华人民共和国环境保护法(试行)》,不仅明确了"三十二字方针"这一环境保护基本方针的法制化地位,还确定了"谁污染,谁治理"的政策,为我国当时的环境保护工作指明了发展方向。

2. 20世纪80年代我国的环境政策

在20世纪70年代环境保护工作的基础上,我国于1982年建立国家环境保护总局。1983年12月31日,国务院召开第二次全国环境保护会议,将环境保护作为一项基本国策。制定经济建设、城乡建设和环境建设同步规划、同步实施、同步发展,实现经济效益、社会效益、环境效益相统一的指导方针,确定了强化环境管理作为环保工作的中心环节。实行"预防为主,防治结合"、"谁污染,谁治理"和"强化环境管理"三大政策,这也标志着我国的环境政策开始走向成熟。"预防为主,防治结合"的政策是指通过采取防范措施,不产生或少产生环境污染,同时对已有的污染和破坏进行治理。主要措施是把环境保护纳

[10,11] 鲁远. 发达国家的环境政策[C]. 世界环境, 2002(1): 21.
[12] 蒲傅. 欧盟全球战略中的环境政策及其影响[J]. 国际论坛, 2003(6): 3.

入国民经济和社会发展规划，实行"三同时"制度和环境影响评价制度，防止新污染源的产生。"谁污染，谁治理"是以法律形式规定污染者必须承担治理责任和费用，主要措施包括对排污单位实行排污收费制度，对严重污染企业实行限期治理以及结合技术改造防治工业污染，控制老污染源。强化环境管理的政策是指在经济投入欠缺的情况下，通过强化管理解决一些由于管理不善造成的环境问题，并促进环境投入的增加，主要措施包括依法强化监督管理，实行环境目标责任制、城市环境综合整治定量考核制、污染集中控制、排污许可证等制度。

在上述三大政策的基础上，形成了"三同时"制度、环境影响评价制度、排污收费制度、排污许可证制度、环境保护目标责任制、城市环境综合整治定量考核制度、污染集中控制和限期治理制度等八项制度。环境保护三大政策和八项制度是中国环境政策体系的基本框架。国务院在1981年首次颁布了《关于在国民经济调整时期加强环境保护工作的决定》(国发[1981]27号，简称《1981年决定》)，1984年又颁布了《关于环境保护工作的决定》(国发[1984]64号，简称《1984年决定》)。这两项决定是在我国环境保护相对于发达国家处于初级阶段提出的，环境保护的内容、目的和指导思想的不成熟特征明显。面对20世纪80年代末期环境质量呈现整体恶化的趋势，1989年5月，国务院召开第三次全国环境保护会议，提出要加强制度建设，深化环境监管，向环境污染宣战，促进经济与环境协调发展。同年，我国第一部环境保护基本法——《环境保护法》颁布，标志着我国环境保护法律体系的初步形成。因此，随着我国环境立法和环境管理制度所取得进步和发展，为我国90年代的环境政策的全面发展提供了基础政策保障。

3. 20世纪90年代我国的环境政策

20世纪90年代初，中国的环境保护开始实行从"末端治理"向"全过程控制"转变；从单纯浓度控制向浓度控制与总量控制相结合转变；从分散治理向分散治理与集中治理相结合转变；即工业污染防治的"三个转变"，并在我国的一些企业进行了清洁生产试点。

联合国环发大会的两个月后，在吸取国外经验和总结我国环保工作二十多年的实践经验基础上，1992年8月，中共中央、国务院批准了我国环境与发展的十大对策，它是确保可持续发展在中国成为现实的环境政策。十大对策第一条就明确了"实行可持续发展战略"的要求，主张将我国的环境污染从末端治理转向全过程控制，实行清洁生产；建设项目必须做到先评价、后建设；坚持把环境效益作为考核政府官员政绩的内容之一。其余九大对策分别是：采取有效措施，防治工业污染；深入开展城市环境综合整治，认真处理城市"四害"(水、气、渣、噪声)；提高能源利用效率，改善能源结构；大力推进科技进步，加强环境科学研究，积极发展环保产业；运用经济手段保护环境；推广生态农业，植树造林，加强生物多样性保护；健全环境法制，强化环境管理；加强环境教育，提高全民族的环境意识；参照环发大会精神，制定中国行动计划。

1994年3月，我国率先制定了《中国21世纪议程——21世纪人口、环境与发展白皮书》，这是全球第一部国家级的《21世纪议程》，标志着我国可持续发展的开始。两年后，全国人大通过了《关于国民经济和社会发展"九五"计划和2010年远景目标纲要》，确定了2000年和2010年的环境保护目标，指出在这10年间，生态环境恶化的状况要从起初的基本控制发展到逐步改善，城乡环境要从部分改善到明显改善。

1996年7月，国务院召开第四次全国环境保护会议，提出保护环境是实施可持续发展战略的关键,保护环境就是保护生产力;同年8月,国务院发布了《关于环境保护若干问题的决定》(国发[1996]31号)(简称《1996年决定》),与1990年颁布的《国务院关于进一步加强环境保护工作的决定》(国发[1990]65号,简称《1990年决定》)相比,它标志着我国从开始向环境污染全面宣战到大规模环境污染防治实质性实施的开始。该决定首次明确提出了2000年力争使环境污染和生态破坏加剧的趋势得到基本控制,部分城市和地区的环境质量有所改善的环境保护目标;到2000年,全国所有工业污染源排放污染物要达到国家或地方规定的标准;在全国范围实施主要污染物总量控制;实施"三河三湖两控区"区域治理(渤海和北京市的综合治理是后来增加的,决定并未提出要求)[13]。

4. 21世纪初我国的环境政策

2002年1月8日,国务院召开第五次全国环境保护会议,提出环境保护是政府的一项重要职能,要按照社会主义市场经济的要求,动员全社会做好这项工作。同时,国务院颁布了《国家环境保护"十五"计划》。"十五"期间我国环境保护的主要任务是:主要污染物排放总量要比2000年降低10%,力争环境污染的状况有所减轻;认真落实《全国生态环境保护纲要》,生态环境恶化趋势得到遏制;继续抓好淮河、海河、辽河、太湖、滇池、巢湖、二氧化硫和酸雨控制区、北京以及渤海的环境治理,切实改善环境质量;抓紧修改和完善三河三湖"十五"环境治理计划,切实纳入国家和地方的"十五"计划;"两控区"SO_2排放总量要比2000年降低20%;重点推进电厂脱硫,有计划地关停小煤矿、小电厂,鼓励使用低硫煤和清洁能源,大幅度减少SO_2的排放量,减轻酸雨污染;北京市继续加大综合治理力度,使空气质量和生态环境得到明显改善;抓紧治理三峡库区、南水北调的水污染。但现实情况表明,"十五"计划确定的各项环境指标并未完成,如,SO_2排放量和COD(化学需氧量)排放量,其中SO_2排放总量和工业SO_2排放量两项指标不仅没有下降,反而有所反弹,主要原因是能源消费的超常规增长、火电行业的快速发展、脱硫项目建设滞后于总量控制要求。

2004年3月10日,胡锦涛在中央人口资源环境工作座谈会上就环境保护工作明确指出,首先要加强环境监管工作,如制定重要的规划、开发计划时,要考虑对环境的影响,切实做到环境和发展综合决策;其次是要加快重点流域、重点区域的环境治理;要严格按照国家"十五"计划对环境保护的要求,分解治理任务,落实治理资金,加快治理进度,按期完成国家重点地区的环境治理任务。最后,要加强农村环境保护和生态环境保护。这是对我国环保工作所作的严格要求,也为新时期环境政策的制定指明了方向。

2005年12月3日,国务院发布了《关于落实科学发展观加强环境保护的决定》(国发[2005]39号,简称《2005年决定》),这是深入贯彻十六届五中全会精神,落实科学发展观,构建社会主义和谐社会,指导我国经济、社会与环境协调发展的一份纲领性文件,它是科学发展观在环保上最重要、最集中的体现,也是引领我国环保事业发展的重要指南。《2005年决定》既总结了"十五"环保工作的进展,又对当前严峻的环境形势和存在的突出问题进行了剖析;更对未来5~15年环保事业发展前景进行了规划和部署,还针对环保执法、体制、机制、能力等方面的突出问题,提出了一系列对策,并提出要建设环境友好型社会,是构建我国以科学观、发展观为指导的环境政策的原则和基础。

---

[13] 任勇.十年磨一剑——论《决定》的环境保护战略思想创新[J].环境经济,2006(28):14~16.

2006年4月17日国务院总理温家宝在第六次全国环境保护大会上指出,"十一五"时期环境保护的主要目标是:到2010年,在保持国民经济平稳较快增长的同时,使重点地区和城市环境质量得到改善,生态环境恶化趋势基本遏制;单位GDP能耗比"十五"期末降低20%左右;主要污染物排放总量减少10%;森林覆盖率由18.2%提高到20%。同时,做好新形势下的环保工作,要实现三个转变:一是从重经济增长轻环境保护转变为保护环境与经济增长并重,在保护环境中求发展;二是从环境保护滞后于经济发展转变为环境保护和经济发展同步,努力做到不欠新账,多还旧账,改变先污染后治理、边治理边破坏的状况;三是从主要用行政办法保护环境转变为综合运用法律、经济、技术和必要的行政办法解决环境问题,自觉遵循经济规律和自然规律,提高环境保护工作水平。这标志着我国环境与发展的关系正在发生战略性、方向性、历史性转变。这次会议总结了"十五"期间的环境保护工作,明确了"十一五"的环保目标、任务和措施,也是我国环保界落实科学发展观的一次重要会议。

2007年6月3日国务院发布了《关于印发节能减排综合性工作方案的通知》(国发[2007]15号),同意发展改革委员会同有关部门制定的《节能减排综合性工作方案》(以下简称《方案》)。方案从10个部分阐述了节能减排工作的具体实施规划,包括目标任务和总体要求,控制增量、调整和优化结构,加大投入、全面实施重点工程,创新模式、加快发展循环经济,依靠科技、加快技术开发和推广,强化责任、加强节能减排管理,健全法制、加大监督检查执法力度,完善政策、形成激励和约束机制,加强宣传、提高全民节约意识,政府带头、发挥节能表率作用。该通知是指导当前和今后一段时期开展节能减排工作的指导性文件,它和同年发布的《国家环境保护"十一五"规划》将环境保护政策延伸到流通、分配、消费领域,拓展到对外贸易,在建立全方位污染控制体系方面作出了有益探索(周生贤,2008)。2007年10月党的十七大决定把科学发展观和建设资源节约型、环境友好型社会写入党章,把建设生态文明作为实现全面建设小康社会奋斗目标的新的更高的要求,标志着我国的环境保护步入了国家社会、政治、经济建设的主流进程。

9.1.3 我国环境政策的未来走向

环境政策的演变过程真实地揭示了我国环境保护的发展历程。我国的环境经济政策、环境技术政策、环境社会政策、环境行政政策和国际环境政策逐步构成了一个基本完整的政策体系。步入21世纪,在科学发展观指导下,环境政策也要有所创新,因此必须回顾过去,思考现在,展望未来,从而构建新时期促进人与自然和谐发展的环境政策。

面对现阶段我国环境政策出现的问题与不足,应"坚持以人为本,树立全面、协调、可持续的发展观,促进经济和人的全面发展"的科学发展观的指导思想,结合国内外经验,努力构建新世纪我国环境政策的发展蓝图。

(1) 在全球化背景下,推进我国环境政策与国际环境政策的协调与融合。随着新时期新环境问题的出现,国际环境政策无论从内容上和形式上都发生着变化,这要求各国环境政策也要作相应调整。我国作为世界上最大的发展中国家,在环境领域与各国展开了广泛的交流与合作,为解决全球性环境问题做出了努力。例如,气候变化是当今国际社会十分重视的全球性环境问题,2007年国务院成立了应对气候变化及节能减排领导小组;同年6月4日,在海利根达姆G8峰会召开前两天,我国第一部应对气候变化的全面的政策性文件《中国应对气候变化国家方案》公布,提出应对气候变化的系列措施。表明我国努力塑造对环境问题高度负责的大国形象,为保护全球气候作出新贡献。但受我国特殊国情,即经济、科技、文化等水平的限制,我国的环境政策与国际环境政策的标准和要求相比还存在很大距离。面对全球化带来的贸易自由化、环境和能源问题的扩大化、经济和科技文化的全球化,我国环境问题的解决和环境政策的制定必须紧跟国际环境政策趋势和特点,积极应对全球气候变化、节能减排、环境与贸易等问题。既要立足本国国情,又要从世界范围的角度或"全球化"角度,在科学发展观指导下实现我国环境政策的与时俱进,从而实现我国社会、经济、环境的可持续发展。

(2) 逐步将环境政策纳入社会经济发展和决策过程的主流,完善环境与发展的综合决策机制。加大环境政策与其他社会经济政策的沟通与协调。在科学发展观指导下,环境保护被提到了和经济发展同样重要的位置,有利于改变环境保护在社会经济发展中被边缘化的状况。同时,我国新时期涌现出新的社会经济和环境问题,在制定各项政策时应综合考虑环境政策与经济政策、社会政策。除综合考虑各类政策间的沟通与协调外,各类环境、政策间还应相互补充和完善。随着时间的发展,旧有的环境政策对一个环境问题的解决有可能出现反应滞后或效力低下的问题,不能有效达到解决一定的环境目标的目的,这时就需要对旧有的环境政策进行相应修订,或直接出台新的环境政策补充和完善旧的环境政策。只有这样,环境政策的效力和作用才能得到最大的发挥,有利于环境问题有效解决。截至目前,国家环保总局首次全面清理了环保部门规章和规范性文件,废止12项、修改42项,重点解决了文件打架、要求不一等突出问题;同时联合监察部全面清理了各地违反环境法律法规的"土政策",破解了一批干扰环境执法的难题(周生贤,2008)。

(3) 科学、民主、法制化的决策是制定环境政策的前提和基础,我国要从决策主体、决策方法、决策程序等方面来改善现有的决策机制。长期以来,我国环境政策的决策主体一直是国家政府高层决策或专家精英决策模式,应使地方政府、公众、公民社会参与到决策主体中来,从而更好地协调利益相关者间的关系,保证决策的公平合理性。决策方法不能一味强调自上而下的方法或自下而上的方法,因为两种方法如果单独使用各有其利弊,不利于最佳决策,所以应将两种方法结合起来使用体现出两者的互动,保证决策的科学民主性。决策程序要体现出科学、民主、法制化,这样才能使决策过程不出现失误,如及时公开决策信息、完善法律体系保障、规范决策程序、对决策失误者追究相关法律责任等。

(4) 健全环境管理体制和环境法律体系,加大环保执法力度。要完善环境管理体制,首先得加强各部门职责分工,健全从国家到地方、从单位到个人的环境管理体制。其次,要加强各部门的分工协作,打破部门界限。很多环境政策的执行需要跨行业、跨部门合作,环境管理不只是由环保部门来推动执行的,最主要的还是要由党委、政府、组织相关部门配合执行。再次,要完善环境管理目标责任制,加强环境监管,采取严厉措施确保环保责任书在落实到地方层次时不会成为"空头支票"。此外,还要完善环境管理制度的法律依据,加强环境管理工作的执行。针对我国环境法律体系的不足,要及时填补现行环境法律体系的空白,制定新的环境法律配套政策;为避免"地方保护主义"对环境执法工作的影响,应专门制定一部约束政府行为的环境政策法律;建立和完善环境民事赔偿和环境污染责任保险的法律制度;加大环保执法力度和处罚力度,增强环保执法工作的权威性和有效性。例如,提高企业的违法成本,让企业为其违法行为付出巨大的经济利益损失,彻底扭转企业违法成本低于守法成本的现象,直到企业有自觉控制污染的动力为止。最后,要壮大环保队伍,加强环保人员能力、素质、技术等建设。

(5) 注重环境政策系统内部各环节的衔接问题。环境政策的制定、执行、评估、监测和终结等各环节过程构成了整个环境政策系统运行过程。这些环节的衔接是否顺畅和得当将直接影响环境政策的运行效率和实施效果。这些环节共同完成了环境政策过程及其各项功能活动，它们之间虽各有分工、相互独立，但又密切配合、协调一致，共同维持和推动着环境政策系统的良性和顺利运行。其中，环境政策制定是环境政策执行的基础和前提，是环境政策过程的首要阶段和关键环节；环境政策执行是通过一系列实践活动以达到环境政策制定的预定目标，是环境政策过程中的一个重要阶段和实践环节，是将环境政策目标转变为现实的唯一和根本的途径；而通过环境政策评估可以检验环境政策效果，决定环境政策去向，完善环境政策运行机制，推动政策科学化和民主化，还可以总结环境政策执行的经验教训，是环境政策过程的一个重要环节。环境政策监控作为对环境政策制定、执行、评估和终结等环节的监督和控制过程，贯穿于整个环境政策过程的始终，保证环境政策准确决策并得以顺利实施。环境政策终结是环境政策过程的最后一个环节，标志着一项环境政策的结束或环境政策周期的完成。各环节缺一不可，任意一个环节的缺失或不当都会影响整个环境系统的顺利运行。因此，必须注重各环节的衔接，最终保证环境政策的良性运行。

(6) 重视以市场经济为导向，改革完善现行环境经济政策。以行政手段为主的传统环境政策发挥的作用是有限的，而在环境政策中引入市场机制，利用市场经济杠杆作用如价格、税收、信贷、融资等可弥补传统环境政策的一些不足，其巨大优势和良好效果是仅靠行政手段和环境法律法规所达不到的。例如，国家环保总局和中国保监会于2008年联合发布了《关于环境污染责任保险的指导意见》，正式确立建立环境污染责任保险制度的路线图，并决定积极开展环境污染责任保险试点。这是继"绿色信贷"后推出的第二项环境经济政策。国际经验证明，一个成熟的绿色保险制度，是一项经济和环境"双赢"的制度，也是一个能更大范围调动市场力量加强环境监管的手段。而行政力量是不能单独解决我国环境问题的，建立一套完整、成熟的环境经济政策体系迫在眉睫（潘岳，2008）。

改革环境和资源有偿使用政策，明确环境权和环境责任，例如建立"先支付费用，后取得排污权"的排污权有偿取得制度，实现初始排污权有偿取得并建立排污权交易二级市场[14]。相对而言，在控制污染物排放总量和实现环境质量水平上，排污权交易比排污收费制度更具有灵活性和优势性。因为排污收费制度是先确定一个排污价格，然后让市场确定总排放水平，而排污权交易是先确定总排放量然后再让市场确定排污价格[15]。2007年11月10日，国内首个排污权交易平台——浙江省嘉兴市排污权储备交易中心成立，意味着国内的排污权交易开始实现规模化、制度化。对于促进环境管理的创新，推进环境保护的历史性转变，以及用市场经济的办法保护环境，转变经济增长方式等方面具有重要的深远的历史意义[16]。此外，从政策上要提高环境公共资源的成本价格估算，引导企业和个人节约资源和能源；完善环境税收、环境补贴制度等，推动环境政策创新。改革现行环境经济政策需要实施一系列新经济政策。例如，开发新能源，改善能源结构，引导企业和个人节约资源和能源，鼓励使用新能源，建立和完善资源节约型能源政策和基于"减量化，再利用，

---

[14] 韩洁. 我国将进一步深化环境和资源有偿使用制度改革.[EB/OL]. 新华网, http: //news.tom.com/2006-10-07/000N/26420456. html, 2006-10-07.

[15] 杜莉, 李华. 典型环境政策的经济分析及中国的政策选择[J]. 经济问题, 2001(11): 19.

[16] 周仕凭. 国内首个排污权交易平台在浙江嘉兴揭牌[EB/OL]. 绿叶杂志 2007年12月号.

再循环"基本原则的循环经济的环境政策;倡导建立环境友好型生产、消费环境政策等。

(7) 完善环境补偿制度。环境补偿在一定程度上也反映社会公平,这是落实科学发展观的需要。我国应加快建立生态补偿机制,解决开发区对保护区域、受益地区对受损地区、受益人群对受损人群以及自然保护区内外的利益补偿问题(解振华,2005)。面对目前日益严重的跨区域环境污染问题,主要是河流上游污染对下游造成损害的问题;污染大户或高收入阶层对污染受害者和边缘弱势群体的环境利益的损害问题;资源开发利用造成的生态环境破坏问题;因保护生态环境资源致使当地保护者经济利益损失的问题,如生态脆弱区的自然保护区建设;东部地区对西部地区生态资源的廉价利用或无偿利用,导致地区经济发展失衡的问题;城市人均消费高、排污量大,农村人均消费量低、排污量小,但农民几乎没有享受环保设施等公共服务的问题等。上述问题反映出我国建立健全生态补偿机制的必要性和紧迫性。建立区域间污染补偿机制,解决区域污染问题,建立国家环境基金或收取生态补偿费进行相关利益补偿,要求加大中央财政的转移支付力度,用于解决东部与西部、城市与农村发展的不平衡问题。建立国家产业补偿制度,用以解决末端产业对于源头产业的利益补偿,解决二、三产业对第一产业的利益补偿,解决成品产业对于资源产业的利益补偿[17]。建立城市财政补偿农村的机制,保护农民环境权益。对生态脆弱区的自然保护区建设实行优惠、补偿政策,除对生态保护建设补偿外,还要注重对野生动物破坏庄稼损害当地居民经济利益进行补偿、"生态移民"政策优惠和补偿等。例如,我国现已发布了生态补偿试点指导性文件,开展了重点流域、区域生态补偿试点,各地涌现出异地开发区建设补偿、饮用水源地保护补偿等新模式(周生贤,2008)。此外,发达国家与发展中国家间也应该建立适当的环境补偿机制,因为发达国家在其发展过程中掠夺全球生态资源特别是发展中国家的廉价资源,造成发展中国家的环境污染和生态破坏。最后,在科学发展观强调的"以人为本"的前提下,还应重视环境问题对人体健康的影响,建立我国环境污染造成人体健康损害的补偿机制。截至目前,为减轻环境污染对群众健康的危害,国家环保总局联合卫生等18个部门发布了《国家环境与健康行动计划》,制定了6项环境污染物健康损害判别标准,启动了淮河流域癌症综合防治工作(周生贤,2008)。

(8) 树立一整套新的国家绩效考核体系。新的国家绩效考核体系需要用绿色GDP核算体系来构建。与单纯追求经济增长的传统GDP相比,绿色GDP把经济活动过程中的资源环境因素反映在国民经济核算体系中,将资源耗减成本、环境退化成本、生态破坏成本及污染治理成本从GDP中扣除,同时加上环境保护效益,体现经济增长与环境保护的辩证统一关系。长期以来,传统GDP作为衡量我国各级政府官员政绩的唯一指标,使得决策者通过自然资源的过度消耗获得经济的高速增长,忽视自然资源和生态环境的价值因素,导致发展只等同于经济上量的增长的错误传统发展观的流行。因此,单纯地用GDP来评估一个地区的发展成果,考核领导班子的政绩,必然有失偏颇,需要在科学发展观指导下,将绿色GDP作为综合环境与经济的考核依据,推动粗放型增长模式向集约型模式转变。例如,将污染扣减指数或环境污染调整作为一项政绩考核指标;或建立单位GDP资源消耗指标考核体系,把GDP的增量与单位GDP资源消耗的减量和地区环境质量改善指标摆在同等重要的位置,作为考核各级领导政绩的双重指标[18]。2005年初,国家环保总局和国家统计局分别在北京市、天津市、河北省、辽宁省、浙江省、安徽省、广东省、海南省、重庆市和

---

[17] 潘岳. 环境保护与社会公平[J]. 云南农村经济, 2006(2): 109.

[18] 闫世辉. 我国环境政策的反思与创新[J]. 环境经济杂志, 2004(6): 25.

四川省等10个省市启动了以环境核算和污染经济损失调查为内容的绿色GDP试点工作。并于2006年9月7日联合发布了我国首份经环境污染调整的GDP核算研究报告《中国绿色国民经济核算研究报告2004》。但绿色GDP核算体系是一个复杂体系，不仅涉及复杂的经济系统，还涉及各种不同的自然资源和环境要素，面临着许多技术、资金、数据、方法上的困难，加上人们思想观念的转变需要一段较长时间，因此，建立中国绿色GDP核算体系将是一个长期过程。将公众环境质量评价、空气质量变化、饮用水质量变化、森林覆盖增长率、环保投资增减率、群众性环境诉求事件发生数量等指标纳入到政府官员考核标准，即官员环保考核，同时建立环境责任追究制度，这也是新的绩效考核体系所要积极探索和研究需要建立的(潘岳，2004)。

(9) 加强公众参与和公民社会建设。环境政策的制定、执行、评估、终结及环境政策工具的选择等，都需要发挥公众参与和公民社会的辅助作用。公众参与是我国环境保护法的一项基本原则，也是落实科学发展观的"以人为本"的基础。我国公共政策中的环境政策离不开公众和公民社会的支持、理解、认同和参与，因为他们不仅是环境政策的最终受益者，更是环境污染的最终承受者。近年来，随着社会经济的发展及公民环保意识的提高，我国公众参与比以前有所发展，国家发布了《环境影响评价公众参与暂行办法》、《环境信息公开办法(试行)》，为保障公众的环境知情权、参与权和监督权，提供了新的平台。但与欧美发达国家相比，我国公众参与环境保护的广度和深度还有待加强。例如，德国环境法建立的3个基本原则之一的"合作原则"就充分体现了公众参与原则，它是一种工作框架，要求政府、企业界、社会团体、公众参与解决有关环境与发展的各种问题，并规定联邦政府、各州及各部门在公众参与的技术和人力资源上给予支持与合作，比如在"公法合同(Public—Law Contracts)"或"工业界环境声明"，即所谓"志愿声明"(Voluntary Agreement)中涉及的，在对环境有害的建设项目的批准程序中，公众及代表有关方利益的都有权参与决策[19]。在我国实行环境信息公开化、环境公益诉讼，推行环境决策民主化，实行社会听证制度，完善法律体系保障公民环境权益，加大环保宣传力度等都是加强公众参与和公民社会建设的必然要求。同时，国家应给公民社会提供更为宽松的法律环境和充足的制度保障，鼓励他们积极参与环境保护。公众参与和公民社会可以补充政府环保行为的不足，使环境决策更符合民意、更适应实际，进一步增加决策的公开性、透明度和民主性，实现对环境政策系统的多层次、全过程监督和管理。

(10) 注重环境科技创新。做好环保工作，提高环境管理水平，必须依靠技术进步；解决结构型、复合型和压缩型环境问题，必须依靠自主创新；加快推进环保历史性转变，实现环保工作跨越式发展，必须增强环境科技创新能力[20]。环境科技作为环保工作的基础力量和建设环境友好型社会的重要支撑，对环境政策特别是环境技术政策的重要作用是显著的。例如，环境科技在解决环境容量、土壤背景值、酸雨防治、湖泊富营养化、固体废弃物污染等重大问题，建立环境管理制度，制定技术法规和标准，开发污染防治技术，形成生态保护措施及促进经济增长方式的转变等方面都发挥了重要的引领和支撑作用[21]。

落实科学发展观与建设环境友好型社会都需要环境科技的创新；有了技术创新的保障，才会有效地推动环境政策的创新。要加大对环境技术创新的资金投入，用于污染防治的研发活动；积极引用国外先进技术，创建适合我国环境特征的环境技术政策；实行环境技术

---

[19] 廖红，朱坦. 德国环境政策的实施手段研究[J]. 上海环境科学，2002, 21(12): 748.
[20,21] 中国环境与发展国际合作委员会秘书处. 构建环境友好型社会的重要支撑[J]. 世界环境，2006, 102(5): 28.

创新认证，并建立相关激励机制。《国务院关于落实科学发展观 加强环境保护的决定》指出，要强化环保科技基础平台建设，将重大环保科研项目优先列入国家科技计划；加快重点难点技术的攻关，尽快实现高新技术在环保领域的应用；积极开展技术示范和成果推广，提高自主创新能力。山东省相应提出"十一五"期间将大力推进科技体制改革，制定和实施鼓励自主创新的政策措施，建立财政性科技投入稳定增长的机制，多渠道筹集环保科研经费，不断完善具有山东特色的地方环境标准体系，进一步优化环保产业结构，促进科技成果转化；为推动环保科技发展，山东省努力构建"政府推动、部门互动、市场拉动、社会力量联动，政产学研紧密结合"的环保科技工作格局，逐步建立起支撑生态省建设的环保科技创新体系[22]。总之，要将环境科技创新与环境政策创新有机地结合起来，使两者互为前提和保障，最终促进我国环保事业的优良快速发展。

(11) 大力发展环保产业，完善环境保护投入机制。我国已形成环境保护生产、洁净产品生产、环境保护服务、资源循环利用、自然生态保护五个领域的环境产业体系。产业门类多样，产业结构合理，发展迅速，环保产业已具有一定的经济规模，为环保事业的发展特别是环境政策的发展提供了重要的技术支持和物质保障，同时也带动了环保科技进步和相关产业的发展。国家环保总局统计显示，2004年全国环境保护及相关产业年收入总额4568.9亿元，产业年均增长率约15%～20%[23]。但随着世界经济一体化进程的加速及我国社会经济的发展，中国环保产业面对的竞争与挑战日趋激烈，需要进一步完善环保产业结构和环保服务体系，提高技术和产品竞争力，提升环保产品标准化、系列化、成套化水平，均衡环保产业区域发展，建立和完善公平竞争的市场环境等。最终促进环保产业的国产化、标准化、现代化产业体系的建设。

在环保产业对我国环境保护建设带来可观经济利效益的同时，还要完善环境保护投入机制。首先，要逐渐增加各级政府财政支出中关于环保投入的比例，加大对环境保护工作的资金投入力度；其次，要建立多元化融资机制，引导社会资金参与环境保护的投入，因为环保事业的发展仅靠国家投入是不够的。尤其是要建立社会化融资机制，引导社会资金参与环境保护，调动全社会投资于环保的积极性。例如，通过开放市场吸引外资、企业及私人投资，实现投资主体多元化。总之，要调动政府、企业、社会、外资等各方面的积极性，实现投资主体和融资方式的多元化，形成政府、企业、社会相结合的多元化投资格局。

(12) 扩大国际合作与交流，重视环境政策的国际协调。通过积极开展环境保护的国际合作与交流可从国外引进先进环保技术、优秀环境管理理念和成功经验。很多环保资金如环保领域获得的外国赠款、引进的贷款占我国所有行业获得的外国赠款和引进的贷款比例是很高的。此外，还可以学习和借鉴发达国家的环境政策，进一步完善我国的环境政策。这些为我国环境保护事业的进步提供了发展平台和交流机会。但同时也应看到，由于各国所采取的环境标准和环境政策的不同，也易引起国家间的环境问题纠纷，例如发达国家向发展中国家输出危险污染物和重污染工业，这一方面涉及环境公平问题，另一方面也与各国的环境政策差异性有关。由于环境标准的差异，尤其是发达国家与发展中国家的环境政

---

[22] 谢逢，周雁凌，张平. 政府推动、部门互动、市场拉动、社会联动，山东构筑环保科技创新体系[EB/OL]. 中国环境报，http://news.sina.com.cn/c/2006-08-16/09369763431s.shtml，2006-08-16.

[23] 刘毅. 环保总局：2004年全国环保产业超过4500亿[EB/OL]. 人民网，http://news.sohu.com/20060816/n244829301.shtml，2006-08-16.

策与法规不同，使通过贸易流动和投资来输出具有负的外部效应的产品成为可能[24]。目前，各国广泛采用签订国际性或地区性环境协议达到环境政策的协调。例如，"十五"期间我国参与了《生物多样性公约》、《生物安全议定书》、《维也纳公约》、《蒙特利尔议定书》、《斯德哥尔摩公约》、《鹿特丹公约》、《核安全公约》、《巴塞尔公约》、《联合国气候变化框架公约》及《京都议定书》等环境公约的缔约方大会等重要谈判，积极参与 WTO 贸易与环境谈判，维护了国家利益，促进了环保事业的发展[25]。在各国交流与合作的基础上，环境政策差异会通过协调趋于一致，最终使环境政策得到良性发展。

综上所述，对现有环境政策体系进行必要的改革和创新，并配套相应的新的政策体系，是解决我国人口、资源、环境、生态与经济发展矛盾的有效途径和重要措施，是面对新世纪我国环境保护的挑战和压力所作的必然选择。因此，构建新时期以科学发展观为指导的环境政策，符合我国社会－经济－环境协调发展的迫切需要，是促进人与自然和谐发展的制度保障，也是构建社会主义和谐社会的内在要求，更是落实科学发展观加强环境保护的重要内容。我国的环境政策在不断改革和创新的过程中将会进一步走向成熟、完善，最终真正实现科学化、民主化和法制化。

9.2 公共治理模式下的环境政策及环境善治

随着政府职能的强化，市场体系和功能的不断完善及第三方运动的方兴未艾，我国环境政策面临着新的机遇和挑战，要求对以公共性为规范基础的环境价值、环境服务、环境决策和治理等重新进行深层探究。而"公共治理"的提出，则为我国环境保护的权利和目标关系给出了一种新的界定方式，它更加强调政府在处理环境问题过程中职能的转变，确保环境行政的民主性、公民资格与公共利益等核心价值。

公共治理理论所倡导的政府、市场和公民社会互动与合作的多元治理模式为我国环境政策提供了全新的理念和发展方向。通过强调政府、市场和公民社会三方的策略互动与合作、确立共同的目标等方式实施对环境的共同治理，以公平和持续满足生态系统和人类发展的需要。因此，环境公共治理将是未来环境政策的核心理念，探究公共治理的来龙去脉有助于我国环境政策从传统环境管理模式走向环境公共治理之路。

9.2.1 治理的兴起及其原因

20 世纪，全球公共管理领域发生了两场大的革命性运动[26]：第一，20 世纪 70 年代末 80 年代初发起的一场以提高效率、效益、节约及注重管理结果导向的"新公共管理运动"；第二，在全球范围内广泛兴起的注重多元主体互动、参与和合作的"治理运动"。

新公共管理运动以"重塑政府"和"再造公共部门"为目标，特别强调企业和市场导向，对传统官僚制(或科层制)的"唯一和最佳方式"提出了挑战，藉此推动了公共管理的实质性变革。市场理念、市场机制和市场手段被广泛运用于公共管理过程[27]，因此其又被

---

[24] 曲如晓. 环境政策的全球化——论环境政策的国际间协调[J]. 世界经济与政治, 2001(1): 50.
[25] 黄勇. 环境保护国际合作提升大国形象[EB/OL]. 中国环境报, http://news.sina.com.cn/c/2006-03-07/10058380752s.shtml, 2006-03-07.
[26] 任志宏, 赵细康. 公共治理新模式与环境治理方式的创新[J]. 学术研究, 2006(9): 92~98.
[27] 陈庆云. 关于公共管理研究的综合评述[J]. 中国行政管理, 2000(7): 14~17.

称为"以市场为基础的公共管理"。而随后开始的治理运动则对传统官僚制的直线管理、命令和服从等方式提出了挑战,一个多方参与、协调合作的新型公共服务体系在全球和国家两个层面逐步搭建起来。对话、调控、柔性、透明、流动、参与、多元、责任、合作伙伴、发展模式、治理等概念应运而生,并被广泛运用于社会学、环境学、经济学等诸多方面。

新公共管理运动和治理运动不仅强烈冲击了传统的以命令与控制方式为主要特色的科层式官僚管理体系,更新了传统的公共行政理念,而且加快推动了公共管理领域的根本性变革和治理模式的转型,催生了一种新的公共治理模式。

公共治理兴起的原因主要集中在两个方面:首先,由于在社会资源的配置过程中既存在着"市场失灵",也存在着"政府失灵",人们开始在选择市场和选择政府时努力尝试寻找"第三种力量"——公民社会(见图9.1);另一方面,公民对公共政策回应性与参与性需求的提高,要求政府管理从等级控制转向参与协作,建立公民与政府公共管理者共同生产与合作的公共事务治理模式,促进新型相互信任的社会关系的形成,这都促使了公共治理的普遍实施。

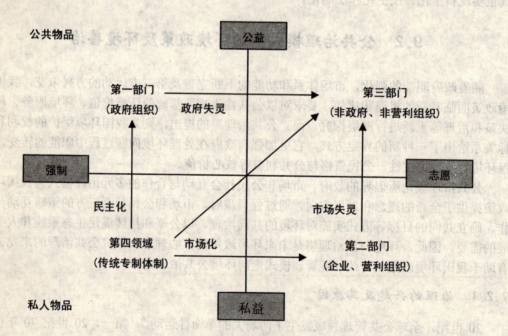

图9.1 政府失灵、市场失灵与第三部门

(资料来源:秦晖. NGO 反对 WTO 的社会历史背景:全球化进程与入世后的中国第三部门,中山大学2006年度"当代中国公民社会:政府、企业、民间组织的合作与互动"学术与实务研讨会,2007年1月18日)

9.2.2 治理的基本含义

英语中的"治理"(Governance)可以追溯到古拉丁语和古希腊语中的"操舵"一词,原意主要指控制、指导和操纵。长期以来它与统治(Government)一词交叉,并且主要用于与国家公共事务相关的管理活动和政治活动中。但自20世纪90年代以来,西方政治学家和经济学家对这一概念不断做出新的界定,其涵盖的范围已远远超出了传统的经典意义,并被广泛应用于社会各个领域[28]。

治理是管理一国经济和社会资源中行使权力的方式，是行使经济、政治和行政的权威来管理一国所有层次上的事务，是一个社会在管理经济和社会发展中政治权威的运用和控制的行使，是各种公共的或私人的机构管理其共同事务的诸多方式的总和，它是使相互冲突的或不同的利益得以调和并采取联合行动的持续的过程，它既包括有权迫使人们服从的正式制度和规则，也包括人民和机构同意的或以符合其利益的各种非正式的制度安排[29]。治理的内容主要包括构建政治管理系统，为推进发展而在管理一国经济和社会资源中运用权威的过程，政府制定、执行政策及承担相应职能的能力。

由此可见，治理是一个具有广泛适用性的概念，泛指国家、公共组织、私人机构及社会个人等各种活动主体之间的关系。治理的实质在于建立在市场原则、公共利益和认同之上的合作。它所拥有的管理机制主要不依靠政府的权威而是合作网络的权威，其权力向度是多元的、相互的，而不是单一的和自上而下的。治理的主体既可以是公共机构，也可以是私人机构，还可以是公共机构和私人机构的合作。治理是政治国家与公民社会的合作、政府与非政府的合作、公共机构与私人机构的合作、强制与自愿的合作。这也是"治理"这一概念区别于"统治"的本质所在。所以，治理不止于一套新的管理工具，也不止于在公共服务的生产方面获得更高的效率[30]，而是一种新的社会多元治理模式，这是治理概念的本质含义。

9.2.3 公共治理模式下环境政策的特点及发展趋势

公共治理是在全球化、信息化、市场化、民主化等背景下出现的新型政府管理模式。由于是以过程为导向，给包括政府管理在内的诸多领域带来深刻变化，即从关注公共项目和政府机构转向关注政府治理的工具，从等级制向网络化转变，从公私对立到公私合作，从命令和控制向谈判和协商转变(见表9-1)。当前，我国的环境政策体系处在改革的过渡时期，公共治理模式则为这一改革提供了一个全新的思路。

表9-1 传统公共行政与新治理模式的区别

传统公共行政	新治理模式
单一的公共项目与公共机构	创新的公共行动主体
科层制	社会网络
公与私相对立	公与私相结合
命令与控制	协商与说服
控制与管理的方式	授予权力的方式

(资料来源：Lester M. Salamon. The Tools of Government: A Guide to the New Governance[M]. Oxford: Oxford University Press, 2002.)

---

[28] 俞可平. 治理与善治：一种新的政治分析框架[J]. 南京社会科学, 2001(9)：4～44.
[29] 朱德米. 网络状公共治理：合作与共治[J]. 华中师范大学学报(人文社科版), 2004(2)：5～13.
[30] [英]格里·斯托克. 作为理论的治理：五个论点[J]. 国际社会科学杂志(中文版), 1999(1)：19～30.

首先，环境政策的内容注重强调环境治理主体的多元化[31]。治理是以政府为主体、多种公私机构并存的新型社会公共事务管理模式。参与治理的主体已经不仅局限于政府部门，而是包括了全球层面、国家层面和地方性的各种非政府组织、政府间和非政府间国际组织、各种社会团体甚至私人部门。在以多元主体为特征的环境治理模式中，政府的作用范围大为缩小，不再是无所不包的"全能型政府"，而其他相关主体也将在各自影响的领域发挥作用。

环境政策体系还表现为一种网络化的治理结构。公共治理打破了传统两分法的思维方式，强调政府与社会合作与互动，模糊了公私机构间的界限和责任，不再坚持政府职能的专属性和排他性，从而形成政府与社会组织之间的相互依赖关系。公共治理强调管理对象的参与和合作，希望在社会公共事务管理系统内形成一个自主的、拥有一定权威的网络，加强系统内部的组织性和自主性。在环境政策体系的构建过程中则体现为政府与利益团体等行动者基于信赖的原则而建立的一种预期较为稳定的关系，通过政府、市场、公民社会及其他利益团体多方的策略互动、信息交换及协商合作，促成环境政策的形成、执行与发展(见图9.2)。

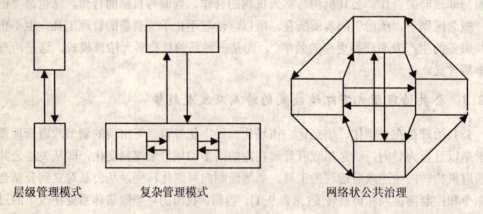

层级管理模式　　　复杂管理模式　　　网络状公共治理

图 9.2　治理模式的演变

(资料来源：①陈钦春. 社区主义在当代治理模式中的定位与展望[J]. 中国行政评论，2000，10(1).
②朱德米. 网络状公共治理：合作与共治[J]. 华中师范大学学报(人文社会科学版)，2004(2)：5～13.)

公共治理模式下的环境政策还应体现协调、互补与兼顾的原则[32]。协调原则要求环境政策的创新，必须考虑政策目标、市场价值及公众志愿的一致性，政策执行的环境绩效，往往是多方利益共同协调和作用的结果。互补原则下，环境政策目标的有效达成，是社会整体功能的发挥，"政府失灵"、"市场失灵"更加突出了公共治理和决策的必要性。环境政策更重要的是体现多方主体在环境治理过程中所具备的综合优势，从而弥补单一主体力量不足所造成的环境困境。兼顾原则是要考虑环境的外部性特征，这是因为发展中国家同时承担着发达国家在工业化进程中所带来的环境问题及自身经济发展双重困难，"环境性贫困"成为其最明显特征。1972年联合国人类环境工作会议宣言就曾指出，"在发展中国家，环境问题大多是由于发展不足造成的，千百万人的生活仍然远远低于像样的生产所

---

[31] 滕世华. 公共治理理论及其引发的变革[J]. 国家行政学院学报，2003(1)：44～45.
[32] 樊根耀. 生态环境治理的制度分析[M]. 西北农林科技大学出版社，2003：178～181.

需要的最低水平，他们无法取得充足的食物和衣服、住房及教育、保健和卫生设施。因此发展中国家必须致力于发展工作，牢记它们的优先任务和保护及改善环境的必要"。当经济水平较低时，治理生态环境的目标与发展经济的目标不可避免地产生了冲突。环境政策与经济发展的统筹兼顾，也成为必须考虑的一大因素。

公共政策的整体性与环境保护利益均衡也是环境政策关注的两个重要方面。首先，环境保护和发展是社会发展的一个有机组成，环境问题的产生不是独立于社会发展系统之外的，而会同时引发经济、社会效应，反之亦然。其次，我国现行的环境行政政策往往难以涉及对弱势群体的关注，市场更是如此，他们的利益要求很难体现在公共政策中。政府作为权威的公共机构，应采取多元的调节手段、利用政策和法制途径对市场予以纠偏，对利益失衡予以调整。要从利益表达、利益分配、利益协调三方面加大政府的改革力度，特别是给弱势群体创造更充分、更通畅的利益表达方式，建立向弱势群体倾斜的利益再分配制度。要从治理与善治出发，大力提升政府解决冲突和纠纷的能力，真正建立可靠的防范预警与协调利益冲突的机制，为化解社会矛盾与利益冲突提供制度空间。

9.2.4 环境善治与我国环境治理结构体系的构建

"环境善治"(Good Environmental Governance)的提出是建立在对市场与政府角色重新认识的新的治理理念基础上的[33]。下面对环境治理的理论、模式及其在我国发展的情况做较为详细的论述。

1. 善治的概念和主要特征

"治理"概念提出的直接原因就是为了克服和弥补社会资源配置中市场体制和国家体制的某些不足，但是治理本身也存在着许多局限性。由于在社会资源配置中存在着治理失效的可能性，很多学者和国际组织提出了"善治"或称之为"良好治理"(Good Governance)的理论，新治理模式所追求的最高目标就是实现善治[34]。概括地说，善治就是使公共利益最大化的社会管理过程，其本质特征在于它是政府与公民对公共生活的合作管理，是政治国家与市民社会的一种新颖关系，是两者的最佳状态。

因此，善治实际上是国家权力向社会的回归，是政府与公民间积极而有成效的互动与合作。正如世界银行(World Bank)1992年的研究报告《治道与发展》中指出的那样，良好治理的基础在于政府的职能从"划桨"转变为"掌舵"。其中，公民社会是善治的现实基础，没有一个健全和发达的公民社会就不可能有真正的善治。

关于善治的衡量标准或构成善治的基本要素，较有代表性的是亚洲开发银行(Asian Development Bank，ADB)和联合国亚太经济和社会委员会(United Nations Economic and Social Commission for Asia and the Pacific，UNESCAP)提出的。ADB提出的善治的4个基本要素包括问责、参与、可预测性和透明；UNESCAP概括的善治包括参与、法治、透明、回应性、共识取向、公平与包容、有效性与效率、问责等八个特征(图9.3)。通过文献回顾，

---

[33] 钟水映，简新华. 人口、资源与环境经济学[M]. 北京：科学出版社，2005：302.
[34] 梁莹. 治理、善治与法治[J]. 求实，2003(2)：50~52.

对构成善治的基本要素总结为如下几个方面[35]：合法性、透明性、责任性、法治、回应性、有效性、参与性和公正性等。

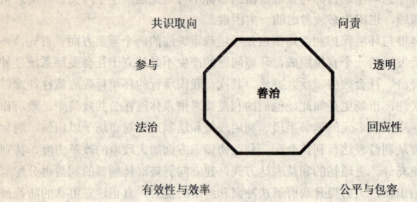

图 9.3　善治的特征

(资料来源：United Nations Economic and Social Commission for Asia and the Pacific (UNESCAP). What is good governance? [EB/OL]. http://www.unescap.org)

环境善治包括环境制度创新、市场机制运用、科技进步、能力建设以及全球环境治理等各个方面。环境制度方面包括建立健全环境政策和法规体系及社会监督管理机制；能力建设方面包括强化政府管理职能，以及政府、市场和其他相关利益团体的协调与互动等；在全球和国际环境治理方面，则通过"积极引进"(资金、技术和经验)、"积极宣传"(成绩和举措)和参与等良性互动机制，推进全球环境治理和国际环境治理，"认真履行国际公约"，树立"良好国际形象"。正如《可持续发展世界首脑会议实施计划》指出的，国内善治和国际善治是可持续发展不可或缺的组成部分，而国际层面的环境善治是实现全球可持续发展的基本条件。

2. 我国环境治理结构的变迁及特征

同环境政策的演变一样，中国的环境治理结构也同样经历了不同的发展阶段。《中国人类发展报告 2002》指出[36]，过去 20 年中国的治理结构不断变化，大多数有关中国目前发展状况的治理结构指标均表明中国在向正确的方向发展，主要特征包括：法治、立法和执法的分离、部门之间的联合、权力下放、从指令走向依靠市场力量、从集体所有制转向私人所有制、拓宽参与面以及有影响、更中立的技术和学术领域的诞生等。这些因素结合起来，确保更负责任的决策和环境规划的实施，给中国环境带来了巨大的潜在益处。

如前所述，治理的最大特征之一是主体多元化，政府、市场和公民社会三方的互动构成现代环境治理结构的基础。而从组织制度角度来讲，政府、市场和公民社会形成了环境

---

[35] 何增科. 治理、善治与中国政治发展[J]. 中共福建省委党校学报，2002(3)：16～19.

[36] 联合国开发计划署(UNDP). 中国人类发展报告 2002：绿色发展 必选之路[M]. 北京：中国财政经济出版社，2002：72～77.

治理的三种调整机制,即行政调整机制、市场调整机制和社会调整机制[37],这也是环境政策工具分类的基本原则。因此,政府、市场和公民社会在环境治理中的角色和定位、参与方式及其作用大小等都对中国环境治理结构产生了重大影响。

自 20 世纪 70 年代末以来,我国环境治理结构以渐进方式向前发展,大致可以划分为以下三个阶段(图 9.4):(1) 以行政控制和命令手段为主导的一元治理阶段;(2) 法治与市场手段相结合的二元治理阶段;(3) 政府、市场和公民社会互动与合作的多元治理阶段。

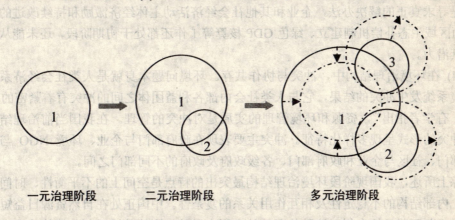

图 9.4 我国环境治理结构演变简图

综合考虑善治和环境治理的基本特征可以判断,目前我国正处于环境多元治理结构形成的早期阶段,在政府与公民社会、公共部门和私人经济部门间正在形成一种相对独立的、分工合作的新型治理结构,即已经初步形成了环境多元治理结构的一个"雏形"。而这是构建一个更加有效、透明和多元化的治理结构的基础。在这一阶段,我国环境治理结构的主要特征表现为如下几个方面。

(1) 政府力量、市场力量和公民社会力量在环境治理中同时表现出不断增强的趋势,特别是政府力量在环境治理中的作用明显强化。例如,近年来发起的"环评风暴""整治违法排污企业保障群众健康专项行动"及"设立区域环境保护督察机构"等诸多举措都是政府力量在环境治理中逐步强化的反映。这也在一定程度上说明,现实中仍存在一种明显的倾向,即相信指令性法规和靠命令而治,而不是充分利用市场和社会的力量。并且,很多解决环境问题的方式仍旧带有明显的运动式特征,如退耕还林和天然林保护工程的实施等。

(2) 环境 NGO 和公民社会参与环境治理的力量薄弱,影响有限。中国环境 NGO 对决策的参与和监督也是各领域 NGO 在国家治理中介入问题程度深浅的一个标志。近年来,随着我国环境 NGO 和公民社会的迅速成长与发展,它们在环境宣教、政策倡导和社会监督等层面上开展了大量富有成效的工作,正在成为环境治理中的一支积极力量。但是,由于其本身数量相对较少、专业能力不足及受政策法律环境的限制等,在环境治理结构中,相比政府干预和市场调节而言,其整体作用及实质性的影响还过于微弱,它们所具备的职能优势和功能,如社会力量的整合功能、环境治理的监督功能及公众意见的表达功能等,

---

[37] 肖晓春. 民间环保组织兴起的理论解释——"治理"的角度[J]. 学会,2007(1):14~16.

还未得到充分体现。

(3) 在我国当前环境治理结构中，基于市场的手段和机制正得到越来越广泛的运用，但仍旧面临着诸多障碍。我国正积极尝试排污权交易、开展循环经济实践、完善多元环保融资机制及制定更有利于环境的价格税收政策。但经济手段的行政化倾向还是较为明显。例如，在我国得到广泛实行的排污收费制度实际上仍旧是一种行政管理机制，是一种用收费和罚款来调控的行政管理手段，由此也导致企业将环保支出主要用在了与相应法规斗争而不是寻求真正的解决办法，企业和其他社会经济活动主体经济激励和持续改进的动力不足。而区域生态补偿机制建立、绿色GDP核算等工作还都处于初期阶段，还未能从根本上发挥其潜力。

(4) 在环境治理结构中，冲突与协作共存。环境问题本身就是人类社会经济系统与自然环境系统发生冲突的结果，它与人类社会内部各利益团体之间的冲突有着紧密的联系[38]。因此，有学者指出[39]，资源和环境管理的实质是对冲突的管理。在我国当前治理结构中，环境冲突的形式呈现多样化特征。冲突主要表现在政府部门与企业、环境NGO与企业和政府部门、社区与企业和政府部门、各级政府及政府的不同部门之间。

综上所述，我国现阶段环境治理结构最突出的特点是空间上的不平衡性、时间上的动态性、内部结构的不稳定性及相互作用关系的复杂性。中国正处在自然资源日益短缺、环境质量不断下降及旨在纠正这种状况的社会压力日益加剧的关键时刻，好的治理成为控制这种局面并将其转向环境可持续发展的基本条件。随着我国市场经济体制的成熟、政府职能的转变、环境法律制度体系的完善、环境NGO和公民社会的成长及社会公众参与空间的不断拓宽，可以预见，一个更加合理、有效和均衡的环境治理结构将在我国逐步建立起来。

3. 环境治理结构支持体系

根据资源互相依存理论[40]，政府、市场、社会三种机制各有其优劣势、各有其适用范围和作用方式，并且相互依赖、相互补充。而治理改革将意味着政府、非政府和生产单位等不同角色间的比较优势会越来越明显。政府将集中力量注重框架和法规，并提供一些大规模投资；非政府部门将着重于信息收集、监测、预警，并反映不同的民意；生产单位则将注重引进新的清洁工艺流程和建立有效的处理设施。但是，构建我国现代环境治理体系依然面临着诸多困难和挑战。例如，公共治理涉及对我国传统权威理念、政府调控能力及行为方式的挑战以及必须面对合作与竞争、开放与封闭、可治理性与灵活性、责任与效率等两难困境[41]。因此，为了实现环境善治和可持续发展，逐步构建我国现代环境治理结构的支持体系就显得非常重要(图9.5)。

---

[38] 叶文虎. 环境管理学[M]. 北京：高等教育出版社，2002：34.

[39] [美]布鲁斯·米切尔. 资源与环境管理[M]. 北京：商务印书馆，2004：31.

[40] 宋言奇. 非政府组织参与环境管理：理论与方式探讨[J]. 自然辩证法研究，2006(5)：59～63.

[41] [美]鲍勃·杰索普. 治理的兴起及其失败的风险：以经济发展为例的论述[J]. 国际社会科学杂志(中文版)，1999(1)：31～48.

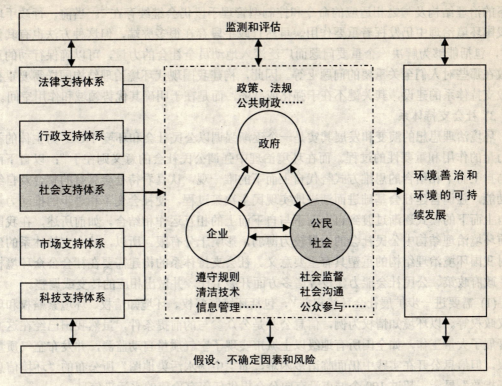

图 9.5 我国环境治理结构支持体系的构建

1) 法律支持体系

法制是环境治理的基础。我国已初步建立起由宪法、环境保护基本法、环境保护单行法、环境保护行政法规和环境保护部门规章等所组成的一个较为完善的环境保护法律体系[42]。但到目前为止，我国的环境政策法律支持体系仍存在着很多问题与不足，如经济和技术政策偏少、政策间缺乏协调、可操作性不强、执法监督薄弱、公众在政策制定过程中发挥的作用有限以及缺乏完善的责任制和政策评估体系等。由于这些问题的存在，使我国环境政策法律缺乏应有的有效性和效率。因此，构建我国现代环境治理体系需要进一步健全环境法制，完善环境政策体系。

2) 行政支持体系

在环境管理中，行政手段是指行政机构以命令、指示、规定等形式作用于直接管理对象的一种手段，其主要特征在于权威性、强制性和规范性。虽然现代环境治理结构一直非常强调由单一权威主体向多元主体过渡，由行政化手段向市场化和社会化手段转变，但这并不意味着后者完全取代前者。政府在现代治理结构中仍承担领导作用，是网络的中心，但是这与官僚制政府权力集中化不同，在现代治理结构中，政府的主要任务是确定目标和政策，成为回应社会的战略制定者；在政策和目标面前，动员各方参与、协商和合作，以便共同获益[43]。

如前所述，环境公共治理模式是在传统环境管理模式基础上发展而来的，传统的自上

---

[42] 周生贤. 全面加强环境政策法制工作，努力推进环境保护历史性转变[J]. 环境保护, 2006(12): 8~14.
[43] 朱德米. 网络状公共治理：合作与共治[J]. 华中师范大学学报(人文社科版), 2004(2): 5~13.

而下的治理结构及与之相适应的命令和控制型管理手段仍会继续存在[44]。当前,行政手段在我国环境治理中仍发挥着重要作用。虽然行政手段存在很多弊端,但这种方法也有其优势[45],包括能够为解决一个重要问题而广泛深入地动员全社会的力量,可以确保行动的重心放在那些对人们至关重要的问题上等。因此,构建我国现代环境治理结构同样需要重视行政支持体系的建设,其关键不在于强化或减弱,而是在于明确其优势领域和作用空间。

3) 社会支持体系

环境治理思想的演变和发展其实是一个逐渐强调以公民社会和环境 NGO 为主体的社会力量的作用和重要性的过程。而在环境治理中强调公民社会的意义则在于[46]:以自下而上与自上而下相结合的思维方式替代自上而下的唯一观,认真看待社会具有的整合及自组织功能,强调营建社会基础进而渐进地实现民主决策过程,使社会变革和进步的推动力量由自上而下的模式逐渐过渡到自上而下与自下而上的相互运作相结合。如前所述,在我国当前环境治理结构中公民社会的力量较为薄弱,影响十分有限。所以,社会支持体系的建设对我国环境治理结构的重塑具有重要意义。社会支持体系的构建需要在社会公众环境权益、政府政策、公民社会能力建设等诸多方面开展工作,并做出相应的转变或调整。

(1) 需要进一步扩展社会环境权益[47],包括环境监督权、环境知情权、环境索赔权和环境议政权等。以环境知情权为例,信息公开是公众参与的前提条件,虽然我国已经在这方面开展了大量工作,如全国所有地级以上城市实现了空气质量自动监测,并发布空气质量日报。但信息公开在实践中仍面临诸多困难,如"中国水污染地图"所公布的"环境信息公开指数"显示,超过 100 个城市没有向公众提供任何有价值的水污染信息。

(2) 政府应重新认识环境 NGO 在环境治理中所扮演的角色,放松管制,给环境 NGO 的成长与发展创造一个良好的法律政策环境。同时,环境 NGO 也需要不断加强自身的专业化能力建设。

(3) 还应鼓励新闻媒体、学术机构及社区等其他社会力量积极参与中国的环境治理。例如,近年来媒体、学术机构与环境 NGO 联合开展的环境倡导活动,已经初步显示出它们在环境治理中所特有的优势和作用。

4) 市场支持体系

实施以市场为基础的环境政策和管理手段,必须具备以下几个条件,即完善的市场经济体制和灵敏的价格信号、相应的法律保证、配套的规章和机构及相应的数据和信息。但正如《中国人类发展报告 2002》指出的,在中国要成功地借助市场力量来控制环境行为,面临两个主要障碍:(1) 中国经济仍不是一个成熟的市场经济,限制此类手段的使用;(2) 设计和实施市场手段的能力不足。而市场是环境治理中最为重要的主体之一,因此完善我国环境治理的市场支持体系需要从多个方面入手。

从政府环境管理的角度,不仅需要在一定程度上强化现有的某些经济手段和措施,同时应尝试引进和发展更有效的环境经济激励手段及自愿性手段;企业应积极转变经营模式,提高自然资源利用效率,进行技术革新;同时,还应积极履行环境责任,并把其作为企业

---

[44] 任志宏,赵细康. 公共治理新模式与环境治理方式的创新[J]. 学术研究,2006(9): 92~98.
[45] 联合国开发计划署(UNDP). 中国人类发展报告 2002: 绿色发展 必选之路[M]. 北京: 中国财政经济出版社,2002: 84.
[46] 张世秋. 中国环境管理制度变革之道: 从部门管理向公共管理转变[J]. 中国人口·资源与环境,2005(4): 90~94.
[47] 夏光. 环境政策创新[M]. 北京: 中国环境科学出版社,2001: 172.

社会责任的重要组成部分。正如迈克尔·E.伯特所言，真正具备竞争力的产业，往往把新出台的各类环境标准看成挑战，积极地应用创新加以应对；缺乏竞争力的产业则没有采取创新的取向，它们所做的只不过是与所有的法规相抗争。因此，随着中国经济的不断成熟与市场化的深入，着手构建将环境、资源生产率、创新及竞争力有机结合在一起的新的经济思维模式已成必须。

5) 科技支持体系

环境科技在解决重大环境问题、建立环境管理制度等方面发挥着重要的引领和支撑作用。国家环保总局在 2006 年 6 月 27 日发布的《关于增强环境科技创新能力的若干意见》指出[48]，我国环境科技的现状还不能适应环保形势发展的需要，主要表现在环境管理与决策缺乏依靠科技的工作机制、环境监测和执法的技术支撑不力、污染防治储备技术不足、科技成果转化率较低、环境科技投入不足以及尚未形成稳定的环境科技投入机制等诸多方面。

对此，政府需要从完善环境管理科学决策机制、搭建环境科技创新平台、实施环境标准体系和技术管理体系建设、加强环保科技基础能力建设及建立多元化的环境科技投入机制等方面入手，逐步构建我国环境治理技术支持体系。但这里需要特别强调，需要在一个更广泛的背景下把握技术特征和变化的主要趋势。正如 Arnulf Grubler 所言，任何技术的变化，不管是"渐增的变化"还是"根本的变化"，都来自经济系统的内部，是新的机会、刺激、缜密的研究与开发、实验、营销和企业家努力的结果。所以，环境技术支持体系的构建同样需要环境治理多元主体的共同参与、互动和合作。

思 考 题

1. 我国环境政策的发展过程是怎样的？
2. 综合前面各章内容，我国的环境政策存在哪些问题？能否给出相应的建议？
3. 你认为公共治理理念将对环境政策产生怎样的影响？

---

[48] 国家环保总局. 关于增强环境科技创新能力的若干意见[R]. 环境保护，2006(16)：11～15.

参考文献

[1] 刘奇，王化可. 以科学发展观认识生态环境和谐问题[J]. 能源与环境, 2005.

[2] 蔡永海. 以人为本与生命多样化——漫谈环境与自然生态哲学[M]. 哈尔滨：黑龙江人民出版社, 2002.

[3] 甘师俊. 可持续发展——跨世纪的选择[M]. 广州：广东科技出版社, 1997.

[4] 毛之锋. 人类文明与可持续发展[M]. 北京：新华出版社, 2004.

[5] 全国推进可持续发展战略领导小组办公室. 中国 21 世纪初可持续发展行动纲要[M]. 北京：中国环境科学出版社, 2004.

[6] 李康. 环境政策学[M]. 北京：清华大学出版社, 2000.

[7] [美]伦纳德·奥托兰. 环境管理与影响评价[M]. 北京：化学工业出版社, 2004.

[8] 洪大用. 当代中国环境公平问题的三种表现[J]. 江苏社会科学, 2001(3).

[9] 袁明鹏. 可持续发展环境政策及其评价研究[D]. 武汉：武汉理工大学, 2003.

[10] 左玉辉. 环境社会学[M]. 北京：高等教育出版社, 2003.

[11] 蔡守秋. 欧盟环境政策法律研究[M]. 武汉：武汉大学出版社, 2002.

[12] [美]保罗·R·伯特尼, 罗伯特·N·史蒂文斯. 环境保护的公共政策[M]. 上海：上海人民出版社, 2004.

[13] 陈庆云. 公共政策分析[M]. 北京：中国经济出版社, 1996.

[14] 陈振明. 政策科学——公共政策分析导论(第二版)[M]. 北京：中国人民大学出版社, 2003.

[15] 张厚安, 徐勇, 项继权等. 中国农村村级治理[M]. 武汉：华中师范大学出版社, 2000.

[16] 徐文君. 环境事务中公众参与的核心：公众参与决策[J]. 中国环境资源法学网, 2004.

[17] 国家环境保护总局国际合作司, 国家环境保护总局政策研究中心. 联合国环境与可持续发展系列大会重要文件选编[M]. 北京：中国环境科学出版社, 2004.

[18] [澳]约韩·朗沃斯, 格里格·J·威廉目森. 中国的牧区[M]. 丁文广, 译. 兰州：甘肃文化出版社, 1995.

[19] 丁文广, 胡小军, 邓红. 生态工程与农民——以农户为本的退耕还林政策研究[M]. 兰州：兰州大学出版社, 2006.

[20] 瑞典斯德哥尔摩国际环境研究院, 联合国开发计划署. 中国人类发展报告 2002：绿色发展必选之路[M]. 北京：中国财政经济出版社, 2002.

[21] 曲如晓. 环境政策的全球化——论环境政策的国际间协调[J]. 世界经济与政治, 2001(1).

[22] [美]坎迪达·马齐, 伊内斯·史密斯, 迈阿特伊·穆霍帕德亚. 社会性别分析框架指南[M]. 北京：社会科学文献出版社, 2004.

[23] [美]朱莉·莫特斯, 南希·弗劳尔斯, 玛利凯·达特. 妇女和女童人权培训实用手册[M]. 北京：社会科学文献出版社, 2004.

[24] 夏光, 周新, 高彤, 周国梅, 王凤春. 中日环境政策比较研究[M]. 北京：中国环境科学出版社, 1999.

[25] 夏光. 环境政策创新[M]. 北京：中国环境科学出版社, 2001.

[26] 姚建. 环境经济学[M]. 成都：西南财经大学出版社, 2001.

[27] 钟水映,简新华. 人口、资源与环境经济学[M]. 北京: 科学出版社,2005.

[28] 马中. 环境与资源经济学概论[M]. 北京:高等教育出版社,1999.

[29] 罗慧,仲伟周,柴国荣. 我国生态环境治理中的非营利组织的性质与功能[J]. 人文杂志,2004(1).

[30] 李小云,左停,靳乐山. 环境与贫困:中国实践与国际经验[M]. 北京:社会科学文献出版社,2005.

[31] OECD. 环境管理中的经济手段[M]. 张世秋,译. 北京:中国环境科学出版社,1996.

[32] 高敏雪. 环境统计与环境经济核算[M]. 北京:中国统计出版社,2000.

[33] 蔡运龙. 自然资源管理[M]. 北京:北京大学出版社,2001.

[34] [德]弗里德希·亨特布尔格. 生态经济政策:在生态专制和环境灾难之间[M]. 大连:东北财经大学出版社,2005.

[35] 许健. 我国环境技术产业化的现状与发展对策[J]. 环境科学进展,1999(2).

[36] 陶传进. 环境治理:以社区为基础[M]. 北京:社会科学文献出版社,2005.

[37] 叶文虎. 环境管理学[M]. 北京:高等教育出版社,2002.

[38] 联合国环境规划署(UNEP). 全球环境展望[M]. 北京:中国环境科学出版社,2002.

[39] 叶文虎. 可持续发展引论[M]. 北京:高等教育出版社,2001.

[40] 中华环保联合会. 中国环保民间组织发展状况报告[R]. 环境保护,2006(5).

[41] OECD. 环境经济手段应用指南[M]. 北京:中国环境科学出版社,1994.

[42] 许文惠,张成福,孙柏瑛. 行政决策学[M]. 北京:中国人民大学出版社,1997.

[43] 陈庆云,戈世平,张孝德. 现代公共政策概论[M]. 北京:经济科学出版社,2004.

[44] [法]孟德斯鸠. 论法的精神[M]. 北京:商务印书馆,1982.

[45] 陈振明. 政策科学(第一版)[M]. 北京:中国人民大学出版社,1998.

[46] 阎维. 简述美国政府决策体制及其对我国的启示[J]. 江西行政学院学报,2001(3).

[47] 贺善侃,黄德良. 现代行政决策[M]. 上海:上海大学出版社,2001.

[48] 贺恒信. 政策科学原理[M]. 兰州:兰州大学出版社,2003.

[49] 王传宏,李燕凌. 公共政策行为[M]. 北京:中国国际广播出版社,2002.

[50] 严强,王强. 公共政策学[M]. 南京:南京大学出版社,2002.

[51] 张晓峰. 公共政策非理性因素与中国转型时期的公共政策[J]. 中国行政管理,2003(10).

[52] 兰秉洁,刁田军. 政策学[M]. 北京:中国统计出版社,1994.

[53] 胡宁生. 现代公共政策研究[M]. 北京:中国社会科学出版社,2000.

[54] 何强. 环境科学导论(第三版)[M]. 北京:清华大学出版社,1998.

[55] 王骚. 政策原理与政策分析[M]. 天津:天津大学出版社,2003.

[56] 《公共政策》编写组. 公共政策[M]. 北京:中国国际广播出版社,2002.

[57] 张继志. 实用方法与技巧[M]. 哈尔滨:哈尔滨船舶工程学院出版社,1989.

[58] 张世秋. 政策边缘化现实与改革方向辨析[A]. 见郑易生主编. 中国环境与发展评论[C]. 北京:社会科学文献出版社,2004.

[59] [加]布鲁斯·米切尔. 资源与环境管理(第一版)[M]. 蔡运龙,译. 北京:商务印书馆,2004.

[60] [日]大岳秀夫. 政策过程[M]. 傅禄永,译. 北京:经济日报出版社,1992.

[61] 联合国开发计划署(UNDP),中国人类发展报告2002: 绿色发展 必选之路[M]. 北京:中国财政经济出版社,2002.

[62] 张金马. 公共政策分析:概念、过程、方法[M]. 北京:人民出版社,2004.

[63] 王雍君. 中国公共政策支出实证分析[M]. 北京: 经济科学出版社, 2000.
[64] 林水波, 张世贤. 公共政策[M]. 台北: 五南图书出版公司, 1982.
[65] 宁骚. 公共政策学[M]. 北京: 高等教育出版社, 2004.
[66] [美]威廉·邓恩. 公共政策分析导论[M]. 北京: 中国人民大学出版社, 2002.
[67] 黄达强, 王光明. 行政管理大词典[Z]. 北京: 中国社会科学出版社, 1989.
[68] [美]拉雷·N·格斯顿. 公共政策的制定——程序和原理[M]. 重庆: 重庆出版社, 2001.
[69] 沈承刚. 政策学[M]. 北京: 首都经济贸易大学出版社, 1996.
[70] 林苍元. 政策终结: 依据、障碍及其对策分析[J]. 鲁行经院学报, 2001(5).
[71] 张国庆. 现代公共政策导论[M]. 北京: 北京大学出版社, 2002.
[72] [美]拉雷·N·格斯顿. 公共政策的制定——程序和原理[M]. 重庆: 重庆出版社, 2001.
[73] [美]弗兰克·费希尔. 公共政策评估[M]. 北京: 中国人民大学出版社, 2003.
[74] 桑玉成. 利益分化的政治时代[M]. 上海: 学林出版社, 2002.
[75] [美]詹姆斯·E·安德森. 公共决策[M]. 北京: 华夏出版社, 1990.
[76] [美]托马斯·R·戴伊. 自上而下的政策制定[M] 北京: 中国人民大学出版社, 2002.
[77] 赵黎青. 非政府组织与可持续发展[M]. 北京: 经济科学出版社, 1998.
[78] 俞可平. 中国公民社会的兴起及其对治理的意义[A]. 中国公民社会的兴起与治理的变迁[C]. 北京: 社会科学文献出版社, 2002.
[79] 康晓光. NGO扶贫行为研究[M]. 北京: 中国经济出版社, 2001.
[80] [美]萨拉蒙. 全球公民社会: 非营利部门视界[M]. 贾西津, 魏玉, 译. 北京: 社会科学文献出版社, 2002.
[81] [美]约翰·克莱顿·托马斯. 公共决策中的公民参与[M]. 北京: 中国人民大学出版社, 2005.
[82] 俞可平. 治理与善治[M]. 北京: 社会科学文献出版社, 2000.
[83] 联合国开发计划署(UNDP). 中国人类发展报告2002: 绿色发展必选之路[M]. 北京: 中国财政经济出版社, 2002.
[84] [美]迈克尔·E·波特, 克莱斯·范·德尔·林德. 绿化与竞争力: 对峙的终结[A]. 企业与环境[C]. 北京: 中国人民大学出版社, 2001.
[85] 付永硕等. 环境公共政策制定的民主、科学之路[R]. 环境公共政策论坛暨高校可持续发展教育国际研讨会, 2005-01-15.
[86] [奥]Arnulf Grubler. 技术与全球性变化[M]. 吴晓东, 译. 北京: 清华大学出版社, 2003.
[87] Paul B.Downing. 环境经济学与政策(第二版)[M]. 黄宗煌, 译. 台北: 联经出版事业公司, 1995.